"十二五"职业教育国家规划教材
经全国职业教育教材审定委员会审定

ZHONGGUO PENGREN GAILUN

中国烹饪概论

（第4版）

邵万宽　编著

旅游教育出版社
·北京·

图书在版编目（ＣＩＰ）数据

中国烹饪概论 / 邵万宽编著. -- 4版 . -- 北京：旅游教育出版社，2022.1

ISBN 978-7-5637-4260-8

Ⅰ．①中… Ⅱ．①邵… Ⅲ．①中式菜肴－烹饪－概论 Ⅳ．①TS972.117

中国版本图书馆CIP数据核字(2021)第107645号

中国烹饪概论（第4版）

邵万宽　编著

责任编辑	郭珍宏
出版单位	旅游教育出版社
地　　址	北京市朝阳区定福庄南里 1 号
邮　　编	100024
发行电话	（010）65778403　65728372　65767462（传真）
本社网址	www.tepcb.com
E - mail	tepfx@163.com
排版单位	北京旅教文化传播有限公司
印刷单位	三河市灵山芝兰印刷有限公司
经销单位	新华书店
开　　本	787 毫米 × 1092 毫米　1/16
印　　张	13.25
字　　数	263 千字
版　　次	2022 年 1 月第 4 版
印　　次	2022 年 1 月第 1 次印刷
定　　价	42.00 元

（图书如有装订差错请与发行部联系）

第4版前言

2007年问世的《中国烹饪概论》（第1版）是普通高等教育"十一五"国家级规划教材，教材出版后于2009年被江苏省高等学校遴选为"江苏省级精品教材"。它与同类教材相比确有许多内容具有初创性质，这里有作者30多年来对中国烹饪文化的研究成果。如第三章"中国烹饪技术原理"、第四章"中国烹饪与菜品审美"、第六章"中国菜品及其风味特色"，给人们留下印象最深的是系统介绍"引领时尚的都市菜品""崇尚自然的乡村菜品""世代沿袭的民族菜品""气息浓郁的风味小吃"等内容。

随着餐饮市场的火爆和烹饪技术的发展，教材的内容必须紧随市场的变化和社会的需要，2013年进行了修订，第2版增加了"知识链接"，个别章节增、删了部分内容。最明显的是增加了第八章"中国当代餐饮市场与菜品发展"。结合现代市场分析当代餐饮发展的潮流、饮食需求与餐饮变化模式、本土菜与外来菜的共同发展等，让学生进一步明确新时期的餐饮已步入多元发展时代，这是社会的需求、市场的需求、每个人的需求。在保持中国烹饪传统文化的前提下，教材紧跟餐饮大市场的发展步伐，这在同类教材中已具有一定的领先地位。2014年，该教材又被评为"十二五"职业教育国家规划教材。

第3版修订，又增加了作者新的研究成果，重点对第一章、第七章进行了修改和增删，使其更方便教师的教和学生的学，修订后的内容更加贴近主题要义，让学生更清晰明白，如第七章的第二节、第三节，在"筵宴菜品的配制技巧"方面，从店随客便、形式出新、主题出新、菜肴变化方面出发，既有新意，又更加实用，不仅让学生明白菜单设计的技巧，也为企业的厨房管理人员打开了思路。

第4版修订，着重对现代美食设计与烹饪文化遗产内容进行了增补，在修订中，教材紧紧围绕烹饪的文化性、技术性、实用性和时代性进行整改，力求将中国烹饪文化、技艺与现代餐饮市场紧密结合，让学生充分领略烹饪文化与技艺在现代餐饮经营中的突出作用。

现代烹饪技艺广博精湛，中国烹饪文化发展前景广阔。进入21世纪后，全国中高等烹饪职业教育日渐兴旺，各地烹饪专业的学生人数在逐年增加，带来了中国烹饪事业发展的美好愿景，中国餐饮市场将走向一个全新的发展通道。该教材的发行也一年比一年好，经常加印，这得益于中国经济的发展和餐饮市场的变化，得益于现代社会人们的价值取向和美好的职业心境。

本教材在修订中若有疏漏和不足的地方，真切地期望广大同人不吝赐教，以使本教材继续改进和不断完善。

邵万宽

2021 年 12 月 20 日

第3版前言

《中国烹饪概论》于2014年经全国职业教育教材审定委员会审定，被教育部评审为"十二五"职业教育国家规划教材。该教材第1版出版后，得到相关院校的好评，现依照出版社嘱托，根据近年来行业与教学方面的最新变化，进行修订。

全书共分九章。分别从中国烹饪与传统美食、中国烹饪的起源与发展、中国烹饪技术原理、中国烹饪与菜品审美、中国烹饪风味流派、中国菜品及其风味特色、中国筵宴菜品、中国当代餐饮市场与菜品发展和中国烹饪走向未来诸方面加以系统阐述。本书既重视技术性问题，又重视理论性内容；既具有科学性，又体现时代性。本书的编写，力求循序渐进、由浅入深地把内容讲清楚、说明白。

本书以全国各个不同的地区为立足点，重视烹饪地域的全面性和文化传承的系统性，在编写中以烹饪基本理论中的要点和规律性内容为主，以现代烹饪生产和实践为研究的视角，增加了新时代的知识含量，以便学生能全面领略和获取较为广泛的烹饪理论方面的知识。

探索中国烹饪文化有两个深切的感受。一是精神上的满足感。前辈们留下的财富很丰富，我们现代的研究成果都是站在前人的臂膀上前行的，自己所取得的成绩也是在前辈创造成果的基础上的再学习。二是学习上的攀登感。中国烹饪文化领域十分广阔，需要我们学习的东西太多，在探索过程中，要不断补充新知识，不断跨越新障碍，以适应不同时代的需求。

中国烹饪文化博大精深。由于水平所限，书中不足之处在所难免，恳请广大专业教师和烹饪同行不断提出宝贵意见和建议，以便今后再版时修订提高。

为方便教学，本书配有教学课件和考试样题，如有需要请与出版社发行部联系。

邵万宽

2015年4月

目 录

第一章　中国烹饪与传统美食

课前导读

中国烹饪集中了全国各民族烹饪的精华，以其独特的魅力和辉煌的成就令世人瞩目。众多的地方风味，异彩纷呈，各具特色。本章重点介绍中国传统烹饪文化的发展、特征、优良传统和膳食特点，多方位地展现中国烹饪传统美食文化的风采。

学习目标

通过学习本章，要实现以下目标：

- 掌握烹饪文化的主要特征
- 了解中国美食的优良传统
- 了解中国烹饪传统配膳特点

中华美食源远流长，以其精湛的烹饪技艺和丰富的文化内容，在国际上享有盛誉。中华美食体现了中华民族的饮食传统，是我国各族人民几千年辛勤劳动的成果和智慧的结晶，融汇了我国灿烂的文化，集中了全国各民族烹饪技艺的精华。它与世界其他各国的美食相比，有许多独到之处。

第一节　烹饪及其文化特色

一、烹饪与烹调

"烹饪"一词最早出现于《周易·鼎》中，其曰："以木巽火，亨（烹）饪也。"这里的"木"指燃料，"巽"指风，"亨"在先秦与"烹"通用。故"烹饪"古义为：将食物原料放在鼎中，顺风点燃燃料，使食物加热成熟。

现代语言工具书解释"烹饪"为"煮熟食物"（《辞源》）、"烹调食物"（《辞海》）、"做饭做菜"（《现代汉语词典》）。

在古代汉语里，"烹"即为"烧煮"，"饪"指"加热到适当程度"；"烹饪"，即把食物加热成熟。如再进一步释义，那就是食物加热成熟所涉及的一切劳动，目的在于制作便于食用、易于消化、安全卫生、能刺激食欲的食品。《中国烹饪辞典》对"烹饪"的解释比较全面：烹饪是人类为了满足生理需求和心理需求把可食原料用适当的方法加工成为直接食用的成品的活动。它包括对烹饪原料的认识、选择和组合设计，烹调法的应用与菜肴、食品的制作，饮食生活的组织，烹饪效果的体现等全部过程，以及它所涉及的全部科学、艺术方面的内容，是人类文明的标志之一。[①]

"烹调"在《辞源》《现代汉语词典》中都解释为：烹炒调制（菜肴）。"调"，主要指调味。在远古时代，我们的祖先开始不知道制作调味品，只能尝到食物的本味，陶器产生以后，才促进了调味品的产生与发展。由此看来，"烹调"一词是晚于"烹饪"出现的。

目前，人们将"烹调"多理解为调理、调味以及相关的菜品调制技术，包括原料选择、加工、切配、拼摆、临灶制作、用火、调味、装盘等全部操作过程。其使用范围较"烹饪"狭窄，仅指制作饭菜：不仅包括菜品的熟制，也包括菜品的生制；不仅包括手工操作，也包括机械加工等。

由此看来，烹饪与烹调是语意相近的词语，无论是在古代汉语还是现代汉语中，这两个词往往是混用的。近二十年来，随着研究的不断深入，特别是烹饪成为一门独立的学科以后，人们才逐渐将它们的词义规范。于是，烹饪就成了一门学科、一个行业的名称，而烹调只是烹饪行业中的一个具体工种和烹饪学科中的一个概念或一门课程。

二、烹饪工艺的发展

烹饪工艺，是从人的饮食需要出发，对烹调原料进行选择、切割、组配、调味与烹制，使之成为符合营养卫生、具有民族文化传统、能满足人们饮食需要的菜品的制作方法。

烹饪工艺最初仅是将生食原料用火加热制熟。我国早在秦汉时期就有了"断割、煎熬、齐和"三大烹饪要素的说法，如果用今天的烹饪术语来表达那就是"刀工、火候和调味"。[②] 之后，在人类烹调与饮食的实践中，随着食物原料的扩展和炊具、烹调法的不断发展与提高，烹饪工艺逐步形成了众多的技法体系和许多完整的工艺流程。它包括一切技能、技术和工具操作的总和。具体内容有选择和清理工艺、分解工艺、混合工艺、优化工艺、组配工艺、熟制工艺、成品造型工艺以及新工艺的开发等要素。

在我国，几乎每一个地区、每一个民族，乃至每一个自然村镇，都有其特色性的食品，它们是人类饮食文化中的优秀遗产。这些食品具有浓郁的地方风味、独特的加工技艺、多变的形式、丰富的品种、鲜明的风格，是各地区物质文化与精神文化的结晶。

随着社会的发展与科学的进步，中国烹饪工艺逐渐地由简单向复杂、由粗糙向精致发展。在此过程中，人们不仅通过烹调工艺生产制作出食品，适应与满足饮食消费的需要，而且在烹调生产与饮食消费的过程中，逐渐认识到它们所产生的养生保健作用，并能动地加以发挥与利用；同时，也逐渐认识到它们所具有的文化蕴含，赋予它们艺术的内容与形式，使饮食生活升华为人类的一项文明享受。因此，中国烹饪技术活动兼具物质生活资料

---

① 萧帆.中国烹饪辞典［M］.北京：中国商业出版社，1992：1.
② 季鸿崑.烹饪技术科学原理［M］.北京：中国商业出版社，1993：9.

生产、人的自身生产和精神生产三种生产性能。

应该说，烹饪工艺是一种复杂而有规律的物质运动形式。在选料与组配、刀工与造型、施水与调味、和面与制馅、加热与烹制等环节上既各有所本，又相互依存，因此，可以说，烹调工艺中有特殊的法则和规律，包含着许多人文科学和自然科学的道理。在烹饪生产中，料、刀、炉、水、火、味、器等的运动都各有各自的法则，而在这些生产过程中，都要靠人来调度和掌握，通过手工的、机械的或电子的手段（目前我们主要靠手工）进行切配加工、加热，使烹饪原料成为可供人们食用的菜点。一份成熟菜点的整个生产工艺过程要涉及许多基础知识和技能。

烹调技法是我国烹饪技艺的核心，是前人宝贵的实践经验的科学总结。它是指把经过初步加工和切配成形的原料，通过加热和调味，制成不同风味菜品的操作工艺。由于烹饪原料的性质、质地、形态各有不同，菜品在色、香、味、形、质等诸质量要素方面的要求也各不相同，因而制作过程中的加热途径、糊浆处理和火候运用也不尽相同，这就形成了多种多样的烹饪技法。我国菜肴品种虽然多至上万种，但其基本方法则可归纳为以水为主要导热体、以油为主要导热体、以蒸汽和干热空气为导热体、以盐为导热体的烹调方法。其代表方法主要有烧、扒、焖、烩、汆、煮、炖、煨、炸、炒、爆、熘、烹、煎、贴、蒸、烤、卤、油浸、拔丝、蜜汁等几十种。

烹饪技术的进一步发展，使得许多新炊具不断涌现，特别是20世纪40年代以后，高压锅、电饭锅、焖烧锅、不粘锅、电磁灶、电炒锅等灶具的出现，打开了烹饪的新领域，为大批量生产提供了许多便利，并为缩短菜品的时间和提高菜品的质量提供了有利条件，许多烹饪工艺参数得到了有效的控制，传统的烹饪工艺又进入了一个新的历史时期。

进入21世纪，在保证产品质量的前提下，广泛利用现代科技成果，将其引进现代烹饪生产中，不断革新，缩短烹调时间，以保证产品的标准化和技术质量；在保持传统菜品风味的前提下，加快厨房生产速度，以满足大批量客人进餐消费的需求；在菜品的生产工艺上，充分利用食物的营养成分，合理搭配，强化烹饪生产与饮食卫生，以达到促进食欲、享受饮食的需求，成为现代烹饪工艺发展的主要任务。

知识链接

民以食为天

中国人谈论饮食文化，第一句话往往就是"民以食为天"。此话通常被理解为强调"食"的无比重要。"天"无比重要，它是中国哲学的基本观念。在儒家思想中，饮食不仅能满足人类的需求和欲望，更重要的是还能与天理相通。"天"本指大自然，中国人相信人事是"天道"的表现，天人合一，天便成为中国哲学的核心范畴。程颢云："天者理也。"

三、烹饪文化的特征

中国烹饪文化有着丰厚的历史积存，而且汇集了多种文化成分。我们在把握烹饪文化的同时，不能只注重烹饪文化的表层结构，如菜品制作、宴席组配、烹饪设备等，更要注重烹饪文化的深层结构,把握其本质上的某些稳定性特征。这些特征虽然不是烹饪文化所独有,却是我们多角度全方位地审视烹饪文化所不应忽视的。这里,我们简略地将这些特征概括为时代性、民族性、地域性、传承性和综合性。[①]

(一)时代性

人类的烹饪文化是由传统遗产和现代创造成果共同组成的。不同的时代创制出的菜点风格是不同的。远古、上古、中古、近代、现代的烹饪制作与创造组成了一部由简单到复杂、由低级到高级、由慢到快、由满足生理需求到满足生理需求和心理需求的人类烹饪文化发展史。

烹饪文化具有强烈的时代性,不同的时代,人们对饮食的追求是不同的。在贫穷落后的年代,人们为生存、温饱而奔波,这一时期饮食需求就是养家糊口、填饱肚皮,难求饮食安全,更谈不上追求菜品的文化艺术效果。而在社会经济繁荣发展的时代,人们生活有了积余,在饮食上的要求已不仅满足于吃饱,而开始有意识地讲究饮食美味、多样、变化。

从烹饪工艺发展角度来讲,历代的中国菜点一刻也没有停止过它的继承与发展。中国烹饪文化史,实际上是一部中国菜点发展史。在古代,许多烹饪工艺都是在继承中发展的,尽管那时候的美味佳肴绝大多数都是供帝王将相享受的。中华人民共和国成立后,中国烹饪在继承古代传统的基础上,开始注重形的变化多样,由此产生了一大批多姿多彩的造型菜点。20世纪90年代流行的"仿古菜""家常菜""海鲜菜"等一时成为烹饪工艺生产的主要内容。进入21世纪,烹饪工艺由繁向简逐渐演化,"保健""方便"菜点流行全国各地。人们趋向回归大自然,"纯天然""无公害""无污染"等作为衡量食品优劣的重要依据,成为烹饪工艺生产的主攻方向。而药膳菜品、减肥菜品、粗粮菜品、野菜食品等,则成为烹饪生产最关注的方面。

(二)民族性

每个民族都有着自身历史形成的较为稳定的风俗习惯、行为方式和价值观念,有着与其他民族不同的特征属性,这些属性通常为一个民族全体成员所共同拥有。烹饪文化是一个民族饮食生活的重要体现,因此,烹饪生产出的菜品,它的民族性是不应忽视的。

(三)地域性

烹饪文化是众多特定地理范围内的文化产物,不论是历史传承还是空间移动扩散,都离不开特定的地域。因而,注意烹饪的地域性是相当重要的。

但烹饪文化的地域性也受到其他地区烹饪文化的影响。一般说来,随着交通的发达、中外交往的增多,各地的烹饪文化会相互影响和相互借鉴。特别是烹饪文化的交流,更加速了这种相互影响和相互借鉴。

(四)传承性

传承性是从纵向的时间角度来讲的,与烹饪文化地域性的横向空间角度相对应。任何地区的烹饪文化都是人类文化长期历史演变的结果。烹饪文化的传承性,体现在原料的使用上、技艺的运用上、观念的变异上。

---

① 邵万宽.菜点开发与创新[M].沈阳:辽宁科学技术出版社,1999:8.

1. 烹饪生产的原料使用

从烹饪生产的原料使用上说，菜点的制作离不开动植物原料，而这些原料本身就有一个传承性，现在的菜品原料都是历史上不同时期被人们发现研究、培植而年复一年沿用的。

2. 制作菜点的烹饪技艺

从制作菜点的烹饪技艺来看，自古及今也有一个历史的传承关系。就发酵面的使用，在我国少说也有两千多年的历史了。这一点从"酵"字的历史发展可以看出。在《周礼》一书中就记有"酏食糁食"，酏食即是发面饼[①]，在以后不断得到发展。到北魏时期，《齐民要术》中已有很详尽的"发酵"记录[②]，根据天气温度、发酵面数量而投酵，说得已比较精确，这为以后用"酵母菌"发酵奠定了基础。此外，各种切配技术、烹调技术无不是经历史演变而发展成熟的。

3. 烹饪创新的观念层面

从烹饪创新的观念层面说，有不少宝贵的烹饪技艺和烹饪经验仍启迪着代复一代的后来者，如松鼠鱼、珊瑚鱼的创制，脆皮虾、元宝虾的研发等；也有不少饮食方法和不科学的技术随着时间的流逝被人们淘汰和否定了，像古代的一些"残忍饮食观""猎奇饮食观"、不健康饮食法等已被人们所抛弃。

（五）综合性

烹饪活动是社会环境中多种文化现象的综合反映，所以烹饪文化具有综合性的特点。烹饪与人们的生活密切相关，社会的人是烹饪文化的主体，他们不同的年龄、信仰、职业、民族、情趣、喜好、习俗等都会制约或影响烹饪文化的发展，使烹饪文化带有多样的、内部不断借鉴综合的特征。

烹饪文化的产品，有作为物质形态的菜肴、面点、小吃，也有凝结在生产制作中的文化精神和民俗积存；既有历时性的古代、近现代文化印记，又有共时性的当地、外域不同空间范围的文化因子交汇；还有特定的宗教、习俗、经济等其他文化分支的渗透影响，从而使烹饪的产品成为可满足饮食者多种文化需求、多种混合消费动机的对象。

四、烹饪文化的基本要素

烹饪文化的产生、发展和演变都与特定的时间、空间不可分离。烹饪文化在一定的时间、空间中产生、累积、演化、传播，其间相关要素有的留存、有的变异、有的彼此融汇，有的消亡或再生。烹饪文化由简单到丰富，不断传承汇聚，在一定时空中延续，构成了烹饪文化时空系统的基本要素。

（一）烹饪文化层

文化层，指的是文化在历史发展上存在着不同层次，每一层次均展示着各自不同历史时期诸文化要素联结而成的特征。烹饪文化层，指的是在人类烹饪史上不同时期由烹饪文化诸要素联结而成的具有独特特征的历史层面，如宫廷烹饪文化、寺院烹饪文化、民间烹

---

① 邱庞同.中国面点史［M］.青岛：青岛出版社，2000：9.
② 贾思勰.齐民要术［M］.北京：中华书局，2009：921.

饪文化等。

（二）烹饪文化系

烹饪文化系，指的是由许多烹饪文化集合构成的较大范围的烹饪文化复合体，传统的叫作"帮"或"帮口"，20 世纪 70 年代初开始称为"菜系"①。如长江下游的江苏省烹饪文化系，又称江苏菜系，是由南京、苏州、扬州、淮安等地方的菜品构成的烹饪文化复合体；珠江流域的广东省烹饪文化系，又称广东菜系，是由广州、潮州、东江等地方构成的烹饪文化复合体。

（三）烹饪文化区

烹饪文化区，指的是由多个烹饪文化系所构成的大范围地域。这种地域一般以更大范围的区域来划分，如京津烹饪文化区、江浙烹饪文化区、粤闽烹饪文化区，或者再大一些的如长江烹饪文化区、黄河烹饪文化区、长白山烹饪文化区、草原烹饪文化区等。中国商务部于 2008 年 12 月首次明确提出了"五大餐饮集聚区"，即辣文化集聚区、北方菜集聚区、淮扬菜集聚区、粤菜集聚区、清真餐饮集聚区。

（四）烹饪文化圈

烹饪文化圈，指的是若干个相关或相似的烹饪文化区所构成的特大范围地域。这些烹饪文化区可以连续或不连续分布，如华东烹饪文化圈、西南烹饪文化圈、东北烹饪文化圈、华北烹饪文化圈、素食烹饪文化圈等。而素食烹饪文化圈包括连续分布的省市，也包括在地域上呈不连续分布状态的全国各地区。另外，也有一个国家或多个国家形成的烹饪文化圈，如美国烹饪文化圈、东欧烹饪文化圈、东南亚烹饪文化圈、南亚烹饪文化圈等。

第二节　中华美食的传统风格

一、华夏美食的优良传统

我国疆域辽阔，各地气候、自然地理环境与物产存在着较大的差异，由此形成了中国烹饪丰富多彩的风格特色。几千年来，中国烹饪的文化创造与实践培育了中华民族博大精深的饮食文化体系，这些优良传统与世界各国相比，具有典型的民族文化特点。②

（一）食料广博

华夏美食闻名遐迩，我国拥有丰富的物产资源是一个重要条件，它为饮食提供了坚实的物质基础。我国背靠欧亚大陆，面临海洋，是一个海陆兼备的国家。辽阔的疆土、多样的地理环境、多种的气候，为烹饪原料的繁衍生息提供了雄厚的物质基础。绵长的海岸提供了珍贵海鲜，纵横交错的江河湖泊盛产鱼虾和水生植物，无垠的草原牛羊遍布，巍峨的高山、茂密的森林特产野菜山珍，平坦的平原五谷丰登。这种地形环境的不同，使中国烹饪具有了得天独厚的原料品种，加上复杂的气候差异，使烹饪原料品质各异。寒冽的北土有哈士蟆、猴头蘑等多种野生植物珍稀原料；酷热的南疆，有窝、虫、蛹、时鲜果品；干

---

①　陶文台.中国烹饪史略［M］.南京：江苏科学技术出版社，1983：198.
②　施继章，邵万宽.中国烹饪纵横［M］.北京：中国食品出版社，1989：3.

旱的西域，有优质的牛、马、羊、驼；雨量充沛的长江流域，沃野千里的中原大地皆得天时地利之便。优越的地理位置和得天独厚的自然条件，使得我国烹饪特产原料特别富庶而广博。

（二）风味多样

我国一向以"南米北面"著称，在口味上又有"南甜北咸东辣西酸"之别。就地方风味而言，有黄河流域的齐鲁风味，长江流域中上游地区的川湘风味，长江中下游地区的江浙风味，岭南珠江流域的粤闽风味，五方杂处的京华风味，各派齐集的上海风味，以及辽、吉、黑的东北奇品，桂、云、黔的西南佳肴，可谓四方备美食，五湖聚佳味。就民族风味而言，汉族以外，还有蒙、满、回、藏、苗、壮、傣、黎、哈、维吾尔等少数民族的特色风味、佳品名馔。

另外，珍馐萃聚的宫廷风味、制作考究的官府风味、崇尚形式的商贾风味、清馨淡雅的寺院风味、可口实惠的民间风味等，它们色彩不一、技法多变、口味迥异、特色分明，构成了我国繁多的风味美食。

（三）技艺精湛

中国菜品在烹饪制作时对原料的选择、刀工的变化、菜料的配制、调味的运用、火候的把握等方面都有特别的讲究。原料选择非常精细、考究，力求鲜活，不同的菜品按不同的要求选用不同的原料；注意品种、季节、产地和不同部位；善于根据原料的特点，采用不同的烹法和巧妙的配制组合。中国烹饪精湛的刀工古今闻名，加工原料讲究大小、粗细、厚薄一致，以保持原料受热均匀、成熟度一样；还创造了批、切、锲、斩等刀法，能够根据原料特点和菜肴制作的要求，把原料切成丝、片、条、块、粒、末、蓉和麦穗花、荔枝花、襄衣花等各种形状。

中国菜肴的烹调方法变化多端、精细微妙，并有几十种各不相同的烹调方法，如炸、熘、爆、炒、烹、炖、焖、煨、焐、煎、腌、卤以及拔丝、挂霜、蜜汁等。中国菜肴的口味之多，世界上首屈一指。中国各地方都有各自独特而可口的味型，如为人们所喜爱的咸鲜味、咸甜味、辣咸味、麻辣味、酸甜味、香辣味以及鱼香味、怪味等。另外，在火候上，根据原料的不同性质和菜肴的需要，灵活掌握火候，运用不同的火力和加热时间的长短，使菜肴达到鲜、嫩、酥、脆等效果，并根据时令、环境、对象的外在变化，因人、因事、因物而异。高超的烹饪技艺为中国饮食魅力的形成奠定了坚实的基础。

（四）四季有别

注重季节与饮食的搭配，是华夏美食的主要特征之一，也是中华民族的饮食传统。我国春夏秋冬四季分明，各种食物原料应时而生。早在 2000 多年前，我国宫廷中即有"四季食单"了。随着季节的变换，连吃肉、用油也有"原则"：如《周礼·天官·庖人》中说："凡用禽献，春行羔豚，膳膏香；夏行腒（jū，干野鸡）鱐（sù，鱼干），膳膏臊；秋行犊麛（mí，小鹿），膳膏腥；冬行鲜羽，膳膏膻。"这就是一张很好的节令菜单。我国很早就注意季节的时令变化，并掌握了一整套饮食经验。如《周礼》中载有"春多酸，夏多苦，秋多辛，冬多咸，调以滑甘"的说法，就是讲味道要应合季节时令。对调味品也要按时令调配，如"脍，春用葱，秋用芥。豚，春用韭，秋用蓼"。自古以来，我国一直遵循调味、配菜的季节性，冬则味醇浓厚，夏则清淡凉爽；冬多炖焖煨焐，夏多凉拌冷冻。

还特别注意按节令排菜单，就水产原料说，春尝刀（鱼），夏尝鲥（鱼），秋尝蟹，冬尝鲫（鱼）。各种蔬菜更是四时更替，不同季节选用不同的蔬菜，讲究应时而食。

人们还特别注重四时八节的传统饮食习俗。诸如春节包饺子（北方）、正月十五吃元宵、端午节裹粽子、中秋尝月饼、重阳品花糕，等等。食用这些节令性食品的习惯一直沿袭至今。

（五）讲究美感

中华美食自古以来就讲究菜肴的美感。注意菜肴的色、香、味、形、器的协调一致。对菜肴的色彩、造型、盛器都有一定的要求，遵循一定的美的规律，力求食品色、形的外观美与营养、味道等质地美的统一。

我国菜品讲究美感，其表现是多方面的。厨师们通过丰富的想象，塑造出各种各样的形状和配制多种多样的色调。中国的象形菜独树一帜，"刀下生花"别具一格；食品雕刻栩栩如生，拼摆堆砌，镶酿卷模，各显其姿；色彩鲜明，主次分明，构图别致，味美可口，达到了令"观之者动容，味之者动情"的美妙艺术境地。

（六）注重情趣

我国饮食在菜肴的命名、品味的方式、食用的时间和空间的选择、进餐时的节奏、娱乐的穿插等方面都有一定的要求。

中国菜肴的名称具有形神兼备、雅俗共赏的特点。菜肴名称除根据主料、辅料、调料及烹调方法写实命名外，还大量根据历史掌故、神话传说、名人食趣、菜肴形象进行寓意命名。诸如，全家福、将军过桥、狮子头、叫花鸡、龙凤呈祥、鸿门宴、东坡肉、贵妃鸡、松鼠鳜鱼、金鸡报晓等，立意新颖，风趣盎然。

我国第一部诗歌总集《诗经·雅》中的大部分诗，都是宫廷中筵宴时的词曲。历代诗、词、曲很大一部分是与烹饪有关系的。

我国是极早讲究饮食情趣的国家，讲究美食与美器的结合，美食与良辰美景的结合，宴饮与赏心乐事的结合。《兰亭集序》中饮宴的场面，文人雅集于兰亭，在清凉激湍之处，流觞曲水，列坐其次，一觞一咏，畅叙幽情；《滕王阁序》中宴会的盛况，"睢园绿竹，气凌彭泽之樽；邺水朱华，光照临川之笔"；《前赤壁赋》中的泛舟小饮，风月看核，诵诗作歌；明清时盛行的旅游船宴，人们身处船中，一边饱览沿途风光、谈笑风生，一边行令猜枚、品尝佳味；《红楼梦》中更有许多宴会场面，都可体现中华民族的饮食情趣。我国的饮食文化传统，把饮食与美术、音乐、舞蹈、戏剧、杂技等艺术欣赏相结合，使饮食既是一种美好的物质享受，也是一种高尚的精神享受。

（七）食医结合

我国的饮食有同医疗保健紧密联系的传统。我国在几千年前就很重视"医食同源""药膳同功"，利用食物原料的药用价值，烹制各种美味的佳肴，达到预防和治疗某些疾病的目的。我国的食疗历史悠久，《黄帝内经·素问·藏气法时论》中明确指出了"五谷为养，五果为助，五畜为益，五菜为充，气味合而服之，以补精益气"的配膳原则。这里提到的主食、副食，养、助、益、充于体者，功用不同，都有益于健康，但必须"气味合而服之"。它从医学角度高度概括了我国的饮食特色和饮食原则。之后不断发展，宫廷中专门设立了负责饮食营养治疗的"食医"，研究饮食与医疗的辩证关系，寻找滋补有益的食品，并提出了许多合乎科学的道理。

由古及今，我国民间常利用食物原料来防病治病，利用植物的根、茎、叶、花、果和动物的皮、肉、骨、脂、脏，按一定比例组合，在烹调中稍加利用，就既可满足食欲、滋补身体，又能疗疾强身。对于许多常见病和慢性病，根据食物的寒、热、温、凉四性和辛、甘、酸、苦、咸五味，民间常采用饮食疗法施治。唐代的名医孙思邈说过："夫为医者，当须先晓病源，知其所犯，以食治之，食疗不愈，然后命药。"以后的历代名医都有过相关论述。这说明我国古代很早就重视饮食的治疗作用，且都早有记载可以借鉴，内容极其丰富，近代又有了很大的发展。

 知识链接

中国筷子文化

筷子，这看似简单的食具，在世界上却产生了广泛的影响，被域外人士看作中国的国粹之一。现代考古学提供的证据表明，距今六七千年时筷子已经出现，国人普遍使用筷子至少已有五千多年连续不断的历史。

易中天在《你我身边的中国文化》中谈到筷子的起源时说：人们在进食方式上，中国人最后选择了筷子，西方人最后选择使用刀叉，这说明两个民族的文化性格不同，西方人外向，中国人内向。从餐桌上就可以看出来，刀叉是向外用力，筷子则是往内用力。

中国艺术研究院研究员陈绶祥在《筷子的设计师：中国生活方式》中说："筷子是最能代表中国文化的食具。筷子以它那简单的元素、丰富的逻辑、广泛的观念包含以及永不停息的运动方式直接引领关怀着每一个人。这实际正是中国文化的基本特征与方式在设计上最成功与本质的反映。"

二、中国烹饪美食之源

晋代张华在《博物志》中说："东南之人食水产，西北之人食陆畜。食水产者，龟蛤螺蚌以为珍味，不觉其腥臊也；食陆畜者，狸兔鼠雀以为珍味，不觉其膻也。"自古以来，不同的食物原料、不同的制作方式、不同的口味喜好，孕育了不同的乡土地域文化，这种差异性的风物特色是因人类地理分布而形成的地域性群体文化。[①]

（一）不同地域的美食风味

1. 海滨风味

中国有着悠长的海岸线，丰富的海洋资源。"正月沙螺二月蟹，不羡山珍美海鲜"，这是古代渔民对海味佳肴的赞美。海边村镇和城市不仅海产鲜活，而且价格便宜。海滨地区海岸蜿蜒曲折，海洋渔业十分发达，当地的土菜主要以烹制各种海鲜见长，其得天独厚的海产优势，为当地人"靠海吃海"创造了优越的条件。东南部沿海广东、福建、浙江地区，山东胶东地区，辽宁辽东地区是我国海产文化发达地区。当地海产原料丰富，自然海产的食法多种多样，有水煮吃、烧烤吃、煎扒吃、串烧吃、涮烫吃、爆炒吃，等等。

---

① 邵万宽. 现代烹饪与厨艺秘笈［M］. 北京：中国轻工业出版社，2006：1.

东部沿海的江浙地区，临河倚海，气候温和，浅海滩辽阔而优良。优越的地理条件，蕴藏着富饶的海产珍味，鱼、虾、螺、蚌、蛤、蛏等海产佳品常年不绝。在江浙沿海，产量最多的应属与大黄鱼相当的小黄鱼，沿海村民称之为"黄花鱼"，鱼汛适值气温渐高的季节，海滨渔民往往将捕获的大量黄花鱼晒成鱼干，切成鱼块，用糯米酒酿腌制起来，作为一年四季的佐餐佳肴和待客常菜。

2. 山乡风味

在我国，逶迤绵延的崇山峻岭甚多。大小兴安岭横亘在东北地区之侧，这里有丰富的山珍野味，长白山人参、猴头菇、黑木耳等物产殊异；云南、四川的山地，各种动植物丰富多彩，松茸、竹荪、虫草、天麻、鸡枞等特色原料为当地的饮食、烹饪增色添彩。

安徽山地较多，山区水质清澈但含矿物质较多。人们习惯用木炭烧炖砂锅类菜肴，微火慢制，形成了菜肴质地酥烂、汤汁色浓口重的山乡特色。山中盛产的鞭笋、雁来笋，坠地即碎的问政山春笋，笋壳黄中泛红，肉白而细，质地脆嫩微甜，是笋中之珍品；山中还盛产菇身肥厚、菇面长裂花纹的菇中上品——花菇，这些都是当地山民的特色食品。

在湖南湘西山区崇山峻岭中，当地山民擅长烹制山珍野味、烟熏腊肉和各种腌肉，由于当地的自然气候特点，山民口味侧重于咸香酸辣，常以柴炭作燃料，独具山乡风味特色。当地居民的腌肉方法也十分特殊，常拌玉米粉腌制肉类，大都腌后腊制。山珍野味如寒菌、板栗、冬笋、野鸡等。

3. 平原湖区风味

江淮湖海之间的江浙一带，是鱼米之乡，常年时蔬不断，鱼虾现捕现食。这里水道成网，各种鱼类以及著名的芹蔬芦蒿、菊花脑、荬儿菜、马兰头、矮脚黄青菜，以及宿迁的金针菜、泰兴的白果等，为江苏的乡土风味菜奠定了优越的物质基础。浙北平原广阔，土地肥沃，粮油禽畜物产丰富，金华火腿、西湖莼菜、绍兴麻鸭、黄岩蜜橘、安吉竹鸡等，都是著名的特产，使浙江乡土菜独具风味。

在湖南洞庭湖区，菜肴以烹制河鲜和家禽家畜见长，善用炖、烧、腊的技法。当地乡土菜品以炖菜最为出色，常用火锅上桌，民间则用蒸钵炖鱼，其烧菜色泽红润而汁浓，并以腊味菜烹炒而著称。

黄河下游是大片冲积平原，沃野千里，因而棉油禽畜、时蔬瓜果，种类广，品质好。在山东西北部广阔的平原上，胶州的大白菜、章丘的大葱、仓山的大蒜、莱芜的生姜、莱阳的梨等，为当地乡土烹饪提供了取之不尽的物质资源。

4. 草原牧区风味

在北部和西北部广阔无垠的大草原上，牛羊成群，骏马奔驰。这里的人们以肉食、奶食为主要食品。如蒙古族、哈萨克族、裕固族等，自古以来就从事狩猎和畜牧业，逐水草而居。

在蒙古族居民的肉食中，主要以牛羊肉为主，当地人的吃法一般是手抓肉，但也吃烤羊肉、炖羊肉、火锅，而宴席则摆全羊席。

"靠牧、放牧、食肉、喝奶"曾是当地居民生活的最大特点。现在，随着时代的发展，虽然在吃法上开始注意烹调技艺和品种的多样化了，但这种食肉喝奶的地域民族特色仍然保留了下来。这种饮食特点，在草原居民的文化生活中起着重要的作用。

哈萨克族人的马奶酒，被誉为草原上的营养酒；蒙古族的奶茶，被草原上认为是健身饮料；藏族的酸奶子和奶渣等均为独具特色的奶食品。草原牧区的烹调方法，主要是各种各样的烤（火烤、叉烤、悬烤、炙烤等）和煮。肉食以外的食品的烹调方法主要有蒸、炸、炒等。

（二）清真与素食风味

1. 清真风味

清真风味，系指信奉伊斯兰教的民族所制作的菜品总称。在我国有回、维吾尔、哈萨克、乌孜别克、塔吉克、塔塔尔、东乡、保安、撒拉、柯尔克孜十个少数民族信仰伊斯兰教。他们在饮食习俗与禁忌方面遵守伊斯兰教规。清真风味是我国烹饪的重要组成部分，也是一株独特的菜品之花。我国清真风味由西路（含银川、乌鲁木齐、兰州、西安）、北路（含北京、天津、济南、沈阳）、南路（含南京、武汉、重庆、广州）三个分支构成。

随着伊斯兰教于公元651年传入中国，清真饮食文化就逐渐在中国大地上传播。据史书记载，唐德宗贞元三年（787年）长安（今西安）城里就有阿拉伯和波斯穆斯林商人4000余户之众，长安大街上时有阿拉伯人卖饼，波斯人等卖清真食品。到了元代，大批阿拉伯、波斯和中亚穆斯林来到中国，使清真饮食在中国各地得到了较大的发展，并产生了深远的影响。当时的饮食业主要是肉食、糕点之类。清代，北京出现了不少至今颇有名气的清真饭庄、餐馆，如东来顺、烤肉宛、烤肉季、又一顺等；明末清初，包子、饺子、烧饼、麻花一类的清真食品店铺已形成具有鲜明特色的餐饮行业。

清真菜品的制作遵守伊斯兰教规，在原料使用方面较为严格，禁血生、禁外荤，不吃肮脏、丑恶、可怖和未奉真主之名而屠宰的动物。在选料上南路习用鸡鸭、蔬果、海鲜为原料的烹饪特色，西路和北路习用牛羊、粮豆，烹调方法较精细。清真菜品的制作多为煎、炸、烧、烤、煮、烩等方法；制作工艺精细，菜式多样，口味偏重鲜、咸；注重菜品洁净和饮食卫生，忌讳左手接触食品。清真小吃以西北为主，尤以西安、兰州、银川、西宁等最为有名。面食制作方面以植物油和制的酥面、甜点，以及包、饺、糕、面等别具一格，如酥油烧饼、什锦素菜包、牛肉拉面、羊肉泡馍、油香、馓子、果子、馕、麻花等。

2. 素食风味

素食，泛指蔬食，习惯上称素菜。素食原料主要有植物油和"三菇""六耳"及豆制品、面筋、蔬菜和瓜果等。

素食的历史源远流长。原始社会时期人类过着集体采集狩猎生活，由于生产力低下，生存状况艰辛，食品无从选择。进入商周时期，生产力发展，人们有了选择食物的条件和要求，荤食与素食的区别逐渐明显。在古代文献典籍里，如《诗经》《论语》《墨子》《庄子》等，曾多次出现关于蔬食和菜羹的记载。《仪礼·丧服》载："既练……饮素食。"讲的是祭祀先人时要素食。《礼记·场记》说："七日戒，三日斋。"这里讲的"斋戒"，指古人在祭祀或遇重大事件时，事先要有数日沐浴、更衣独居并素食和戒酒等，使心地纯一诚敬。西周时期以后，封建地主阶级占有大量土地，残酷剥削农民，广大农民食不果腹，痛斥封建统治者为"肉食者"。那时，从食物上即已反映出了"肉食者"和蔬食者的阶级差异。

秦汉时，中西文化交流，经"丝绸之路"传入了许多蔬菜和瓜果，加之豆腐的问世，大大丰富了素食的内容，为素食的发展奠定了物质基础。及至魏晋南北朝，素食有了飞跃的发展。北魏贾思勰《齐民要术》中，把素食专门列为一章做了论述。特别是南朝梁武帝萧衍，以帝王之尊笃信佛教，素食终身，为天下倡。这时，素食得到了迅速普及，并向精美方向发展，"变一瓜为数十种，食一菜为数十味"（《两晋南北朝史》）的现象也出现了。

在中国素食发展史上，佛教曾起过推波助澜的作用。唐宋元明时期，烹调技艺日臻完美，植物油被广泛应用，豆类制品大量增加，素食之风更为兴盛。这时期的饮食典籍繁多，所记载的素食制作菜品不断丰富，并出现了用面粉、芋头等原料制作的素菜；在外形上，素菜以假乱真、以素托荤，如《山家清供》中的素食制作，烹调技术已达到炉火纯青的地步。素食从此成为我国烹饪体系中的一个重要分支。

到清代，素食的发展进入了黄金时代。宫廷御膳房专门设有"素局"，负责皇帝"斋戒"素食；寺院"香积厨"的"释菜"，也有了较为显著的改进和提高，出现了一批像北京的"法源寺"、南京的"栖霞寺"、西安的"卧佛寺"、广州的"庆云寺"、镇江的"金山寺"、上海的"玉佛寺"、杭州的"灵隐寺"等烹制"释菜"的著名寺院。各地的素食餐馆急剧增加，素食品种花样翻新。清末薛宝辰的《素食说略》，仅以北京、陕西两地为例，就记述了二百多个素食品种。

素食从形成到今天日益兴旺，究其主要原因，在于素食不仅清淡、时鲜，而且营养丰富、祛病健身。这对人类的繁衍生息以及健康长寿都具有重要的意义。

第三节　中国烹饪传统配膳特点

中国传统的饮食结构，历来是以植物性食物为主体，动物性食物为辅佐，并落实在每一餐饭之中，从而达到膳食平衡。同时，还强调食医结合、补治并举，追求人体的健康，以养生长寿。这种饮食结构理论，人们称之为"养助益充的食物观念"。它是来源于《黄帝内经·素问·藏气法时论》中。原文说："五谷为养，五果为助，五畜为益，五菜为充。气味合而服之，以补精益气。此五者，有辛酸甘苦咸，各有所利。"[1] 几千年来，这种食物结构一直影响着我国人民的生产与生活，它不仅符合中国国情、民情和养生健体的要求，而且也是符合膳食平衡、符合现代科学原理的。

一、五味调和的进食观念

五味调和是中华民族饮食文化的核心。它源远流长，内涵丰富，是传统文化的结晶。在中国烹饪中，"五味"是本体，"调"是手段，"和"是目的。它是一个烹调目的和手段的统一体，是一个系统。长期以来，五味调和不仅促进了烹饪原料的开拓，烹饪工艺的发展，而且促进了烹饪手段的多元建设，更重要的是逐渐形成了有中国特色的营养观念，以饮食的"性味"为人"兴利除弊"，通过五味与五脏的不同"亲和力"产生的功能，调和五脏和人体的阴阳平衡，使之精充、气足、神旺，健康长寿。

五味调和，贵在调和。各种食物，无论具体形式是什么，它都具有自己特定的性味与

---

① 黄帝内经·素问［M］.北京：人民卫生出版社，1963：149.

功能。人食用哪些性味的食物适于脏腑的需要，须由人的感官和理性来加以鉴别和选择，运用感官鉴别食物，看、触、嗅、尝，以口味为根本；运用理性来选择食物，把握性味需适合五脏阴阳平衡。

中国烹饪运用不同介质进行加热，运用不同原料调汤，勾出不同式样芡汁，以渍、腌、泡、酱、浸等手段加工透味，都是力求使五味通过调和，既能满足人的生理需要，又能满足心理需求，使人的身心需要在五味调和中得到统一。同时，避免五味偏嗜而引起相对应的脏腑受到损伤，失去平衡。

我国传统的五味调和进食观念，是对饮食五味的性质和关系深刻认识的结果，这种认识，在烹饪生产制作中体现出的主要是"中和"调味论、"地缘"调味论、"本味"调味论、"时序"调味论、"适口"调味论和"相物"调味论等。[①]

（一）"中和"调味论

"中和"理论最早源于中古时代的"中和之道"。春秋时期孔子的中庸思想进一步深化，并作为一种社会意识，从而形成了系统的思想体系，对后世产生了巨大的影响。《礼记·中庸》曰："和也者，天下之达道也。致中和，天地位焉，万物育焉。"中庸作为一种道德范畴和哲学观念，其含义有"中度""执两用中""和"，提倡"无过无不及"的中庸适度原则。"过犹不及"是孔子中庸思想的核心，乃是贯彻孔子思想体系各个方面的一条主线，同时又是他处理社会问题的方法论。

中和调味理论，强调的是"适中""适度""中正"。和，本是中国古代哲学的一个极重要的范畴。2500多年前的政治家晏婴对"和"的概念以烹调等为例作了发挥，曾讲过如下的话："和如羹焉。水火醯醢盐梅，以烹鱼肉，燀之以薪。宰夫和之，齐之以味，济其不及，以泄其过。君子食之，以平其心。"[②]齐（音剂）之，使酸咸中和；济，指增益之意；不及，谓酸咸不足，则加盐梅；泄，指减；过，指太酸太咸，则需加水以减之。调味时若"济其不及"和"以泄其过"，必须用"齐"之技去达到"和"之目的。这是"中和"调味理论形成的基础。

调味中的"和"强调的是"中和"，这是我国最传统的"调味"方法。它是一种不偏不倚的调和理论，利用不同的调味品，经过合理的调配使菜品达到美味可口的最佳状态。讲得最详细的还是中国第一部烹调专论《吕氏春秋·本味》，它对"中和"调味理论作了深刻的阐释："调和之事，必以甘、酸、苦、辛、咸，先后多少，其齐甚微，皆有自起。鼎中之变，精妙微纤，口弗能言，志弗能喻；若射御之微，阴阳之化，四时之数。故久而不弊，熟而不烂，甘而不哝，酸而不酷，咸而不减，辛而不烈，淡而不薄，肥而不䐛。"[③]这是古代早期调味理论的经验总结。其核心理念就是讲究调味的"中和"和恰到好处，不偏不倚、不过不欠，持中协调，才是调味最好的菜品。这个调味原则至今仍有指导意义。味必须求其醇正、适中、和美，要求浓厚而不重，清鲜而不薄。这就是我国调味的基础理论和基本规律，也是菜肴形成美味佳肴的圭臬。

① 邵万宽. 中国传统调味技艺的十大基础理论［J］. 中国调味品，2014（2）：115-123.
② 杨伯峻. 春秋左传注·昭公二十年［M］. 北京：中华书局，1981：1419.
③ 战国·吕不韦. 吕氏春秋·本味［M］. 上海：上海古籍出版社，1996：210-211.

（二）"地缘"调味论

不同的地域环境形成了不同的烹调文化，这是各地的气候、物产、风俗的差异造成的。我国疆域南北跨越温、热两大气候带，黑龙江北部全年无夏，海南岛则长夏无冬，黄、淮流域四季分明，青藏高原常年积雪，云贵高原四季如春。正如《齐乘》中所说"今天下四海九州，特山川所隔有声音之殊，土地所生有饮食之异"。

我国各地自古以来就有不同口味特色的差异。长江以南的人们大都喜欢吃甜食，北方人多"口重"，即爱吃咸，总缺不了咸菜、咸酱和酱油之类。从中国烹饪史上看，先秦时期我国饮食就形成了两大风味体系，即南方风味和北方风味。《诗经》中反映出来的食品原料，主要是猪、牛、羊，水产仅有鲤鱼、鲂鱼等少数几种，代表着西起秦晋、东至齐鲁以黄河流域为主的北方风味。而《楚辞·招魂》中反映出来的食品原料，则以水产和禽类居多，具有长江流域特色的南方风味，这就是明显的分野。南北的差异，不仅仅局限于原材料上，人们在饮食口味上也有相当大的差别。

清朝钱泳在《履园丛话》中说："北方嗜浓厚，南方嗜清淡。"[①]北方气候寒冷，人们习惯吃味咸油重色深的菜；南方气候炎热，人们就偏向吃得清淡些；川湘云贵多雨潮湿，人们唯有吃辣才能祛风除湿。这些都是自然条件影响促使人们在生理上的要求，只有这样，才能达到身体平衡，保障健康。当人们的饮食习惯形成之后，基本的口味改变甚难。这就是不同地域菜系之间的差异所在。南北东西口味各有不同，并在此基础上形成了我国鲁、川、苏、粤等不同的地方风味及各地不同的风味流派。

（三）"本味"调味论

中国烹饪"本味"调和理论就是要尽力让烹饪原料的自然之味得到充分展示，并把握原料的优劣，全力灭腥去臊除膻，排除一切不良气味。

"本味"之词，首见于《吕氏春秋》。该书160篇，"本味"乃其中一篇。所谓"本味"，主要指烹饪原料本身所具有的甘、酸、辛、苦、咸等化学属性，以及烹饪过程中以水为介质，经火的大、小、久、暂加热变化后的味道。正如清代袁枚《随园食单》所说："凡物各有先天，如人各有资禀"；"一物有一物之味，不可混而同之"，要"使一物各献一性，一碗各成一味"；"余尝谓鸡猪鱼鸭，豪杰之士也，各有本味，自成一家"。他反复强调烹饪菜肴时要注意本味。为使本味尽显其长，避其所短，袁枚指出了选料、切配、调和、火候等方面要注意的问题，如荤食中的鳗、鳖、蟹、牛羊肉等，本身有浓重的或腥或膻的味道，需要"用五味调和，全力治之，方能取其长而去其弊"。[②]

由于"本味"理论的影响，使得"淡味""真味"菜品不断涌现，如各种鲜活原料烹制的菜肴正是以鲜美之"本味"得到人们广泛欢迎的。

（四）"四时"调味论

调和饮食滋味，要符合时节，注意时令。这个观点是根据春夏秋冬四时的变化，把人的饮食调和与人体以及天、地、自然界联系起来进行分析而得出的。调味之四时论，是由《周礼》和《黄帝内经》提出来的。

---

① 清·钱泳.履园丛话［M］.北京：中华书局，1979：12.
② 清·袁枚.随园食单［M］.北京：中华书局，2010：10-15.

《周礼》中讲调和："凡和，春多酸，夏多苦，秋多辛，冬多咸。调以滑甘。"《黄帝内经》则按阴阳理论，说明四时的气候变异，能够影响人的脏腑，同时联系人体、四时、五行、五色、五音，来论述天人之间与各方面的联系。而古代养生家更是以四时时序为调和之纲。

看馔制作、菜肴搭配，讲究时令得当，是中国烹饪生产的一大传统特色。《饮膳正要》讲四时的主食烹调应有所变化，以适应四时的温凉寒热。《随园食单》所列有"时节须知"，对饮食调和的时令问题更是做了详尽而周到的说明："萝卜过时则心空，山笋过时则味苦，刀鲚过时则骨硬。"

四时理论对我国饮食的影响十分深远。它讲究时令饮食、重视季节食谱的设计与变化，促进了营养食谱和滋补饮食的发展，形成了流传至今的按季节安排菜单的优良传统。

（五）"适口"调味论

调味中的适口理论，用一句话来概括，即凡菜品之适口者皆为珍品。这是由儒家学者、追求美味的达官显宦、富商大贾和文人学士中的老饕，在不同历史条件下和不同场合提出来的。古云："口之于味，有同嗜焉。"（《孟子·告子章句上》）意思是说，人们的口对于味道有着相同的嗜好。那么，到底什么是好的味道呢？"食无定味，适口者珍。"（宋林洪《山家清供》）就是说，味道要随个人的口味而定，"适口"便是好味道。

清代钱泳在《履园丛话》论治庖时说："烹调得宜，便为美馔。""饮食一道如方言，各处不同，只要对口味。""平时宴饮，则烹调随意，多寡咸宜。但期适口，即是佳肴。"曹慈山的《老老恒言》强调："食取称意，衣取适体，即是养生之妙药。"这些"适口"调和理论，都是具有现实和代表意义的。

适口调和理论的发展，也促进了我国不同地域的风味特色的形成，各地不同风格特色菜品的创制，正是依循不同地域的特性，而烹饪者必须根据不同客人的生活喜好制作不同口味特色的风味佳肴。

（六）"相物"调味论

根据原材料的特点有针对性地施加调味品，可使菜品相得益彰、美味可口。这种调味方法从古代开始一直沿用至今。袁枚在《随园食单》的"调剂须知"里，做了详尽的论述，他指出了味的调和要"相物而施"，酒、水的并用或单用，盐、酱的并用或单用，等等，需要加以区别对待，不能死板。

《随园食单》开宗明义就提出了"凡物各有先天，如人各有资禀。人性下愚，虽孔孟教之，无益也。物性不良，虽易牙烹之，亦无味也。"这作为烹调之人的"先天须知"，提出了食物原料的不同特性，该如何去把握对待？首先应了解它，然后再去调理它。接着袁枚提出了具体的调理方法："调剂之法，相物而施；有酒水兼用者；有专用酒不用水者；有专用水不用酒者；有盐酱并用者；有专用清酱不用盐者；有用盐不用酱者；有物太腻，要用油先炙者；有气太腥，要用醋先喷者；有取鲜必用冰糖者；有以干燥为贵者，使其味入于内，煎炒之物是也；有以汤多为贵者，使其味溢于外，清浮之物是也。"[①]

如何去相物搭配，袁枚继续进行了阐述："烹调之法，何以异焉？凡一物烹成，必需

---

① 清·袁枚.随园食单［M］.北京：中华书局，2010：8.

辅佐。要使清者配清，浓者配浓，柔者配柔，刚者配刚，方有和合之妙。"他用系统理论进行深入阐述，而且在书中还用多个菜肴进行说明。如"连鱼豆腐"，用酱多少，须相鱼而行。杨明府"冬瓜燕窝"甚佳，以柔配柔，以清入清，重用鸡汁、蘑菇汁而已。燕窝皆作玉色，不纯白也。"干锅蒸肉"，在制作中，"不用水，秋油与酒之多寡，相肉而行，以盖满肉面为度。"

相物调味，因材施艺，是历代厨师调味技艺的结晶，也是衡量烹调技术高低的重要标志。在味的配制上，不仅注意原料的本味，而且还重视原料加热后的美味，并注意掌握原料配合产生的新味，这是我国烹调技术配制巧妙多变的关键，从而形成中国菜"一菜一味，百菜百味"的口味特色。

二、食治养生的配膳方法

中国有几千年的饮食文化传统，自古就十分注重饮食配膳。饮食能养生治病，亦能伤身致病。正如医圣张仲景所说："若能相宜则益体，害则成疾。"由于每个人的年龄、性别、体质及所处时空环境不同，所以一日三餐需要进用什么性味的食物，才能适合五脏及身心的需求是不相同的。当人体受到病源侵袭后，其阴阳、表里、虚实、寒热就会失去平衡，这时就需要运用食物有的放矢地调理："辛甘发散为阳，酸苦涌泄为阴，咸味涌泄为阴，淡味渗泄为阳。六者或收或散，或缓或急，或燥或润，或软或坚，以所利而行之，调其气使其平也。"（《黄帝内经·素问·至真大要论》）不同体质、不同疾病的人应选用不同的性味食物调养各个不同脏腑的平衡，就需要吃适宜各脏腑"所入""所嗜"性味的谷、果、肉、蔬。因此，我们必须合理配膳、讲究烹饪、食饮相宜、调养脾胃，还需要有良好的进食习惯。我国传统的饮食理论有许多是很符合膳食健康的。

（一）主副食比例搭配适当

我国古代就已注意到主食与副食的平衡搭配，"肉虽多，不使胜食气"，即所食动物性食物不应超过植物性食物。综观我国中医文献，自古以来评论人体健康状况时，常用精、气（氣）、神充足来描述身体健康。精、气（氣）是生命的支柱，在这两个字中都包含有"米"字。我们祖先又有"世间万物米为珍"之语。可见我国先民从生活实践中已认识到五谷杂粮是须臾不可离的主食。主食、副食比例适当是保障营养平衡的基础。

（二）注重菜肴的荤素搭配

自古以来，我国饮食就讲究合理的调配。荤素之料的使用，强调以素为主，按规矩、循准绳、无偏过，方可有益于健康。在荤素配合中，蔬菜的总量要超过荤菜的一倍或一倍以上，是最符合营养要求的。通过对长寿地区的调查，证明以各类蔬菜瓜果为主者，多获得了高寿。富含蛋白质的鸡、鸭、鱼以及各种肉类等食物属于酸性食品，而瓜、果、蔬菜是食物中的碱性食品。在日常生活中，应掌握膳食酸碱的平衡，两者不可偏颇。否则，将严重影响健康。

（三）提倡杂食和精粗结合

"稻粱菽，麦黍稷，此六谷，人所食。"《三字经》所谓杂食，就是说，对食物原料都要去品尝食用，而不要有所偏嗜。每天的主食，不能单一，要杂合五谷，才符合人体营养的需要。在这些谷物中，有精、粗之分，一般认为上等的粳米、面粉为精粮、细粮，高粱、玉米、大麦等为粗粮。提倡杂食与精粗结合，是因为粗粮的营养价值超过细粮。现代营养学家曾做过测定，同样一公斤粮食，供给热能较多、蛋白质含量较高的是莜麦面、糜子面，其次为小米、玉米和高粱米，而大米、白面最低，而且前两者的微量元素也比后者高出许多倍。所以，过于偏食、精食者，会产生营养缺乏症。故在《黄帝内经》中，就有"五谷为养……气味合而服之，以补精益气"的论述。

（四）强调食物的性味平衡

所谓"辨证用膳"，即指饮食营养也应结合四时气候、环境等情况，做出适当的调整。由于四季气候存在着春温、夏热、暑湿且盛、秋凉而燥以及冬寒的特点，而人的生理、病理过程又受气候变化的影响，故要注意使食物的选择与之相适应。

根据我国药食同源的传统理论，膳食的寒、热、温、凉四性必须保持平衡组合。食物有四种不同的属性，如绿豆性寒无毒，清热解毒，生津止渴；菊花苦平无毒，清热明目；羊肉甘苦大热无毒，补虚祛寒。我国百姓夏天喝绿豆汤、菊花茶，冬天食涮羊肉，正是基于对这些食物功效的了解。

我国民间十分重视食性寒与热的平衡，吃寒性食物时必须搭配些热性食物：如螃蟹属寒性，生姜属热性，吃螃蟹时要佐以姜末等。破坏摄食食物四性的寒热平衡自然有损于健康。

（五）讲究膳食五味的平衡

食物有酸、甘、苦、辛、咸五味，中医学主张饮食的五味要配合得当——五味调和，相得益彰，否则就会使某一味的作用过偏。日常膳食中，酸、甘、苦、辛、咸五味调配得当，可增进食欲、有益健康，反之则会带来弊端。《黄帝内经》非常重视五味的调和，反对五味偏嗜。《黄帝内经·素问·五脏生成论》中说："是故多食咸，则脉凝泣（血流不畅）而变色；多食苦，则皮槁（皮肤不润泽）而毛拔（毛发脱落）；多食辛，则筋急而爪枯（指甲干枯）；多食酸，则肉胝胸（变硬皱缩）而唇揭（口唇掀起）；多食甘，则骨痛而发落，此五味之所伤也。"从现代医学的角度来看，中医学五味调和的观点也是符合科学道理的。

（六）适时而食与饮食有节

古人主张"先饥而食，先渴而饮"，关键是"适时"，这就是饥和饱的平衡原则。也就是说，不要等到十分饥渴时才饮食，饮食要定时、定量，否则容易引致疾病的发生。如果饮食缺乏时间性，"零食不离口"，必然会使胃不断受纳和消化食物，而得不到休息，久而久之就会引起消化功能失常，出现食欲减退和胃肠疾病。另外，饮食、配膳、调味也要讲究时令。

中国古代医书《黄帝内经·素问》提出"饮食有节""无使过之"的观点。节食主要是指数量而言，要求饮食要控制数量，以不过量为宜。关于"节食"的论述，古代有很多精辟的见解。如"食无求饱""不欲过饥，饥则败气。食戒过多，勿极渴而饮，饮戒过深"等。饮食适度，就能不伤脾胃，其养生作用有二：一则可保障脾胃运动功能的正常，提高摄取食物的消化、吸收率；二则可以减少胃肠病的发生，对减肥也有一定的帮助。

本章小结

中国传统美食十分丰富，数千年的文明史孕育了博大精深的烹饪文化。本章系统地叙述了中国烹饪与美食的优良传统、烹饪文化的基本特征以及烹饪美食的主要来源和配膳特点。其中的优良之处，值得后人继承和发扬，并在此基础上不断发扬光大，使烹饪生产走上科学化与艺术化完美统一的道路，造福于人类。

思考与练习

一、选择题

1. "烹饪"一词，最早出现的书籍是（　　　）。
A.《黄帝内经》　　　　　　　　　　B.《吕氏春秋》
C.《周易》　　　　　　　　　　　　D.《礼记》

2. 菜系名称出现在 20 世纪（　　　）。
A. 50 年代　　　　　　　　　　　　B. 60 年代
C. 70 年代　　　　　　　　　　　　D. 80 年代

3. 烹饪文化的特征包括（　　　）。
A. 民族性、时尚性　　　　　　　　　B. 地域性、综合性
C. 传承性、技艺性　　　　　　　　　D. 独特性、变化性

4.《黄帝内经·素问》中所讲的配膳原则，其正确的说法是（　　　）。
A. 五谷为养　　　　　　　　　　　　B. 五谷为助
C. 五谷为益　　　　　　　　　　　　D. 五谷为充

5. 平原湖区盛产的食物原料是（　　　）。
A. 木耳、花菇　　　　　　　　　　　B. 海产鱼类
C. 牛肉、羊肉　　　　　　　　　　　D. 淡水鱼类

6. 五味调和中的"五味"指的是（　　　）。
A. 手法　　　　　　　　　　　　　　B. 手段
C. 本体　　　　　　　　　　　　　　D. 目的

7. "适口者珍"指的是（　　　）。
A. 饮食的个性　　　　　　　　　　　B. 饮食的共性
C. 饮食的普遍性　　　　　　　　　　D. 饮食的广泛性

8. 饮食的"性味平衡"指的是（　　　）。
A. 酸、甜、苦、辣　　　　　　　　　B. 寒、热、温、凉
C. 色、香、味、形　　　　　　　　　D. 养、助、益、充

二、填空题

1. "烹饪"一词最早出现时的描述是："＿＿＿＿＿＿＿＿，亨饪也。"

2. 烹饪文化包括时代性、民族性、＿＿＿＿＿＿＿、传承性、＿＿＿＿＿＿＿特征。

3.中国菜品的调味理论主要有中和调味论、本味调味论、＿＿＿＿＿＿＿、＿＿＿＿＿、适口调味论、相物调味论。

4.古人在调味上的论述很多，其中谈到共性方面有"＿＿＿＿＿＿，有同嗜焉"，谈到个性方面有"食无定味，＿＿＿＿＿＿"。

5."本味"一词最早见于＿＿＿＿＿＿一书。

6.宫廷烹饪文化、寺院烹饪文化、民间烹饪文化等，它所阐述的是烹饪文化＿＿＿＿。

7.＿＿＿＿＿＿风味中有丰富的人参、猴头菇、黑木耳等原料制作的菜肴。

8.《周礼》一书中记载的"酏食糁食"，其中"酏食"指的是＿＿＿＿＿＿。

三、名词解释

1.本味

2.素食

3.烹饪文化圈

4.辨证用膳

四、问答题

1.试分析烹饪的含义及其演变。

2.请分析杂食和精粗结合的饮食特色。

3.烹饪文化的主要特征有哪些？

4.试分析中国烹饪区域差异的主要表现形式。

5.阐述烹饪文化的基本要素，并就其一作具体分析。

6.华夏美食有哪些优良传统？

7.中国美食来源于不同地区，结合本地谈谈区域美食的形成原因。

8.简述清真菜品制作的要求和特色。

9.举例说明传统的进食观念对菜点制作与风格的影响。

10.中华民族传统的配膳特点是什么？有哪些合理性？

中国烹饪的起源与发展

中国烹饪有着悠久而辉煌的历史，千百年来在历史的长河中不断演变发展，形成了博大精深的内容。不同的历史时期，到底产生过哪些辉煌的成就？在烹饪技艺方面都有哪些突出贡献？这是本章将要讲述的主要内容。

学习目标

通过学习本章，要实现以下目标：
· 了解中国烹饪的不同发展时期
· 掌握不同时期烹饪技术的突破
· 了解古代主要烹饪理论的贡献
· 了解现代烹饪发展的新特点

中国烹饪源远流长。在漫长的历史中，中国烹饪经历了从无到有、从简单到复杂、从低级到高级的演变发展过程。在不同的时期，先辈为我们留下了许多宝贵财富，显示出不同时期的光彩。本章将对每个时期在食物原料、炊饮器具、烹饪技法、菜点食品、烹饪著述、饮食市场诸方面进行阐述，以揭示中国烹饪形成、发展的历史轨迹，分析中国烹饪独有的文化内涵。

第一节　烹饪的萌芽时期（史前至新石器时代）

我们的祖国是人类的摇篮之一，是世界四大文明古国之一。在距今 170 万年左右，我们的祖先已在这块土地上劳动、生息、繁衍。云南元谋、陕西蓝田、北京周口店等地古人类文化遗址的大量发现，充分说明了我国是一个历史悠久的国家。

一、火的发明

我们的祖先最初的饮食生活相当简陋。饿了，就去捕捉飞禽走兽，捕捞鱼虫蚌蛤，采集根茎野菜，采摘果蔬种子。他们完全依靠获得的动植物充饥，使用一些粗笨的打击工具，依赖群体的力量互相协作，过着原始、粗陋的生吞活嚼、茹毛饮血的生活。《礼记·礼运》篇记载："古者未有火化，食草木之实，鸟兽之肉，饮其血，茹其毛。"说的就是上古时代的生活。

"上古之世，人民少而禽兽众，人民不胜禽兽虫蛇。"（《韩非子·五蠹》）这时的人类为了求得生存，与动物野兽在深山、野林常常进行你死我活的斗争，生命得不到保障，生活也得不到保障，捕得多一食尽饱，捕得少饿着肚皮，加之果蔬、蚌蛤、兽肉，腥臊恶臭伤腹胃，疾病甚多。人们为了防止野兽的侵袭，"寒则穴处洞中，热则巢居于树上"。这就是历史上所说的构木为巢、垒石为窟以避群害的"有巢氏"时代，这个时代是没有烹饪可言的。直到人们开始用火烤熟食物，这种情况才开始改变。

火，虽然在人类出现之前就存在于地球之上，然而人类祖先使用火却经历了不知多少万年的漫长岁月的摸索。开始，也许是因森林遭雷击引起大火、火山爆发引起大火，或在石油或天然气渗出时因高温而引起火，或在潮湿而闷热的区域因某些种类的煤与空气接触自燃起火等。原始人最初对火是没有感觉、不会利用的，居住在森林中的原始人，一旦遇到自然火燃烧，便纷纷逃出森林，等大火基本熄灭以后，他们回来时，发现森林中很多被烧死的动物已经毛光肉焦，而且散发香气。人们在饥饿之中偶然食用，觉得这些熟肉比生肉滋味美得多，并且易嚼、易消化。这种现象重复了千万次，经过了若干万年，人们才懂得草木燃烧发火，才懂得火的高温能烤熟食物，才认识了火源和火的重要性。

人类祖先学会用火是十分不易的。他们逐渐学会了用干草和树枝在天然火的灰烬中接取、保留火种，保持长年不断的火堆来烧烤食物，用火取暖，并驱赶野兽。但因雷电击燃树木、森林，自燃的机会很少，加上雨雪大风的影响，保留火种又十分不易，同时，人类生活居所不定，常要出去觅食，故吃熟食的情况仍然不是十分普遍。

人类知道了火的重要，又经过若干万年的实践和总结，发现了石块摩擦能起火，在用石片削制木头时，又发现木头和石块摩擦也能发热生火。

我国先民用火烤熟食物的传说，在2000多年前的《周礼·含文嘉》中就有记载，说："燧人氏钻木取火，炮生为熟，令人无腹疾，有异于禽兽。"这就是中国历史上传说的钻木取火以化腥臊的"燧人氏"时代。《古史考》说："燧人氏钻火，始裹肉而燔之，曰炮。"这便是我国烹饪中用火烤烧技术的起源。

据考古学家考证，在"北京人"的洞穴中，也发现了用火的痕迹，木炭、灰烬、烧石、烧骨等堆在一定的地区，叠压很厚，显然这不是野火留下的痕迹。这种现象证明北京人不仅在使用天然火，而且已能有意识地对火进行控制使用。据考古学界推断，距今50余万年的北京周口店"北京人"遗址是迄今为止全世界已知的、人类最早用火烤熟食物的发现。

人类对火的掌握和使用，是人类发展史上的一个里程碑，使人类进化发生了划时代的变化，从此结束了"茹毛饮血"的蒙昧时代。火，不仅可以为人类照明、取暖，还可成为人类与野兽斗争的武器。有了火，人类可以吃熟食，熟食易于消化，这对人体更好地吸收食物的养分，促进人类体质的发展，特别是脑的发展，有重要的作用。火化熟食，也使人类扩大了食物的来源，减少了疾病，使食物柔软，吃起来很香，并减少进食时间。火的使用，是人类生产斗争经验积累的结果，是人类在征服自然的进程中所取得的伟大成果。所以，恩格斯指出，火的使用"第一次使人支配了一种自然力，从而最终把人同动物分开"。

自从人类懂得摄取熟食以来，就有了烹饪术。我国考古学家发现，云南元谋人遗址就有用火的证据。迄今为止，世界各国还没有发现比这更古老的人类用火的历史。可以说，我们的祖先是世界上最早学会用火的民族。

二、烹饪器具的产生

我们的祖先最初学会用火烤熟食物的这种"炮生为熟"的生活持续了相当长的历史阶段。在这漫长的烧烤食物过程中，有时烧焦了不好吃，聪明的祖先想出了用泥土和水揉成一定的形状，把食物放在上面搁到火上焙烤，经火烧烤后，这些泥土变得坚固不漏水，并且可以长久地使用。在长期的实践中，人们从中得到启发，后来根据生活的需要，烧制成多种式样的器具，用于烹饪食物、保藏食品和饮品。最初的器具，是饮、食、器共为一体的。由此，陶器也就产生了。《黄帝内经》曾记载：黄帝斩蚩尤，因作杵臼，断木为杵，掘地为臼，以火坚之，使民舂粟。"掘地为臼，以火坚之"，便是烧制陶器的原始器具。

陶器的发明也就是烹饪器具的诞生，是人类与自然界斗争中一项划时代的创造，它标志着人类进入了新石器时代。烹饪器具的诞生，使人类制作熟食的方法发生了新的变革。由炮生为熟到能够蒸煮食物，烹饪技术获得了突破性的发展，产生了各种烧、煮、焖、煨等烹调方法，使人类饮食得到了根本的改变。

在陶器没有发明之前，人类还不懂得储水和储存谷物。传说，那时烧饭的方法是"加物于燧石之上"，或"以土涂生物"放在火上烧烤，或把灼热的石块投入有食物的水中，一直到水沸食物煮熟为止。自从有了陶器用具以后，人类的生活方便了很多。可以用陶土制成炊事用的罐、鼎、釜、甑，以蒸煮各种食物；还制成饮食用的碗、钵、盆等；或制成储藏东西用的釜、罐和汲水用的各种瓶等，给炊事活动带来了方便。

关于陶器的发明，恩格斯在《家庭、私有制和国家的起源》一书中论述说："可以证明，在许多地方，或者甚至一切地方，陶器都是由于用黏土涂在编制或木制的容器上而发生的，目的在使其能耐火。因此，不久之后，人们便发现成型的黏土，不要内部的器具也能用于这个目的。"[①] 陶器首先烧制出来的是具有炊具和食具双重作用的陶罐，以后逐步由陶罐分化演变出专门的炊具和多种钵、盆、盘、碗、碟一类的器皿食具来。因此陶器问世之日，也是食具诞生之时，它是继石器之后人们最早生产出来的生活用具。

陶罐最早演变出来的是釜和鼎，还有鬲（lì）、甑（zèng）、甗（yǎn）、斝（jiǎ）、鬶（guī）等。釜状如陶罐。以后在釜下加了三条腿就成了鼎，再将鼎足改造做成中空的锥状袋足，也就形成了鬲的形状。由此可见，陶器的发展是经过陶罐到釜、釜到鼎、鼎到鬲这样一个过程的。这些炊具都有各自的用途，如鼎主要用于煮肉，相当于今日的炒菜锅；鬲是当时煮粮食用的饭锅；甑的底部有许多小孔，置于釜或鬲上配合使用，是蒸食物的最原始的笼屉。而甑和鬲相结合就构成了甗，也就是最早的蒸锅，它们的名称和式样虽然与现在的锅有区别，却都是今天各种锅的祖先。

---

① 恩格斯. 家庭、私有制和国家的起源［M］. 北京：人民出版社，1955：23.

三、炉灶的诞生

在新石器时代，尚未出现垒砌的炉灶。在西安半坡遗址中，有一种双连地灶，是在地上挖两个火坑，地面两坑相隔，地下两坑相连，两坑相通的洞口很似后来的灶门，虽然结构原始简陋，但比起平地上点火堆进步多了。因为两坑相通，在进柴和发火处之间设有通道，有吸风拔火的作用，使柴火燃烧比较充分，可以提高火温；火在坑中四面有壁，火热容易上扬，火力集中，利于在火边烤炙食物，而火势不逼人，比较安全；火在坑中聚气蓄热，不仅火焰可用，余烬亦可用，提高了火的利用率，这就是最初的炉灶雏形。当时人们仅在地上或住房中间的地上挖成一两个圆形或瓢形的灶坑来生火，并用它取暖、做饭兼带照明。

新石器时代最初使用的炊具，除了釜是圆底像陶罐以外，其余都是三条腿。这三足鼎立式的锅的造型设计，正是配合了当时的炉灶要求。这样，锅能稳固地放在火上做饭，而且还能随意地把它放在其他地方直接在底下生火做饭，即使没有炉灶，也可以把饭做熟，使之具有锅、灶二者结合的作用。随着制陶的发展，炉灶又有新的变化，制造出用陶土烧成的轻便小陶炉，这小陶炉正面有一个加火的炉门，上面的灶口在接近边沿处的内壁上还做了三个用以支撑的乳突，可将釜放在上面配套使用。小陶炉可随意搬动，用起来十分方便。

四、调味品的出现

远古时代，我们的祖先不知道制作调味品，那时的饮食是单调的。陶器产生以后，促进了调味品的产生与发展。《淮南子·修务训》记载着在伏羲氏和神农氏之间，诸侯中有宿沙氏（夙沙氏）始煮海作盐。《世本·作篇》说："夙沙氏煮海水为盐。"可见早在新石器时代，我国东部海滨的夙沙氏族已发现煮海水为盐的方法，而没有陶器是煮不成海水盐的。有了盐，才有了所谓调味。熟食加上调味，人类食品开始丰富多彩。盐不仅是调味的基本原料，而且盐能和胃酸结合，加速分解肉类食物，增添滋味促进吸收。盐是人类增强体质的一个积极因素。烹饪加上调味，人类食物有了多样化的必要条件。有了盐，食品的储藏加工更方便。盐的使用，在烹饪中是继火的使用后的第二次重大突破。从此，我国原始的"烹饪技术"出现了。

陶器的产生，促使了调味品的不断增多，特别是酒的出现。据考古学家鉴定，酒的出现时间很早，在人类尚未诞生之前，它就早已存在于地球之上了。出现最早的是天然果酒。在自然界中，一些野果成熟后，只要遇到适当的条件，其中所含的果糖经过酵母菌的分解作用，就能生成酒精而变成天然的果酒。人类出现以后，受到含糖野果自然发酵的启发，特别是在人类发展到开始从事农业生产和粮食有了剩余以后，逐渐认识并掌握了发酵技术。晋人江统《酒诰》记载："有饭不尽，委之空桑，郁积成味，久蓄气芳，本出于此，不由奇方。"加之陶器作为容器不漏水、耐温、耐酸，有利于食物发生化学变化，促进了发酵食物的产生。新石器时代酿酒技术的产生，使调味品又有了新的品种。在我国新石器时代遗址中发现了许多尊、罍（léi）、盉（hé）、杯之类的陶土酒器，说明我们的祖先早在那时就已学会了酿酒，并开始用陶土烧制各种酒具了。

除此之外，新石器时代出现了原始的农业和畜牧业。谋食的方法，已脱离了采集经济时代，进入了生产时代；换言之，当时人们已不单靠天然现成食物为生，而能利用人工培养食物为生了。他们已经知道饲养动物、栽种植物。饲养的动物，有猪、牛、羊等，其中以猪占首位；栽种的植物，有粟、稻、白菜、芥菜、葫芦、酸枣等，以粟种植最早。至于居住，则有比较完整的村落。生产工具除石斧、石铲、石刀等外，还有专用作收割谷物的石镰和蚌镰，谷物加工的工具有石磨盘、石磨棒等，用来去除谷皮。当时还有彩绘的陶器，人们称之为彩陶。有些地方彩陶的造型和纹饰十分精致美观。从此，我们的祖先开始告别简陋的野蛮生活，真正进入意义完备的烹饪时代。

第二节　烹饪的形成时期（夏商至秦）

从夏到秦，我国的烹饪技术得到了迅速的发展。各种铜制的烹饪工具的出现，切配工具、加热工具的改进，使菜肴制作趋于精细。这一时期，不仅宫廷、官府中有专职庖厨，民间也有"沽酒市脯"的"庖人"专司饮食业。在饮食烹饪方面，复杂的烹饪技术产生了，而且烹饪成为一项专门的技艺。

一、夏代的烹饪情况

公元前 2100 年左右，是中国夏王朝的开始。从此原始社会解体，我国的历史进入第一个阶级社会——奴隶社会。历时 471 年的夏王朝，有文字记载很少。《史记·龟策列传》有夏桀作瓦屋之说。1921 年，安特生在河南省渑池县仰韶村采掘得石器、骨器、单色陶器及彩色陶器甚多。陶瓦之器是当时夏代常用的东西，并出现了带耳的陶鬲。[1]

在夏代，手工业有很大的发展，最重要的是青铜手工业，青铜是铜和锡的合金，当时已能根据器具的不同用途，配合不同的铜锡比例。在夏代文化遗存的"二里头文化"遗址中，发现有用青铜铸造的爵、铃、刀、镞、锛、凿、锯等。《左传》宣公三年有"昔夏之方有德也，远方图物，贡金九牧，铸鼎象物，百物而为之备"的记载，这说明夏王朝兴盛的时候，青铜的冶炼和铸造技术已经有了较大的发展。青铜铸造技术的出现，标志着中国的历史已经进入了文明时期。

夏朝的土地实行国有制，据认为保留了夏朝一些史料的《夏小正》一书，就反映了这一情况。书中所谈到的农、牧、渔、猎生产及物候、天文、气象等知识，可说明夏代的一些情况。从《夏小正》中可以看出，夏代的烹饪原料较过去有很大的发展，蔬菜有了韭和芸（芸薹、油菜），瓜果有了梅、杏、枣、桃，粮食作物有了黍、菽、糜（粟）、荼（稻）、麻。这些作物至今仍是我国栽培的重要农作物。

在夏朝的国家组织中，有羲氏（掌政教）、和氏（掌农业生产），有牧正（管畜牧）、庖正（管膳食）、车正（管车服）、六卿（管军事）。在夏代，就已建立膳食机构，并派人专管。可见当时的饮食烹饪已有一定的规模了。

夏王朝自禹至桀，共十七代君主。第六代君主少康即位，史称"少康中兴"。据载，

---

① 周谷城．中国通史［M］．上海：上海人民出版社，1957：8.

他幼时生在田家有仍氏，后来做有仍氏的牧正。东夷族伯明氏的寒浞杀掉了少康的父亲夏后相，少康逃奔到有虞氏处避难，在有虞氏处做了庖正，即专门掌管庖厨。那时庖正是要与庖厨一起干活的，所以有人说少康也算厨师。[①] 以后他在夏众和夏臣的帮助下，灭寒浞父子，重新掌握了夏的政权。他是我国历史上第一个有年代可查的厨师，而且是夏代的国王。这从另一角度可以说明夏王朝对烹饪技术是相当重视的。

二、商代的烹饪发展

到了商代，我国生产力有了进一步的发展，并有了文字材料的记载，这就是甲骨文。它为我国研究商代的历史和烹饪技术提供了可靠的资料。

农业是古代生产的决定性部分。在商代，见于甲骨文的已有黍、禾、麦、米、麻、稻等文字。农具除木、石制成的以外，已开始使用较简单粗糙的金属工具，也开始用牲畜拉犁耕田。在卜辞中有囿、圃、果树、粟等字，开始有了菜园和果园。商代奴隶主贵族饮酒之风极盛，卜辞中除提到酒之外，还有醴和鬯（音同"畅"，古代祭祀用的一种酒）。而黍是主要的酿酒原料，故而卜辞中有较多关于黍的记载。

商代人除经营农业外，也饲养牛、马、猪、羊、鸡、犬等家畜家禽。据甲骨文中记载，那时，已是马、羊、牛、鸡、犬、豕六畜俱全了。在商代遗址中还发现镞、网坠等渔猎工具和兽骨、鱼骨，表明渔猎在民间仍有经济上的意义。卜辞中关于渔猎的记载很多，猎取的野兽以麋鹿、野猪为最多。

商代的手工业由于脱离农业生产的专业队伍的组成，所以发展很快。青铜铸造业、制陶业、酿酒业等比夏代都有一个新的飞跃。仅在殷墟一地出土的青铜礼器，就有数千件之多。其中妇好墓的随葬礼器就有近 200 件。礼器以酒器为主，种类有爵、角、斝、盉、觥、卣、尊、壶、彝、罍、瓿、觯等。妇好墓中的酒器占全部青铜礼器的百分之七十。文献记载说商朝奴隶主贵族嗜酒成风之事是可信的。此外，还有鼎、甗（蒸煮用）、簋（盛食物用）、盘（盥洗用）等。

在商代，商业开始兴旺起来，随着商品交换的发展，饮食业也开始萌芽。这是商代手工业和农业初步分工的产物。《尚书·酒诰》说到西周初年朝歌一带的商遗民"肇牵车牛远服贾"的情况，据谯周的《古史考》中记载，周武王的军师姜太公吕望曾"屠牛于朝歌，卖饮于孟津"。这些记载表明在商代的城镇上，商业的萌芽和发展，已有了杀牛卖肉的"小贩"，出现了卖肉食酒饭之类的店肆。

《吕氏春秋·本味》记述了 3500 年前商代名臣伊尹与商汤的一次对话，在这篇对话中，伊尹用谈论美味的方法来劝商汤听从自己的治国主张。文中提出了一份范围很广的食单，记述了商汤时天下之美食，还破天荒地提出了烹饪理论最重要的基本论点。《本味》成为我国历史上最早的一部烹饪理论著作，而后来成为商汤宰相的伊尹则被人们尊为"烹调之圣"。他指出："三群之虫，水居者腥，肉攫者臊，草食者膻""凡味之本，水最为始。五味三材，九沸九变。火之为纪，时疾时徐，灭腥去臊除膻，必以其胜，无失其理。调和之事，必以甘、酸、苦、辛、咸。先后多少，其齐甚微，皆有自起。鼎中之变，精妙微

---

① 陶文台.中国烹饪史略［M］.南京：江苏科技出版社，1983：130.

纤,口弗能言,志弗能喻。若射御之微,阴阳之化,四时之数。故久而不弊,熟而不烂,甘而不哝,酸而不酷,咸而不减,辛而不烈,淡而不薄,肥而不䐵。"[①]《本味》是古人对烹饪调味经验的总结。

商代的烹饪原料进一步增多,许多商人,特别是统治阶级对食物已开始考究起来。《本味》记载:"肉之美者:猩猩之唇,獾獾之炙,隽燕之翠,述荡之掔,旄象之约;流沙之西,丹山之南;有凤之丸,沃民所食。鱼之美者:洞庭之鱄,东海之鲕,醴水之鱼,名曰朱鳖,六足有珠百碧;藿水之鱼,名曰鳐,其状若鲤而有翼,常从西海夜飞,游于东海。菜之美者:昆仑之蘋,寿木之华,指姑之东,中容之国,有赤木、玄木之叶焉;余瞀之南,南极之崖,有菜,其名曰嘉树,其色若碧;阳华之芸,云梦之芹,具区之菁,浸渊之草,名曰土英。和之美者:阳朴之姜,招摇之桂,越骆之菌,鳣鲔之醢,大夏之盐,宰揭之露,其色如玉,长泽之卵。饭之美者:玄山之禾,不周之粟,阳山之穄,南海之秬。水之美者:三危之露,昆仑之井,沮江之丘,名曰摇水;曰山之水,高泉之山,其上有涌泉焉,冀州之原。果之美者:沙棠之实,常山之北,投渊之上,有百果焉,群帝所食;箕山之东,青鸟之所,有甘栌焉;江浦之橘,云梦之柚,汉上石耳。"[②]从伊尹列举的原料,汇集的天下美食,可充分看出人们当时所认识的食物范围,也足以证明商代烹饪原料品种的丰富多彩。

三、周代的饮食规模

公元前 11 世纪,中国历史进入西周时期。周初统治者吸取商纣因腐败堕落而灭亡的教训,在贵族当中反对饮酒和逸乐,提倡勤劳,出现了周初几十年安定的"成康之治"。西周时期农业有了进一步的发展,农作物的种类不断增多,主要的有黍、稷,此外还有稻、粱、麦、菽、蔬菜、瓜果等。用于手工业的桑麻和染料作物,种植也较普遍。在文献中,有不少关于丰收的记载。例如《诗经·周颂·良耜》中说:"获之挃挃,积之栗栗。其崇如墉,其比如栉,以开百室。"[③]这是描写庄稼丰收,粮仓之高如墙,粮仓之多如栉。

在全国范围内,出现了更多较大的城邑。在这些城邑的市肆上,不仅有珠宝象牙之类的贵重货物,也有普通的饮食店和烹饪食品供应。周代的饮食业发展是很快的。原料十分丰富,荤食有六畜、六兽、六禽、水产等;蔬菜、果品也很丰富。调味品有了盐,并且已懂得把酒应用到烹调上,如周代的"八珍"之一的"渍",就是用香酒浸渍牛羊肉。周代已知道了制醋,有了醯人,这是专管皇家制醋的官。在未发明醋时,商代贵族以梅作酸,用以解腻。周代已有了油(膏)、酱、蜜、饴、姜、桂、椒等调味品。厨师们已把各种调味品和各种烹饪原料运用到各种烹调方法之中,并做出许多色、香、味、形俱佳的菜肴。《礼记·内则》就记载了我国最早的"名菜"——"八珍":

淳熬,为稻米肉酱盖浇饭; 　　　　淳母,为黍米肉酱盖浇饭;

炮豚,为烧、烤、炖小乳猪; 　　　　炮牂,为烧、烤、炖小羊;

捣珍,为脍肉排,一说为早期肉松; 　　渍,为香酒浸渍牛羊肉;

---

① 战国·吕不韦.吕氏春秋[M].上海:上海古籍出版社,1996:210-211.

② 战国·吕不韦.吕氏春秋[M].上海:上海古籍出版社,1996:211-214.

③ 赵浩如.诗经选译[M].上海:上海古籍出版社,1980:155.

熬，为五香牛羊肉干；　　　　　　　　　肝膋（辽），为烤网油包狗肝。[①]

除"八珍"之外，还有"三羹""五齑""七菹"等。

《周礼·天官》中已有"馐笾之食，糗饵粉餈"的记载。春秋战国时期，屈原的《楚辞·招魂》中有："粔籹蜜饵，有帐惶些"这样的句子，饵、餈、粔籹、蜜饵、帐惶均为饼食名称。这说明周代面食糕点也已经有了一定的雏形。

从《诗经》《周礼》《楚辞》古文献中，可以反映出当时烹饪技术和食谱方面的情况，看出当时食物原料和饮食生活的丰富多彩，以及当时的宴席盛况和饮食机构的庞大。据今人考证，《诗经》中提到的植物约有 130 多种，动物约 200 种。《周礼·天官冢宰》中记载，在为王室服务和饮食机构中，有 22 个单位，包括 2332 个工作人员。[②] 这一方面反映了我国周代烹饪的发展规模与食物原料的丰富，另一方面也反映了奴隶主贵族们的穷奢极欲。

值得一提的是，在西周官名中，已有膳夫等名称，可见西周时期已有专门厨工了。并且，在宫廷服务的厨师分工很细，各司其职。如"膳夫"专管膳馐，"庖人"专管屠宰，"内饔"专管割烹，"外饔"专管祭祀割烹，"烹人"专管烹煮等。从许多菜肴糕点看，周代的烹饪水平已经是相当高的了。

四、食疗法的形成

夏商周三代，我国饮食卫生方面比前人有所进步和发展，特别是已经注意到利用饮食来治病。我们的祖先在寻找食物的过程中，发现了许多食物有治疗疾病的作用。"神农氏尝百草之滋味……一日而遇七十毒。"可见，当时人们已经利用食物治病，遇毒而能治疗。所谓"百草"，就是包括五谷、杂粮、蔬菜、水果以及花、鸟、虫、鱼、泥土、木质等，即今日之动物性、植物性、矿物性的食用原料和药物性原料。从此饮食治疗疾病之风开始盛行，这种方法经济实惠，简单易行，安全可靠，没有副作用或副作用较小。

进入周代，我国不仅有初步的食医经验的总结，而且在社会上出现了专门的从业人员。饮食治疗已正式在医学上设立专科。在周代医事制度中，将医业分为四大科目：一曰"食医"，相当于现在的营养科；一曰"兽医"；一曰"疡医"，相当于现在的外科；一曰"疾医"，相当于现在的内科。食医是专为宫廷帝王调剂饮食、研究饮食预防疾病和保健而设的。如《周礼·天官冢宰下·食医》："掌和王之六食、六饮、六膳、百羞、百酱、八珍之齐。凡食齐眡春时，羹齐眡夏时，酱齐眡秋时，饮齐眡冬时。凡和，春多酸、夏多苦、秋多辛，冬多咸，调以滑甘。"[③] 这句话大意是：食医，就是掌管王室人员饮食，搭配主食、副食、确定食谱的人。是掌管六种饭食、六种饮料、六种肉食、各种美味食品、各种酱食、八种珍贵的肉食的。在调和食物的冷热温凉时，要看食物的性质来决定，如固体的食物应温食，羹类的食物宜热食，酱类食物宜凉食，饮料则应寒食。食品的调味，也要注意根据四时季节的变化而进行，春季多用酸味，夏季多用苦味，秋季多用辛辣，冬季则重咸味，但每种味都要留意配入滑润甘美的食物以适合人的肠胃。

此外，周代在对主食与副食的搭配方面、调味方面也有研究。虽然这些理论有许多尚

---

① 陶文台.中国烹饪史略［M］.南京：江苏科技出版社，1983：18.
② 林乃燊.中国饮食文化［M］.上海：上海人民出版社，1989：62.
③ 汉·郑玄注.唐·贾公彦疏.周礼注疏［M］.上海古籍出版社，2010：151-152.

缺乏科学的说明，不够完善，但值得我们去研究，去批判地继承。

这一时期的医学很注意饮食疗法，如《周礼·天官冢宰》记载有"以五味、五谷、五药养其病"。"疡医"有"以五气（谷）养之；以五药疗之；以五味节之"的理论。还说："凡药，以酸养骨，以辛养筋，以咸养脉，以苦养气，以甘养肉，以滑养窍。"这不但说明药物中有普遍可食的"五谷""调味品"，而且也说明了在当时已掌握了朴素的生理营养辩证关系。

当时的人们在认识到饮食疗法的同时，还认识到了饮食卫生的重要性。春秋时代的孔子，就是一个很重视饮食卫生的代表。他说："食馈而餲，鱼馁而肉败，不食，色恶，不食，臭恶，不食，失饪，不食，不时，不食。"[①]（《论语·乡党》）意思是说：饭因天气闷热放得过久而变味不要吃，鱼烂了、肉腐败了不要吃，不新鲜的食物颜色因变质而难看了不要吃，气味变得难闻了不要吃，夹生或烧焦煳的烹饪不当的食品不要吃，果实不熟、食物未到能食之时不要吃。这都是符合饮食卫生要求的。

从药物的角度来讲，自古医食同源，食药同用。《神农本草经》所列 365 种药中，至少一半以上既是药物又是食物。《黄帝内经·五常政大论》说："大毒治病十去其六，常毒治病十去其七，小毒治病十去其八，无毒治病十去其九，谷肉果菜，食养尽之。"[②]就是说药物去病之后，应以食疗调养收功。正如俗语说的疾病的治愈在于"三分治疗，七分调养"，这调养当中，主要是食疗。

五、南北风味的形成

根据史料记载，我国地方风味流派的萌芽时期是比较早的。先秦时，南北风味的地方特色已见端倪。从当时的情况来说，战国时期是汉族文化圈急剧膨胀的时代。北方领土的扩大，黄河流域诸侯国的兴盛，在饮食上形成了北方的风味。西周宫廷菜肴的典式《八珍》《礼记·内则》上的北方食单等，其用料多为陆产，其制作多依殷商。过去在汉民族文化圈外的长江流域以南地区，此时发展较快，吴、越、楚等诸国兴盛，也曾经创造出《楚辞》一类璀璨的文学作品，从《楚辞·招魂》中，我们可以看到南方菜的特色，以水产禽类居多。《吕氏春秋·本味》是吕不韦及门客所作，吕不韦则近似广东、福建人的口味，书中所列蛇、狸等野生动物较多。由此看来，南北两种地方风味的分野是十分明显的。

我们看一看《楚辞·招魂》中当时吴楚贵族的南味名食："室家遂宗，食多方些，稻粢穱麦，拿黄粱些。大苦咸酸，辛甘行些。肥牛之腱，臑若芳些，和酸若苦，陈吴羹些。胹鳖炮羔，有柘浆些。鹄酸臇凫，煎鸿鸧些。露鸡臛蠵，厉而不爽些。粔籹蜜饵，有餦餭些。瑶浆蜜勺，实羽觞些。挫糟冻饮，酎清凉些。华酌既陈，有琼浆些。归来反故室，敬而无妨些。"[③]

辞中菜品的大意是：家里的餐厅舒适堂皇，饭菜多种多样；大米、小米、新麦、黄粱随便你选用；酸、甜、苦、辣、浓香、鲜淡，尽会如意伺奉。牛腿筋闪着黄油，软滑又芳

---

① 春秋·孔丘.论语［M］.北京：蓝天出版社，2006：195.

② 黄帝内经·素问［M］.北京：人民卫生出版社，1963：455.

③ 战国·楚辞［M］.北京：中华书局，2015：219.

香。酸、苦两味调和好，献上吴地的羹汤。烧甲鱼、烤羊羔，蘸上清甜的蔗糖。炸烹天鹅、红焖野鸭、铁扒肥雁和大鹤，配着解腻的酸浆。卤汁鸡、炖大龟，味道浓烈不伤胃。蜜黏米粑、蜜馅的饼，又黏又酥香。玉色的果子浆，真够你陶醉。冰镇糯米酒，透着橙黄，味醇又清凉。归来吧，老家不会使你失望。

这些食单告诉我们，当时南方楚国贵族的饮食情况：从食物类型看，有主食、菜肴、点心，还有饮料；从口味上看，酸、甘、苦、辛、咸五味俱全；从烹饪方法看，有胹、有羹、有炮、有酸、有煎、有露（卤）、有臇，运用了各种烹调技术。这都反映了当时吴楚一带的饮食风味和特色，表现了南方的文化风尚和烹饪艺术成就。

六、烹调技术初步发展

先秦时期，烹饪风格初步奠定，从《周礼》《礼记》等古籍中可以发现其中还有不少科学的精华，许多经验一直被后人所借鉴。这一时期烹饪技术的发展主要表现在以下几个方面。

（一）注意原料的选择与加工

《礼记·曲礼》中记载：凡是祭祀宗庙的典礼，牛要用一头大蹄子的壮牛，猪要用硬鬃的肥猪，羊要用羊毛细密柔软的，鸡要用叫声洪亮而长声的，狗要用吃人家残羹剩饭长大的，鲜鱼要用鱼体挺直的，酒要用清酒而不是浊酒等。在加工原料方面也有记载，如《礼记·内则》中说，肉要剥皮脱骨，鱼要去鳞及去内脏，枣要先去掉表面的灰尘，桃子要将绒毛拭刷掉。这种去粗存精、去废留宝的经验产生于 2000 多年前，应该说是非常宝贵的。其中若干做法至今仍在采用。

（二）重视刀工切配与火候

我国烹饪中的刀工技艺由来已久，在殷墟出土的文物中，就发现有很薄的铜刀。在当时已有技艺超群的刀工大师。如《庄子》"庖丁解牛"中的庖丁"手之所触，肩之所倚，足之所履，膝之所踦，砉然响然，奏刀騞然，莫不中音"[1]，刀过之处，"游刃有余"，真不愧是一代名师。在火候方面，当时也积累了不少经验，如《本味篇》中强调"五味三材，九沸九变。火之为纪，时疾时徐，灭腥去臊除膻"，说明当时已懂得文火、武火的运用。把火候说成灭腥去臊除膻的"纲纪"，这无疑是正确的。

（三）讲究食物配伍与调味

在我国先秦时期，食物的配伍已有一整套的经验，《周礼·食医》记载："凡会膳食之宜，牛宜稌，羊宜黍，豕宜稷，犬宜粱，雁宜麦，鱼宜苽。"在调味品配合方面，如"脍，春用葱，秋用芥。豚，春用韭，秋用蓼。脂用葱，膏用薤，三牲用藙（茱萸），和用醯，兽用梅"。《国语》中指出："以和五味以调口""味一无果"。即是说先有五味和，然后才可以果腹，只有一种滋味，是不完美的。《荀子·礼论》中有"刍豢稻粱，五味调香"，这也是强调味性的重要。

（四）宴会的盛行

先秦时代，在宫廷中宴会已开始盛行。春秋战国时，宴会的规模已发展较大，式样

---

① 战国·庄子.养生主.中国古代文学作品选（上）[M].江苏人民出版社，1983：106.

也相当多。从《诗经》中可见一斑。"大雅"是多用于国家大典的宴会歌词;"小雅"则是多用于一般贵族和宫廷的一种宴会歌词。国家的礼节仪式,贵族的冠、婚、丧、祭、燕、飨,都是宴会的重要内容,对烹饪方面都有一定的要求。据《周礼·天官冢宰·膳夫》中记载:"凡王之馈食用六谷,膳用六牲,饮用六清,馐用百有二十品,珍用八物,酱用百有二十瓮","王日一举,鼎十有二,物皆有俎。"春秋战国时期的宴会菜肴非常丰盛,"食前方丈,罗致珍馐,陈馈八簋,味列九鼎"。

(五)精湛的烹饪器具

从原始社会的陶器生产,发展到春秋战国时期铜、铁的生产,烹饪器具有很大的改进。商代出现了"玉鼎""象箸"等高级食具,周代的要求更高了。1978年在湖北省随县曾侯乙墓出土了由两件容器套叠而成的冷藏"冰鉴",外容器名曰"鉴",内容器名曰"缶"。它是我国战国时期很精致的"冰箱"。它是用冬天埋藏在地下的冰块,夏季挖出来,放在"鉴"中"缶"外,用冰块包围"鉴"中之"缶",以达到制冷的目的。这样,"缶"中所置的食物和饮料,也就可以达到降温保鲜的效果。

我们古代最早的炒炉,出自距今2400多年前的春秋战国时代,它也是从湖北随县曾侯乙墓出土的。其形似双层盘,上层为盘,下层为炉。出土时,上层盘内装有鱼骨,下层炉盘已烧裂变形,并有木炭。它是我国目前发现最早的炒炉之一。

从夏至秦,我国烹饪技艺已初具一定的水平。烹饪原料的增多,烹饪器具的发展,烹饪工具的改进;烹饪技术的讲究,著名"八珍"的出现,以及饮食疗法的盛行,这一切均表明烹饪技艺比新石器时代有了较大的发展。这个时期已经出现了蒸、煮、炮、烩、烤、炙等种种技法,并出现了丰富多彩的宴会形式,烹调已成为一项专门的技艺,为以后的烹饪发展奠定了基础。

第三节　烹饪的发展时期(秦汉至隋唐)

从秦汉到隋唐,经历了封建社会的发展时期,在近千年的历史进程中,封建王朝盛衰更替数经反复,烹饪技术在起伏中不断向前发展。这时期铁器取代了青铜器,铁器炊具更利于烹饪操作。对外贸易的交流,进一步丰富了中国烹饪的食物原料。我国多民族的统一,使国内烹饪技艺得到了交流。特别是许多烹饪著作的出现,使我国的烹饪技艺开始了从技术到学问研究的新阶段。为中国烹饪的发展开辟了广阔的前景。

一、烹饪原料的丰富

秦汉以来,我国的生产力有了很大的发展,人们的饮食水平相应提高,出现了许多新的烹饪原料。据历史考证,当时与烹饪原料有关的作坊与店铺,就有酿酒坊、酱园坊、屠宰行、粮食店、薪炭店、油盐店、鱼店、干果店、蔬菜水果店,等等。

在汉代,蔬菜种植业很发达,据《盐铁论》载:仅冬天就有葵菜、韭菜、香菜、姜、木耳等,还有温室培育的韭黄等多种蔬菜。汉代以前,烹制食物纯用动物脂肪,到了汉代,植物油(首先是豆油、芝麻油)登上了灶台。

两汉时期,中外经济文化交流出现了新局面,汉使通西域输出了丝绸等手工业品,同时也输入了胡瓜、胡豆、胡桃、胡麻、胡椒、胡葱、胡蒜、胡萝卜、安石榴、菠菜等多种蔬菜、油料及调料作物的种子，给中国烹饪提供了新的物质条件。

相传汉代淮南王刘安发明了豆腐。1959—1960 年，在河南密县发掘的一号汉墓中，有一块制豆腐作坊石刻，它是一幅描绘把豆类进行加工，制成副食品的生产图像。看来，豆腐的生产早在汉代就已出现了。

素菜的发展在汉代是一个大的飞跃，从此以后，素菜正式登上宴席餐桌，成为人们欢迎的菜品。东汉初年佛教传入我国，开始有了“寺院菜”。

秦汉时期，调味品不断增加，出现了豉和蔗糖，这一时期人们还提出了许多调味理论。至魏晋南北朝，调味品已比较丰富了，如植物油（如麻油等）、糖（如饴饧、蜜、石蜜等）、酱（如豆酱、麦酱、肉酱、鱼酱、虾酱等）、豉、齑、芥酱等的运用。此外，在烹调时，有时还把安石榴汁、橘皮、葱、姜、蒜、胡芹、紫苏、胡椒等物作为调味料放入菜肴中。

随着航海业的发展，隋代已开始食用海味。唐代捕获的海产鱼类更多了起来。唐代进入食谱的海产有：海蟹、比目鱼、海镜、海蜇、玳瑁、蚝肉、乌贼、鱼唇、石花菜等。一些珍奇异味，比如石发（发菜）、蝙蝠、驼峰、蜂房、象鼻、蚁子、蜜唧（老鼠）、江珧柱，也在一些地方进入宴席。

值得重视的是北魏时期的农业科学家贾思勰撰写的《齐民要术》一书，内容广泛丰富，从农、林、牧、渔到酿造加工，直至烹调技术都做了专门介绍，书中所叙述的原料更是丰富多彩，禽畜鱼肉、五谷果蔬等几乎面面俱到。它反映了当时我国北方发达的烹调技术，在我国烹饪史上具有继往开来的作用。

知识链接

《齐民要术》的烹饪贡献

魏晋南北朝时期，烹饪理论受经学压迫的状况有所改变，豪门大姓、士家贵族穷饕极欲，刺激了烹饪业的发展，也促进了烹饪理论的发展。这一时期，已开始把烹饪作为一门专门的学问加以研究了。西晋何曾的《食单》、南齐虞琮的《食珍录》、北齐谢讽及北魏崔浩的《食经》，都是当时著名的烹饪专著。而北魏贾思勰的《齐民要术》水平最高，对后世的影响也最大。《齐民要术》不仅是一部综合性的农业科学著作，而且是一部当今世界上较早、较完整地保存有大量烹饪知识的百科全书。它比较系统地总结了我国北魏以前的烹饪技艺，保存了大量现已亡佚的古籍中有关烹饪方面的内容，对各种菜点的制作有较详细的论述，并首次记载了我国发酵食品的制作方法，对异邦外域的食品及其加工方法也有所介绍。我国现代的许多名菜、名点大都可以在《齐民要术》中找到历史的原型。这部著作后来被译成多种文字在国外流传，我国的一些烹调技艺也随之传往域外。

二、烹饪用具的改进

春秋战国时期出现了铁器，经过秦汉帝国，铁器逐步取代了铜器。从秦至西汉时期，铁釜、铁刀、铁叉、铁勺等炊具已普遍使用。我国的炊具从陶器时代、铜器时代发展到了铁器时代。铁制刀具比铜制刀具更耐磨损，更锋利，对于厨师改进刀工技艺，是十分有利的。铁的炊具（如釜之类），不但导热性能适中，用起来不烫手，而且铁锅一般很结实，经得起磕碰，放在灶上比较稳固，所以深受欢迎。汉代锅釜之类，已逐步向轻薄小巧方面发展。铁制炊具的普遍使用，小釜取代大釜，为我国烹饪中的炒、爆、煎等烹调技术提供了有利条件。这是炊具的一大进步。

灶的改进由先秦时期的地灶、陶灶，到秦汉时期，已出现了铜灶和铁炭灶。铜灶的器形较大，灶面呈三角形，并有圆柱形的烟囱。铁炭炉的出现，说明"煤"在当时已用于炉灶。这一时期的灶与以前相比，有两个明显的进步：一是多眼灶的出现，二是灶烟囱的改进。据专家考证，秦汉以前，有的灶无烟囱，有些灶则用直烟囱，都不安全。到汉代，已有"曲突"灶的烟囱，有的还高出屋顶，比较安全，且抽风起火性能好，而旺火高温不仅可以加快烹调速度，而且还可以提高烹调质量。

到了魏晋南北朝时期，在烹饪器具和粮食加工器具方面都有很大的改进，出现了"平底釜""铜爨"（音窜）等。"铜爨"是类似锅的一种少数民族的铜制炊具，薄且轻。铜易于导热，烹调食物极其方便，这就是我国最早的"铜火锅"。"平底釜"为煎、贴等烹调方法的发展带来了方便。此外又出现了"青瓷灶"和"甑釜"等。在粮食加工工具方面有了"水碓""水碾磑（磨）""绢筛"等。饮食器具中出现了名贵的金银器、琉璃、玛瑙等制品。

进入隋唐时代，"伐薪烧炭南山中"的卖炭翁渐渐多了起来。据《隋书》载，人们"温酒及炙肉用石炭"。比较讲究的人家开始用炭火烹制食物，而且有了专门从事烧炭的行业。五代时，引火技术也有了发展，出现了世界上最早的火柴。据《清异录》载："夜中有急，苦于作灯之缓，有智者批杉条、染硫黄，置之待用。一与火遇，得焰穗然，既神之，呼引光奴。今遂有货者，易名火寸。"这表明：五代时，我国不仅发明了火柴，而且市场上已有此物出售。后来用磷制造的"洋火"，则是在我国火柴的基础上改进和发展的。

在饮食用具上，商用的青铜器，到秦汉逐渐走下坡路，越铸越少，大鼎变小鼎、小鼎变小釜、铜釜变铁釜。许多青铜制的餐具从贵族的宴席上取走，一度取而代之的是木制漆器食具。这是因为铜器本身存在着弱点，一方面铜制食具容易引发中毒，另一方面我国铜矿石蕴藏量比较稀少，冶炼成本亦较高，一般人家使用不起，因此，汉代就产生了漆器食具。但两汉以后，人们在食用中发现了漆器既不耐用，又不卫生，成本高、价格贵，寻常人家也用不起，所以漆器又被淘汰。

秦汉之际，我国制陶技术已相当高明。从秦始皇兵马俑中可以看出。到了隋唐，出现了唐三彩、唐五彩等彩釉陶器，再进一步，出现了瓷器。瓷器取料方便，造价低廉，易于大批量生产。它耐酸、耐碱、耐高温和低寒，没有青铜器和漆器那样的弊病，非常卫生。由于制瓷业的发展，瓷器开始成为饮食盛器，并被普遍运用。瓷器器皿干净美观，作为炊食器皿可使菜肴大为增色，从此，中国烹饪中之"色、香、味、形、器"五大属性完全具备了。

三、烹饪技艺的发展

秦并六国之后，迁徙六国贵族富豪 12 万户于咸阳，使国内烹调技术得到交流。两汉时"丝绸之路"的开通，东汉时佛教的传入，民间食物原料的增多，也使饮食烹饪得到了新的发展。

从后汉到晋初这段时期的画像石或画像砖来看（这段历史有人称为画像石或画像砖的时代），已有了反映饮食烹饪生活画面的画像石、画像砖，有厨师烧煮、烹割图，贵族宴会图，收割脱谷图等，无不栩栩如生。山东诸城出土的汉墓画像石，上有宰牲、饮爨、酿造等组画。如宰牲方法，宰羊用刀捅；宰牛、猪时，先用锤或棒将牛、猪砸昏后再杀。从这些画图中可以看出秦汉时期烹饪技术的高度发展、经济的繁荣以及厨师的繁忙情景。

这一时期烹饪技艺的发展还表现在厨膳劳动分工日趋周密精细上。汉代出现了两大分工：一是红、白案的分工，一是炉、案的分工。如从山东省博物馆陈列的两个厨夫俑可以看出，一个是做鱼的厨夫俑，一个是和面的厨夫俑，按当今厨师分工来说，即一个是红案厨师，一个是白案厨师。在四川德阳出土的东汉庖厨画像砖上可以看到，那时在大一些的厨膳中，切配加工的与烹调食物的，即案板厨师与炉灶厨师，两者也是有分工的。另外，从陶俑上看，此时的厨师已有了专门的工作服、围裙和护袖，这样从事烹饪操作既干净又利索，有利于提高工作效率。

烹饪的两大分工，促使了烹饪技术的进一步提高。《淮南子》有这么一段记载："今屠牛而烹其肉，或以为酸，或以为甘，煎熬燎炙，齐味万方，其本一牛之体。"[1] 由此看出，就好似我们今天的"全牛席"，用一条牛体，能够用不同的烹调方法做出不同口味的菜肴，而且达到"齐味万方"的水平。在汉代，不但烹制菜肴的技艺相当精湛，而且面点技术也不断提高，有关面食的文字记载增多，并出现了"饼"的名称。另外出现了面条（初称汤饼、煮饼）、饺子及发酵面制品（如馒头）。在粮食制品方面出现了雕胡饭、胡饭、粽子、胡麻一类的制品。

隋唐时代，菜点发展又出现了新的局面，厨师们创造出了许多精美的肴馔美点。最有代表性的是唐五代尼姑梵正制作的"辋川小样"大型风景拼盘。此拼盘仿唐代诗人王维晚年所居的"辋川别墅"，该别墅周边山峦苍翠，泉水潺湲，有辋水、欹湖、椒园等 20 景之胜。梵正用酱肉、肉干、鱼鲊、酱瓜之类的食物，一一将辋川 20 景在食盘中拼制出来。分开是 20 小盘，每盘 1 景，合起来则是一幅大风景拼盘。

在面点制作方面，水平也是相当高的。《清异录》列举的"建康七妙"，可以反映出当时南京厨师的烹饪水平。"虀可照面，馄饨汤可注砚，饼可映字，饭可打擦、擦台，湿面可穿结带，醋可作劝盏，寒具嚼者惊动十里人。"[2] 这就是说：碎切捣烂的腌酸菜，平匀得像镜子一样可以照见人面；馄饨汤清如洁水，可以注入砚台磨墨写字；饼很薄，如蝉翼，下面的字可以映出来；饭粒光滑，擦台上不碎不粘；面韧如裙带，打成结也不断；陈醋醇美香浓，能当酒喝；馓子又脆又香，嚼起来十里内的人都可以闻到香味而惊动。这当然有些夸张，但也从另一个角度反映了当时南京厨师烹饪水平之高。

① 汉·刘安.淮南子［M］.南京：江苏古籍出版社，1990：175.
② 宋·陶谷.清异录［M］.上海：上海古籍出版社，2012：110.

这一时期的烹饪技艺发展是很迅猛的，仅就《齐民要术》中提到的食谱与名菜、名点就相当可观，许多是珍奇罕见的。谢讽的《食经》、段成式的《酉阳杂俎》、郑望之的《膳夫录》等著述都大量记载了当时的食物、名产、名菜点及烹饪技艺知识。

另外，在南北朝时期的菜肴中，人们开始有意识地使用色素，使食品增加美感。唐代点心馅中出现了豆沙。凉菜也开始出现，唐人在盛夏时有吃"冷面"的风俗。

 **知识链接**

我国食具的发展

在食具方面，隋唐时期瓷器开始兴盛，宋代瓷业达到历史上的高峰，出现了从"钧、汝、官、哥、定"为代表的官窑和以磁州窑为代表的庞大民窑。元、明、清三代，青花瓷和五彩、粉彩、珐琅等彩瓷相继登场，精彩纷呈（明清两代是青花瓷及彩瓷的繁盛期）。所有这些时代和窑场，其产品的绝大部分就是碗、盘类食具，食具进入了真正的瓷器时代。隋唐至明清的食具史，基本上可视为同时期的瓷器史。金银器和漆木器依然存在并有所发展，但始终是食具家族的点缀而不是主流。

另外，不仅以铁器为炊具、以瓷器为食具的物质条件与近代相同，而且今天流行的一日三餐的吃饭习惯在唐宋时期也得到最终确立。因此，如果说秦汉时期是中国古代炊食具的定型期，那么，隋唐至明清的用具与习俗已与现代中国基本没有什么差异了。

四、发达的饮食业

秦汉至隋唐时期，农业和手工业有了较大的进步和发展，随着都市的扩大，商业的繁荣，酒楼、饭店日益兴旺起来。

汉初刘邦迁徙"六国强族"十余万人口于关中，其中也包括了不少大商人。到"文景之治"之后，社会生产力得到了较大的发展，都市经济空前繁荣。有关汉代饮食业的情况记载很多，如"觳旅重叠，燔炙满案""众物杂味"等。据说，司马相如就曾在临邛开酒店，自己"著犊鼻裈，与保庸杂作"，"而令文君垆"。《汉书·食货志》载："酒家开肆待客设酒垆，故以垆名肆。"据考证，这时期已有卖冷食的冰室。张衡《东京赋》云："于南则前殿灵台，和欢安福，濖门（冰室门边）曲榭。"这可算是一个证据。可见当时的饮食业已经逐步发达起来了。

秦汉以后的魏晋南北朝时期，是中国各族人民的文化、艺术、风尚大交流、大融合时期。在烹饪饮食上，各民族把自己的饮食习惯、特点带到中原地区。如西部新疆的烤肉、涮肉；东南江浙的叉烤、腊味；南方闽粤的烤鹅、鱼生；西南滇蜀的红油鱼香等，大大丰富了中国的烹饪艺术，使中国饮食业出现了新的局面。中原都会饮食店增多，并出现了各种不同风味的饮食店。

隋朝大运河的开发，沟通了南北交通。唐朝社会生产力进一步发展，陆上海上交通发达，"丝绸之路"空前繁荣。社会安定，四邻友好，农业、手工业和商业的发展都达到了空前的水平，饮食业出现了崭新的局面。这时饮食业的经营方式灵活多样，有行坊、店肆、摊贩，还有推车、肩挑叫卖的沿街兜售小贩等。唐玄宗执政后，以都城长安为中心，

"东至宋汴，西至岐州……南诣荆襄，北至太原、范阳、西（南）至蜀川、凉府""夹路列店肆，待客酒馔丰溢……以供商旅"（见《通典·食货典》）。可见唐代的饮食店肆在全国各地的普遍性。

唐代不仅饮食店肆分布极广，而且大城市里还有"夜市"，呈现出"烟笼寒水月笼纱，夜泊秦淮近酒家"（杜牧《泊秦淮》）的景象。唐方德远《金陵记》载："富人贾三折夜方囊盛金钱于腰间，微行夜市中买酒，呼秦声女，置宴。"在夜市可以办酒宴，足见当时饮食行业是非常兴旺的。

饮食业的繁荣与兴旺，是与当时食物的多种生产方式和销售特点分不开的。从当时市肆饮食的销售特点来看，就有下列两种好方式：一是按照时节供应。《古今图书集成》载，开封阊阖门外交通要道口有一爿食店，人们称之为张手美家。张的食肆，水产陆饭，随需而供，每逢一节日，他家便专卖一味名食，门前车水马龙，使整个东京城都轰动。二是讲究饮食质量，不断创新，争奇斗胜。段成式《酉阳杂俎》载："今衣冠家名食，有萧家馄饨，漉去汤肥，可以瀹（yuè）茗。庾家粽子，白莹如玉。韩约能作樱桃饆饠，其色不变。"[1] 不同的商家都显示自家的特点，以招徕更多的食客。

饮食业的发展同社会生产力的发展是分不开的。从秦汉到隋唐，是我国封建社会的发展阶段，特别是唐代的昌盛，为烹饪饮食的繁盛奠定了基础，为以后的饮食业新面貌开辟了广阔的道路。

第四节　烹饪的高度发展时期（两宋至明清）

在两宋至明清这段近千年的历史过程中，社会动荡不安，内乱外扰频仍。宋辽金元时期，北方历经战乱，生产时遭破坏，经济发展较缓慢；而南方受破坏少，农业生产在前代的基础上有较大的发展，经济、政治、文化都进入到一个较高水平的发展阶段。明代采取鼓励开荒、兴修水利等措施，促使农业生产不断提高。伴随着手工业的发展，出现了资本主义的萌芽。商业繁荣，出现了许多"万家灯火"的城市。清朝"乾嘉盛世"时代，农业、手工业等有了较快发展，商业更加繁荣。从两宋到明清，虽历经战乱，但经济繁荣，生产发展是总的趋势，烹饪饮食更加精美多样，进入了完全成熟的时期。山珍海味入馔，素食清供有专品，注重饮食疗法，饮食市场繁荣，各地方风味形成。厨事分工日益细致，原料加工及保藏方法更加精良，菜肴制作更讲究色、香、味、形，有关烹饪的著作较前代大有进步。显而易见，这一时期的我国烹饪技艺已更加成熟，不仅超过前代，在中国烹饪发展史上大放异彩，还起到了承前启后的作用。

一、烹饪技艺日益高超

在我国烹饪技艺中"器"的完美程度，对烹饪技术的应用发挥具有一定的影响。这一时期的器具更加雅致精美，讲究古朴象形，布局精巧，形制优美。烹调技术的提高，需要不断地改进炉灶设备。金代出现了"双耳铁锅"（近似于今天南方的铁锅）；宋代出现了

---

① 唐·段成式.酉阳杂俎［M］.上海：上海古籍出版社，2012：41.

镣炉，这种镣炉，外镶木架，可以自由移动，不用人力吹火，炉门拔风，燃烧充分，火力很旺，清洁无烟，安全防火，且节省时间，易于控制火候，节柴、省时，用起来方便，为烹饪技艺的发展提供了良好的条件。在宋代人们还会使用多层蒸笼，并掌握了蒸的火功，这也从一个方面反映了当时的烹饪技艺水平。

宋元时期，人们已掌握了许多烹调"秘法"。如赵希鹄《调变类编》记载："粥水忌增，饭水忌减""红酒调羹，则味甜""煮肉投盐太早则难烂，予以酒付之，则易烂而味美，将熟时，投酒一杯亦妙"。烧肉应"慢着火，少着水，火候足时味自美"。煮鱼"以肥者胜，火候不及者生，生则不松；太过者肉死，死则无味。水多一口，鱼淡一分。"从这些烹调"秘法"，可以看出当时的烹饪技艺水平以及厨师们的烹饪经验。

宋元时期，"涮"的烹调方法出现，"烧烤"之法得到了进一步改进。南宋林洪的《山家清供》一书记载了一种名叫"拨霞供"①的名菜。这种菜实为"涮兔肉"，在餐桌上使用边煮边吃的暖锅，与后世的涮羊肉吃法大致相同。"烧烤"技术的发展，已不只是周代的"炮牂""肝膋"了，出现了"爐鸭""烤全羊"等烧烤技艺。

在素食方面，又有了新的发展。宋元时期，由于烹饪技术的提高，素食之风盛行。一部分士大夫总结饮食经验，提倡以素食为主，主张蔬馔清供。南宋林洪的《山家清供》中大部分记述的是素食。这时期不仅素菜繁多，而且有素粥、素饭、素面供应的餐馆，糕点制作也更加精美。《武林旧事》记载南宋杭州的饼类有十几种之多，并在江南一带出现了苏式月饼。元代，航海和水运业的发展，使我国的海味食源越来越丰富，如鱼翅、燕窝、海参都已在元代和明代登上宴席。

辽金以来，特别是元代，是我国继南北朝、五代之后的第三次民族大交融。我国北方的蒙、回、维吾尔等族南下东迁，西域各族有很多人到东南沿海，而中原世族大家南迁边陲者也不少。明朝时，我国汉族食谱中就已经加入了不少兄弟民族的新菜单。到了清代，满族入关，主政中原，发生了第四次民族文化大交融，我国食谱的内容也更加丰富多彩。在宋代，川食、南烹之名正式见于典籍，不仅散见于名家诗句，而且也见于笔记、小说，在汴梁、临安的饮食市场上已经出现了专营不同地方风味的酒楼。到元明清时期，特别是清代，我国的鲁、川、苏、粤四大风味流派都有明显的发展。

在明万历年间，厨家已有一百零几种烹饪术语。据明代宋诩记载，弘治年间上食谱的食物就有1300余种，仅香料一项就有28种，到清代更多。在食品雕刻方面，宋代雕刻食品已成为席上时髦之作，并形成一种风尚。清代，食品雕刻在唐宋的基础上又进一步发展，乾隆时，扬州席上出现了"西瓜灯"。北京中秋赏月，有的人家雕西瓜为莲瓣，等等。食品雕刻不仅可以供食客观赏，而且可以为席面增色。

在调味品方面，这一时期有了很大的发展。宋代出现的红曲，到明代在江南盛行起来。明代出现的糟油、腐乳、草果、砂仁、豆蔻、花椒、苏叶等也几乎成了当时宫廷中不可缺少的调味品。

在宫廷宴席上，明代人往往喜欢讨口彩，在菜盘上外加祝语，一般用竹签书写，而到了清代，喜庆祝语入馔之风盛行，在清宫廷甚至变成了典礼规格，而不像明代用竹签。如

---

① 宋·林洪.山家清供［M］.北京：中华书局，2013：79.

记载的"大碗四品：燕窝膺字锅烧鸭子，燕窝寿字三鲜肥鸭，燕窝多字红白鸡丝，燕窝福字什锦鸡丝"，就是将用燕窝丝拼成的"膺寿多福"四个字，分装在四种菜肴上，合成一条祝语。

二、饮食市场的新面貌

两宋至明清时期的饮食行业随着大都市的繁荣和各项手工业与商业的兴盛，不论从经营的范围，还是从经营的方式上来看，比起前代都有很大的发展。与唐代相比，也有很大的不同。唐代都市是"市""坊"分区，"坊"是住宅区，"市"是买卖行业聚集之地，交易营业有一定时间的限制。到了宋代，都市的情况已有很大的变化，一般都是"市""坊"不分。各行各业遍布于都城内外的主要街道。市坊的营业时间也无限制。在宋代，饮食行业已出现了崭新面貌。

（一）宋代饮食市场的繁荣

1. 经营项目多样

宋代都市的餐馆业有了很大的发展。多种酒楼、餐馆、茶肆、食店星罗棋布。在经营项目上，有：酒肆，兼卖酒食；面食店，经营面食；荤素小吃店，卖各种荤素点心小食；售某种食物的专卖店（如胡饼店、馄饨店、馒头店等）；以及茶坊（各种等级层次的）等。

2. 风味餐馆林立

宋代开封、临安（杭州）均有北食店、南食店、川饭店，还有山东、河北风味的"罗酒店"等。

3. 饮食档次不同

宋代饮食市场上出现了三种类型的营业单位：第一类是高级的酒楼，服务对象是达官贵人、文士名流；第二类是普通的或低级的酒店，"兼卖血、脏、豆腐羹、爊螺蛳、煎豆腐、蛤蜊肉之属，及小辈去处"；第三类是走街串巷的饮食担子，这种叫卖，大都会里有，中小城市里也有。

4. 营业时间延长

宋代餐馆业夜市已较盛行，从早到晚，营业不断，甚至通宵达旦。《都城纪胜》中载："某夜市除大内前外，诸处亦然。惟中瓦前最胜，扑卖奇巧器皿百色物件，与日间无异。其余坊巷市井，买卖关扑，酒楼歌馆，直至四鼓后方静；而五鼓朝马将动，其有趁卖早市者，复起开张。无论四时皆然，如遇元宵尤盛[①]吴自牧《梦粱录·夜市》篇中载："杭城大街，买卖昼夜不绝。夜交三四鼓，游人始稀。五鼓钟鸣，卖早市者，又开店矣。"[②]

5. 服务方式灵活

饭店不但在街上、店内为顾客服务，而且走出酒楼餐馆到顾客家里承办宴席。为了适应当时社会的需要，临安就出现了"宴席假赁""四司六局"的新局面、新事物。各司各局分工精细，服务合作，各有所掌。有了有条有理的分工协作、工作程序，举办宴席便忙

---

① 宋·耐得翁.都城纪胜［M］.北京：中国商业出版社，1982：3.
② 宋·吴自牧.梦粱录［M］.杭州：浙江人民出版社，1980：119.

而不乱，井井有条。

6. 花色品种繁多

如吴自牧《梦粱录·分茶酒店》篇中，记载了各式各样的食品。其中明显标明的"羹类"食品就有30多种。可见当时经营品种花样繁多，名肴美点齐全，应有尽有。

7. 门面装饰讲究

为了招徕顾客，让顾客吃得舒适，宋代人把餐馆内外装饰一新。南宋临安"中瓦子前武林园，向是三元楼康沈家在此开沽店，门首彩画欢门，设红绿杈子，绯绿帘幕，贴金红纱栀子灯，装饰庭院廊庑，花木森茂，酒座潇洒。"在雅座里面，"张挂名画，所以勾引观者，流连食客"。

8. 服务热情周到

客人进店后，先打招呼，安排座次，然后摆上筷子及擦筷子纸，问客人吃什么酒、菜。酒肴上桌，均有一定的次序。比如开封、临安"凡点索食饮，大要及时，如欲速饱，则前重后轻，如欲迟饱，则前轻后重"。这个上菜程序至今还在酒席上沿用。

宋代张择端的《清明上河图》生动而真实地描绘了北宋汴京沿汴河自"虹桥"到水东门内外的生活面貌和酒楼、餐馆繁荣的景象。

（二）民族饮食与旅游食店

进入元明清以后，我国食谱的内容就更加丰富多彩了。北京饮食市场上的食品十分丰富，兄弟民族的饮食已大量在市场上出现。"回族饮食""女真食馔""畏兀儿（维吾尔）茶饭""高丽糕点"与汉食一起前所未有地出现在饮食市场上。

明太祖朱元璋定都南京，仍取用南宋之法，由官府兴建酒楼。皇帝宴请文武百官由朝廷出钱，不是在宫中，而是在酒楼上，以此来刺激都市饮食业的发展，这是唐宋时期所没有的。南宋时，出现了商业与文化生活自发结合的现象。而到了清代，演变成某些饮食业主的自觉"生意经"，在剧场、书场、商业区热闹的地方开设饮食店，"时值五月，看场颇宽，列座千人，庖厨器用，亦复不恶。计一日内可收钱十万"（清·孙枝蔚《溉堂前集》）。这种把娱乐活动与饮食买卖结合起来，把剧场与饭店放在一起的办法，兴旺了饮食业。后来，这种做法在南北各地城市中也逐渐流行起来。

明清时期，饮食业与旅游业的结合兴旺起来。最有代表性的是我国的船宴。当时各地的旅游船宴名目繁多。有官宦人家自己定做的官船，船舱中有食有座有床，起居十分舒适；也有船家制造，包给官家作水路交通的；而比较多的则是在旅游风景之地的水道上经常来往的旅游客舟。像扬州、苏州均有"沙飞船"，特别是在风景秀丽、河网较多的江浙一带，诸如南京的秦淮河、杭州西湖、扬州瘦西湖、苏州虎丘、无锡太湖等地均有可以供馔的游船。《扬州画舫录》载朱竹垞《虹桥诗》云："行到虹桥转深曲，绿扬如荠酒船来。"乘上这种游船，人们身处船中，不仅沿途风光一路览之，而且江南佳味一路尝之。这种朵颐之福，吸引了不少雅士和名流，由此，船宴渐渐得到发展，船宴菜点也兴旺发达起来，成了一种专门的风味美食。

明清时供朝野人士设宴的旅游客舟，像"沙飞船"，船体华美宽敞，大的船可容三席，小的亦可容两筵，船上装饰精美典雅。游人一边观赏美景、谈笑风生，一边投壶劝吃、行令猜枚。清人沈朝初《忆江南》词说得好："苏州好，载酒卷艄船。几上博山香篆细，筵前冰碗五侯鲜，稳坐到山前。"

清道光年间，苏州虎丘还出现过旅游餐馆，旅游旺季开业，淡季歇业。清代的饮食业中，由寺院经营的素菜馆和兄弟民族经营的风味菜馆也很兴旺。晚清的"小吃"在城市饮食行业中也占相当的比重。

三、《饮膳正要》与《随园食单》

从两宋到明清，这一时期我国烹饪理论已达到相当高的水平，《饮膳正要》与《随园食单》是这一时期较有影响的专著。

《饮膳正要》是元代烹饪理论的代表，是延祐年间饮膳太医忽思慧所作。这本书集食疗理论之大成，在当时是为元朝宫廷服务的饮食典章。该书把有益于补益身体、防治疾病、简便易行的食疗方剂收集在一起，堪称我国第一部营养学专著。

《饮膳正要》全书共分三卷。第一卷主要阐述"养生避忌""妊娠食忌""乳母食忌""饮酒避忌""聚珍异馔"等。第二卷为"汤品""四时所宜""五味偏走"，讲述食物的利弊、相克、中毒解毒法和"食疗诸病"等。第三卷叙述米、谷、兽、禽、鱼、果、菜、料物八种品类，共二百余种。

《饮膳正要》的成就还表现在从营养卫生的角度提出了不少关于健康的重要观点，如重视日常食物的搭配以及如何保留这些食物的营养价值等，这就使它具有很高的实用性。宫廷里的养生食疗风气也逐渐影响到士庶民众，特别是明代宗把《饮膳正要》刊刻问世，更促使朝野人士重视食疗，并成为当时一种好的饮食风气。《饮膳正要》"序"中写道："保养之法莫若守中，守中则无过与不及之病。调顺四时，节慎饮食，起居不妄，使以五味调和五脏，五脏和平，则气血资荣，精神健爽，心志安定，诸邪自不能入，寒暑不能袭，人乃怡安。……食饮百味，要其精粹，审其有补益助养之宜，新陈之异，温凉寒热之性，五味偏走之病。若滋味偏嗜，新陈不择，制造失度，俱皆致疾。"[1]这种营养学观点是具有现实意义的。另外，他还强调了严格的饮食卫生制度，这些都是值得我们今天借鉴的。

《随园食单》是我国古代较优秀的谈及烹饪理论的专著，作者是清朝著名的诗人、文学家和美食家袁枚。这本书的优秀之处，就是把各种烹饪经验兼收并蓄，将各地风味特点融汇一册，既有具体的操作过程，又有精辟的理论概括，理论与操作结合，把操作中的普遍性、规律性的东西抽象出来成为理论。它密切联系实际，把我国的烹饪理论推向发展的高峰。它深入浅出，道理说得深透，所以得到人们的广泛喜爱。

《随园食单》全书分须知单、戒单、汤鲜单、江鲜单、特生单、杂性单、羽族单、水族有鳞单、水族无鳞单、杂素菜单、小菜单、点心单、饭粥单、茶酒单共14单。

"须知单"和"戒单"两篇集中阐述了烹饪的理论，这些理论大都是作者从实践中向厨师们学来的，"余……每食于某氏而饱，必使家厨往彼灶觚，执弟子之礼。四十年来，颇集众美。"[2]后面12单主要是菜单。该书中以很大篇幅记载了我国18世纪中叶（有些个

---

① 元·忽思慧.饮膳正要［M］.上海：上海书店，1989：5.

② 清·袁枚.随园食单［M］.北京：中国商业出版社，1984：2.

别食品上溯到明、元时代）的 326 种菜肴、饭点和茶酒。它从菜点的原料选择、初步加工、切配、调味烹制，直到菜肴的上桌次序，从菜点的色、香、味、形，到器皿、作料，都做了全面的论述。这里既有寺院菜点，又有满汉食馔，既有前人经验，又有当时名厨秘法和本人的创见，从各个角度按照烹饪的全过程，全面、系统、深刻地阐述了烹饪法则，自成一家之说，论述十分精辟。

从宋元到明清，这一时期的烹饪论著相当丰富。著名的还有宋代孟元老的《东京梦华录》、吴自牧的《梦粱录》、周密的《武林旧事》、耐得翁的《都城记胜》、西湖老人的《西湖老人繁胜录》、沈括的《梦溪忘怀录》、林达叟的《本心斋蔬食谱》、林洪的《山家清供》、赵希鹄的《调变类编》等，元代倪瓒的《云林堂饮食制度》、无名氏的《居家必用事类全集·饮食类》、贾铭的《饮食须知》、无名氏的《馔史》等；明代刘基的《多能鄙事》、宋诩的《宋氏养生部》、高濂的《遵生八笺·饮馔服食笺》、韩奕的《易牙遗意》等；清代章杏云的《调疾饮食辨》、顾仲的《养小录》、曾懿的《中馈录》、佚名的《调鼎集》、李渔的《闲情偶记·饮馔部》等。这一时期的烹饪论著如此之多，反映了我国的烹饪技艺达到了空前的高超水平。

四、中外饮食文化交流

中外的饮食文化交流随着社会的发展而发展。宋、元、明、清，饮食文化交流结出了新的成果。元代，成吉思汗横征欧亚两洲，并保持了各国之间的联系，互通使臣，长期往来不绝，欧、亚各国的饮食文化都深受元朝的影响，大陆上人口空前流动。在元统治时期，中国是当时世界上最强大和最富庶的国家，其声誉远及欧、亚、非各地。西方各国的使节、商人、旅行家、传教士来中国的络绎于途。元世祖时，威尼斯人马可·波罗曾经遍游中国各大城市，且在元朝做官，在他所留下的游记中，对元朝的幅员广阔和工商、饮食业的繁盛作了生动、具体的描绘，激起了西欧人民对中国文明的向往。由于中国同外国的交往频繁，中外饮食文化交流也逐渐兴旺起来。中国的大量瓷制餐具通过海运和陆运，扩大了在世界上的影响，而中国菜谱中也加进了大量的"四方夷食"。

明朝，我国和亚洲各国之间，特别是与邻近的朝鲜、越南、日本、缅甸、柬埔寨、暹罗①、印度以及南洋各国之间的饮食文化与政治接触比以前更加频繁了。明朝的商人把瓷器、丝绸、铁器和饮食文化带到了南洋，同时收买当地的胡椒、谷米和棉花，发展了中国和南洋的商业关系。明朝时的中国是当时亚洲的一个强大国家，它在政治、经济、饮食文化各方面对亚洲各国都有较深远的影响。

明永乐三年（1405 年）至宣德八年（1433 年），中国杰出的航海家郑和曾率领船队 7 次下西洋，前后经历了亚、非 30 多个国家，达 27 年之久。这是一件闻名中外的大事。这件事对于促进中外文化交流无疑是有很大益处的。明代，基督教传入中国，中国食品又引进了番食，如番瓜（南瓜）、番茄（西红柿，南美传入）、番薯（从吕宋传入），等等。印度的笼蒸"婆罗门轻高面"，枣子和面做成狮子形的"水蜜金毛面"等，也在元明传入。

到了晚清，不仅欧、亚、非、美四大洲，而且大洋洲也有了中国移民，中外饮食交流

---

① 暹罗，现泰国的旧称。

遍及全球。中国的茶叶、瓷器、食品、作料等都大量出售国外。中外各国的饮食文化交流，更是十分密切。我国的饮食著作在日本广泛流传，日本还出版了中国社会风貌、市场和宴会等场面的画册，向日本人民介绍中国的文化、烹饪情况。鸦片战争后，列强瓜分中国，中国沦为殖民地、半殖民地，帝国主义势力所及的大城市和通商口岸，出现了西餐菜肴和点心，并且有了一定的规模。到了晚清，不仅市场上有西餐馆，甚至慈禧太后举行国宴招待外国使臣有时也用西餐。"土司""沙司""沙拉"之类的异国烹饪术语也进入中国，同时我国大量居民外流，把中国饮食技艺也带到了国外，并在国外有着很深远的影响。

孙中山先生论饮食

孙中山先生在所著的《建国方略》中的第一章"以饮食为证"，对当时中国饮食水平进行了深刻的评价。"我中国近代文明进化，事事皆落人之后，唯饮食一道之进步，至今尚为文明各国所不及。中国所发明之食物，固大盛于欧美；而中国烹调法之精良，又非欧美所可并驾。"

在谈到中国饮食在国外的流传情况，孙中山先生也说："近年华侨所到之处，则中国饮食之风盛传。在美国纽约一城，中国菜馆多至数百家。凡美国城市，几无一无中国菜馆者。美人之嗜中国味者，举国若狂。""中国烹调之术不独遍传于美洲，而欧洲各国之大都会亦渐有中国菜馆矣。日本自维新以后，习尚多采西风，而独于烹调一道犹嗜中国之味，故东京中国菜馆亦林立焉。是知口之于味，人所同也。"

孙中山先生在赞颂中国饮食文化的前提下亦说："中国不独食品发明之多，烹调方法之美，为各国所不及；而中国人之饮食习尚暗合于科学卫生，尤为各国一般人所望尘不及也。"他提出了中国饮食文化的发展进步还必须要加以"改良"，科学地"更新"，而借鉴和吸收西方饮食文明之精华，也是一条极好的途径。

第五节　烹饪的创新开拓时期（近现代）

进入近现代时期的中国烹饪，在国际上的影响已显现出来。食物与医疗养生的结合，各民族食品的多彩多姿，食品烹饪著述繁多等，都堪称世界之冠。尤其是中国烹调技术，风味独特，绚丽多彩；中式菜点，香飘五洲，美不胜收，成为中国文化宝库中的一颗光辉璀璨的明珠。

一、烹饪原料的引进与培植

近现代时期的中国在食物原料方面，比以前更加丰富多彩，全国各地、世界各地有名的食物原料源源不断地进入各地的饮食市场。近年来，全国饮食原料的生产、制造和管理正朝着多样、天然方向发展，农、林、牧、副、渔各业纷纷利用生物工程技术、无公害栽培管理技术、天然及保健生产技术开发和生产了一批批田园美食、森林美食和海洋美食，建设并规范了无公害果蔬基地、禽鸟生产基地、放心肉定点屠宰加工场所和绿色食品研究及制造定点企业。

（一）优质烹饪原料的引进与利用

近十多年我国提倡优质高效农业，从世界各国引进了许多优质的烹饪原料。动物性原料有蜗牛、牛蛙、珍珠鸡、肉鸽、鸵鸟、三文鱼、澳大利亚龙虾、象拔蚌、皇帝蟹、鳕鱼等；植物性原料有玉米笋、微型西红柿、夏威夷果、荷兰豆、西蓝花、洋葱、洋姜、朝鲜蓟、芦笋、甘蓝、凤尾菇、奶油生菜、结球茴香等。这些动植物原料经过科研人员的驯化、培植与利用，已大量地用于烹饪生产中。每一种原料在烹调师的研究与开发中都制作出许多系列的新品种、新风味。

（二）珍稀原料的种植与养殖

中华人民共和国成立以后，科研人员利用先进的科学技术对一些珍稀动植物原料进行人工培植和养殖，获得了成功。如今，人工培植成功的珍稀植物原料有猴头菇、银耳、竹荪、虫草及多种食用菌；人工饲养成功的珍稀动物原料有鲍鱼、牡蛎、刺参、湖蟹、对虾、鳜鱼、中华鲟、河豚等。这些珍稀原料的培植，能够更多地满足众多食客的需求。如鲍鱼，常栖息于海藻丛中、岩礁的海底，但天然产的鲍鱼数量有限，因此价格十分昂贵，历代皆视为珍品。自20世纪70年代以来鲍鱼、海参、河豚等经人工养殖成功，产量逐步增长，满足了更多人品尝美味的需求。

（三）加工原料更加广泛而科学

当前，医学和营养学的研究已经取得分子水平的突破。这一划时代的成就，为人们按照健康目标开发和生产各种食物，烹制和深加工各种健康食品，提供了理论指导。食物的烹调方法也在不断优选和革新，改进那些对人体不利的因素，使食品既保持原有的风味效果，满足人们的食欲需求，又可以保障食用的健康。方便食品、营养食品、功能保健食品、速冻食品等工业制成品已进入人们的一日三餐。食品工业的飞速发展，标志着我国饮食开始步入更高更自由的美食境界。

二、工艺与设备的更新与发展

近现代中国烹饪，特别是改革开放以后的30多年来，在传统制作的基础上发生了潜移默化的变化，涌现出许多新的风格，展现出新时代的风采。在烹饪食品的加工与设计中，更加重视菜品的造型与出品效果，食品雕刻、冷拼、菜品的围边和热菜的装饰技术发展很快，从立意、造型、配色等方面，都注意表现时代精神和民族风格。而且还利用美学原理，借鉴工艺美术的表现手法，赋予菜品新的情韵，提高艺术审美价值。同时在餐具上也有很大的革新，流行色调明快的新工艺瓷和异型风格餐具，使美食美器相得益彰。

新时期烹饪风格的最明显的特点是将菜品的制作用统一的数据和控制参数进行标准化、规范化的操作，以保持菜品生产规格的一致性；菜品的生产已逐步向简易化方向演进；营养意识已逐步走进餐厅并走入寻常百姓家庭等，这是新时代烹饪生产与技术进步的体现。

（一）菜点制作开始向标准化靠拢

我国传统的烹调生产是以手工操作为主，产品的配份、分量、烹制等都是凭借厨师的经验进行的，有相当的盲目性、随意性和模糊性，影响了菜品质量的稳定性，也妨碍了厨房生产的有效管理。21世纪以来，在厨房生产中，开始对菜品质量的各项运行指标预先设计质量标准并根据标准进行操作，使厨房生产进入了标准化生产的运行轨道，在同一菜品中，保持始终如一的质量标准。这不仅方便了生产管理，也是对消费者的高度负责。

厨房生产标准化以标准食谱的形式表示出来，标准食谱规定了单位产品的标准配料、配伍量、标准的烹调方法和工艺流程、使用的工具和设备，这就保证了菜品质量的稳定性。由于对各项指标都进行了规定，厨师的工作有了标准，即使是重复运行的技术环节，也会因为标准统一而减少失误和差错。

（二）调味方式逐渐向统一配制转变

在传统手工操作方式中，调味容易产生偏离，时好时坏，尤其营业高峰期间的菜品，味道不稳定已成为一个通病。"调味酱汁化"，即将常用味型的调味品按标准方法配兑成统一的调味汁、酱，在生产过程中，以确保口味的一致性，并且方便成菜、快速烹调。

酱汁调制的定量化，使每一种酱汁调制都有相对固定的程序，只要掌握使用分量，就能保证味道的稳定。这种酱汁定量化的调制方式，不仅保证了菜品味道的稳定，而且可提高工作效率，在烹制菜肴时更加方便快捷。

（三）烹饪工艺开始重视并趋向操作简便

中国烹饪技术精细微妙，菜品丰富多彩，烹调方法之多、之精在世界上是首屈一指的，但在自豪的同时也令人有些忧虑，这就是许多菜品烹调环节繁杂，时间过长，与现代社会节奏和时代要求渐显矛盾。解决这一问题的最佳选择就是简化烹调工艺流程。

21世纪以来，随着社会的进步，以及快节奏的生活方式的需要和食品卫生与营养的要求，那些费时的、繁复的加工过程和烹调方法，那些需要十多道工序、要花几小时才能完成的菜肴都渐渐被淘汰。一些既方便可口，又美观保健的菜肴被广大顾客和经营者所钟爱。而那些体现烹饪之绝技的菜品只有在特殊的场合才偶尔使用。

（四）菜品特色由重视口味转而更加重视营养

尽管我们讲究食疗、食补、食养，重视以饮食来养生强身，但传统烹饪更多地以追求美味为第一要求，在加工烹饪时常常忽视食品的安全、卫生，致使许多营养成分损失于加工过程之中。如今，从餐饮业的配膳到家庭的饮食，都已开始讲究食物的营养价值。比如不少餐厅有不同形式的营养套餐、营养菜品，以满足不同消费者的需求，烹饪比赛已把营养作为评判的重要内容之一，民众的口味习惯也由过去的香咸、甜香型渐趋清淡型，从过去的"油多不坏菜"观念开始向"油多也坏菜"意识转变。

在新时期，人们的饮食已从过去的大鱼大肉、重油重色的食风中改变出来，随之而来的是新鲜的原料、合理的配膳、科学的烹调，利用不同的烹饪技法推出营养菜谱、食疗菜谱、健美菜谱、美容菜谱、长寿菜谱和养生菜谱等。而且许多烹调师们已开始根据不同客人的生理特点合理配膳，菜单除了在菜谱中标注食物名称和价格外，也开始标明食物中各种营养物质参数、所含热量及脂肪等方面信息，以便消费者在点菜时各取所需。科学设计菜单已成为现代烹饪工作者的重要任务。

（五）厨房设备与工具的现代化

烹饪设备与工具的不断改良和更新是这时期的一个显著特色。随着烹饪生产和食品机械工业的迅速发展，以及人们对饮食环境和卫生条件的不断追求，厨房、餐厅设备已步入科学化、现代化。国内高档次的厨房、餐厅，设备先进，流程合理，排烟畅通，地漏无阻，窗明几净，一尘不染。特别是 21 世纪以来，许多厨具公司研制生产出系列的中餐厨具设备，为中餐经营提高了规格和档次。

三、烹饪文化教育与研究新成果

在古代，由于历史的局限和科学技术的落后，许多烹饪著作中有很多烹调原理和制作方法，没有条件做进一步的探讨和科学的说明，特别是古代从事烹调工作的厨师，地位低下，没有文化，尽管他们积累了丰富的实践经验，创造了丰富多彩的烹饪技艺，但因缺乏系统、全面的整理，不能把实践经验升华为烹饪理论，使我国烹饪理论受到了很大的限制。中华人民共和国成立后，党和国家对这一珍贵的文化遗产，采取了继承和发扬的方针，在全国各地创办烹饪学校，一方面培养有文化的专业人才，另一方面通过教学编写烹饪教材；挖掘和整理大量的烹饪史料和烹饪典籍，创办烹饪专业性杂志。所有这些，都为研究我国烹饪理论创造了有利条件。

（一）兴办各类烹饪学校

为了更好地继承和发展烹饪技术，从 20 世纪 50 年代起，我国创建了烹饪这个新学科。经过几十年的发展，80 年代烹饪院校开始培养烹饪大专学生，90 年代开始培养烹饪本科学生。目前，各种类型的烹饪院校遍及全国各地，培养各个层次的烹饪人才，有烹饪职业中学、技工学校、中专学校、技师学院和高等院校。另外，许多在职的厨师，一批批地送到学校接受专业技术培训，进行系统的文化知识、专业理论知识及基本技能的学习。这些从学校培养出来的专业技术人员，因为接受了较高的文化教育，提高了烹饪理论水平和实践操作能力，对挖掘烹饪文化遗产、为新时代的烹饪科学现代化以及烹饪事业的发展是十分有益的。实践证明，学校培养出来的专业人员具有一个共同的特点：理论水平好，技术提高快，创新能力强，又有一定的组织工作水平，他们已成为烹饪事业的骨干力量和生力军。

（二）创办刊物，出版书籍

20 世纪 80 年代起，国家和地方相继创办了烹饪专业杂志，如，《中国烹饪》《中国食品》《烹调知识》《中国食品报》《美食导报》《中国烹饪信息》《餐饮世界》《美食》《四川烹饪》《烹饪学报》《东方美食》《饮食文化研究》《美食天地》等杂志相继问世，成为行业技术交流和烹饪研究的园地，在国内外引起了很大的反响。同时，各地还组织出版各类烹饪书籍，挖掘古代有关烹饪专著，组织人力编写中等技术学校和高等学校的烹饪教材，编写各地区菜系的菜谱，编撰中国烹饪史和烹饪词典等。许多老师傅总结自己的事厨经验，年轻厨师探究烹饪原理。据不完全统计，如今，全国各地编写出版的烹饪典籍已有上万种。中国烹饪事业出现了一个崭新而喜人的景象。

（三）烹饪学科体系的建立

中华人民共和国成立后，中国烹饪学科体系建设获得了长足发展，相继编辑出版了《中国烹饪辞典》《中国烹饪百科全书》《中华饮食文库》《中国食经》《中国烹饪文化大典》《中国烹饪古籍丛刊》《中华食苑》（10 集）和《中国饮食史》（6 集）等。还召开了一系列学术研讨会，如中国烹饪学术研讨会、中国快餐学术研讨会、亚洲食学论坛、亚太地区保健营养美食学术研讨会、中国饮食文化国际研讨会等重要学术会议，在海内外影响深远。各种烹饪学术研究著作成果丰硕，出现了百花齐放、百家争鸣的大好景象。

在烹饪产品的研究方面，各地名菜名宴的开发产生了许多新的成果。孔府菜、仿膳菜、仿唐菜、仿宋菜、东坡菜、随园菜、红楼菜、金瓶梅菜等著名菜品的开发推出和全国各地的名宴席的研究与认定，都取得了很好的效果。目前中国烹饪史、中国烹饪学、中国烹饪工艺学三大主干学科的初步框架已大体形成，预示着中国烹饪从"术"到"学"的质的飞跃。

本章小结

本章从不同的历史时期系统阐述了中国烹饪的发展脉络，从烹饪的基本要素火、器具、炉灶、调味品开始，依循历史变迁对原料、用具、技艺、饮食市场和文化交流的各个方面进行阐述。前人为我们留下了许多宝贵的文化遗产，今天的一切进步都是在前人的基础上的再发展，这就需要我们不断地开拓、创新，去谱写新的篇章。

思考与练习

一、选择题

1. 最早使用的调味品是（　　　）。

A. 盐、糖　　　　　B. 果酒、醋　　　　C. 野蜜、醋　　　　D. 盐、果酒

2. 被称为我国"烹饪鼻祖"的是（　　　）。

A. 姜尚　　　　　　B. 易牙　　　　　　C. 伊尹　　　　　　D. 袁枚

3. "烹饪"一词，最早出现的书籍是（　　　）。

A.《黄帝内经》　　B.《吕氏春秋》　　C.《周易》　　　　D.《礼记》

4. "周代八珍"中没有记载的菜肴是（　　　）。

A. 淳熬　　　　　　B. 炮豚　　　　　　C. 烤珍　　　　　　D. 渍

5. 国家组织中，管理膳食的官"庖正"出现的时代是（　　　）。

A. 夏代　　　　　　B. 商代　　　　　　C. 周代　　　　　　D. 秦代

6. 在烹饪发展史上，红、白案的分工是在（　　　）。

A. 汉魏时期　　　　B. 唐代　　　　　　C. 宋代　　　　　　D. 元代

7. 我国最早的一部营养卫生学专著是（　　　）。

A.《本草纲目》　　B.《黄帝内经》　　C.《饮膳正要》　D.《食疗本草》

8. 根据史料记载，"月饼"最早出现的年代是（　　　）。

A. 唐代　　　　　　B. 宋代　　　　　　C. 元代　　　　　　D. 明代

9. 第一次系统记录我国酵面制作技术的书籍是（　　　）。

A.《吕氏春秋》　　B.《齐民要术》　　C.《随园食单》　　D.《调鼎集》

10. 我国南北菜系初步形成的年代是（　　　）。

A. 夏代　　　　　　B. 商代　　　　　　C. 春秋战国　　　　D. 秦汉时代

11. 清代《随园食单》的作者是（　　　　）。

A. 袁枚　　　　　　　B. 忽思慧　　　　　　C. 贾思勰　　　　　　D. 李时珍

12. 宋元时期最早"涮"的菜肴原料是（　　　　）。

A. 羊肉　　　　　　　B. 兔肉　　　　　　　C. 猪肉　　　　　　　D. 牛肉

二、填空题

1. 使人类从此告别了茹毛饮血的饮食生活，并作为人类最终与动物划清界限的主要标志是＿＿＿＿＿＿＿＿。

2. 陶器的发明也就是＿＿＿＿＿＿＿＿的诞生；陶器首先烧制出来的是具有炊具和食具双重作用的＿＿＿＿＿＿＿＿。

3. 我国南北风味最早形成的时代是＿＿＿＿＿＿＿＿，当时原料的差别主要是：南方以＿＿＿＿＿＿＿＿原料为代表，北方以＿＿＿＿＿＿＿＿原料为代表。

4. 在湖北随县曾侯乙墓出土的战国时期很精致的冷藏器具是＿＿＿＿＿＿＿＿。

5. 相传汉代淮南王＿＿＿＿＿＿＿＿发明了豆腐。

6. 汉代时期厨膳劳动分工日趋周密，出现了两大分工：一是＿＿＿＿＿＿＿＿的分工，二是＿＿＿＿＿＿＿＿的分工。

7. 依据《山家清供》记载，名菜"拔霞供"实际就是＿＿＿＿＿＿＿＿。

8. 明清时期流行的旅游客舟，将饮食与旅游结合，吸引了不少雅士名流，由此，＿＿＿＿＿＿＿＿渐渐得到发展，船菜船点也兴旺发达起来，成为一种专门的风味美食。

9. 我国古代最有影响的烹饪著作《随园食单》全书共有14单，其中理论阐述的有2单，它们是＿＿＿＿＿＿＿＿和＿＿＿＿＿＿＿＿。

10. 我国烹饪大专学生开始培养于20世纪＿＿＿＿＿＿＿＿年代。《中国烹饪辞典》和《中国烹饪百科全书》的出版年代是＿＿＿＿＿＿＿＿。

三、问答题

1. 中国烹饪发展大致可以分为哪几个发展时期？

2. 试述《礼记·内则》所载"八珍"的具体所指及其饮食风味特色。

3. 中国烹饪地方风味流派是怎样形成的？

4. 秦汉时期烹饪用具的主要特点是什么？

5. 北魏贾思勰的《齐民要术》在烹饪方面有哪些史料价值？

6. 阐述宋代饮食市场的发展状况。

7. 袁枚《随园食单》的主要贡献是什么？

8. 简述明清时期中外饮食文化交流情况。

9. 近现代烹饪文化技术交流有哪些特色？

10. 根据当前餐饮市场的状况，阐述现代快餐市场的发展。

第三章

中国烹饪技术原理

中国烹饪以其严格的选料、丰富的技艺、繁多的菜品、精湛的烹调水平著称于世。本章从中国烹饪技术原理入手，分析中国烹饪技术的主要特色，探求中国烹饪技术的真谛。

学习目标

通过学习本章，要实现以下目标：
· 了解烹饪原料的选择与加工
· 了解烹饪调味与火候的运用
· 掌握菜品与餐具的匹配方法
· 了解面团调制的不同性质特点
· 了解菜点出新的基本思路

中国烹饪享誉世界，以选料严谨、技术精湛、风味多样、菜品繁多而著称。我们探求中国烹饪的真谛，掌握它的精髓，必须对中国烹饪自身的规律和基本特点有清楚的认识和理解。

第一节　原料选择与科学加工

烹饪原料是生产制作菜肴的物质基础，原料质量的优劣直接关系到菜肴的质量，因此，正确地选择原料是烹饪工作的前提。由于不同的烹饪原料各有特点，在使用方面也就不尽相同。不同季节、不同部位的同一种原料，其风味特征都不尽相同。

一种原料根据其部位不同可以制作出不同风味的菜肴，使菜肴品种多样化，这是原料运用的结果。同样，就某一种原料而言，运用不同的烹调方法、使用不同的调味品，也使菜品变化无穷。这一切都依赖于对原料的正确施艺和科学加工。

一、选料严谨

选料和施艺是烹饪技术的两个关键。美味佳肴取决于厨师技艺的高低，而技艺的发挥则决定于原料的正确选择和因材施艺。中国烹饪选料严谨、因材施艺的特点乃古之遗风。早在周代对祭祀宗祖的烹饪原料就有了十分严格的要求。在《礼记·曲礼》中有这样的记载："凡祭祀宗庙之礼,牛曰一元大武,豕曰刚鬣,豚曰腯肥,羊曰柔毛,鸡曰翰音,犬曰羹献,雉曰疏趾,兔曰明视,脯曰尹祭,槁鱼曰商祭,鲜鱼曰脡祭,水曰清涤,酒曰清酌,黍曰芗合,粱曰芗萁,稷曰明粢,稻曰嘉蔬,韭曰丰本,盐曰咸鹾。"[①] 这些不仅符合科学的原理,而且对后世的影响极大。清代烹饪理论家袁枚对选料的论述更深刻,他认为:"物性不良,虽易牙烹之,亦无味也,"指出:"猪宜皮薄,不可腥臊,鸡宜骟嫩,不可老稚;鲫鱼以扁身白肚为佳,乌背者,必崛强于盘中;鳗鱼以湖溪游泳为贵,江生者槎丫其骨节;谷喂之鸭,其膘肥而白色,壅土之笋,其节少而甘鲜。"[②] 故而得出"一席佳肴,司厨之功居其六,采办之功居其四"的经验之谈。

(一)注意品种、季节的选择

中国烹饪选料严谨,首先表现在对原料品种、季节的选择十分讲究。中国烹饪原料广泛,数以千计,原料品种质量各不相同,若随意选择用来烹调,即使名厨也难成美味。例如,常用原料中的鸡,它有仔、老之别,又有公、母、阉之异,更有肉用和卵用之分,其内在的质地、口味等属性各不相同,如果烹制广东脆皮鸡,就必须选用仔鸡,不然就达不到皮脆肉嫩而味鲜的质量要求;如果需要制作香味浓、滋味鲜的鸡汤,就必须选用老而肥的母鸡。再如鸭有普通鸭和填鸭等不同的品种,脍炙人口的北京烤鸭,就是选用专门人工填喂的优良品种北京填鸭作为原料的。它膘肥而肉嫩,烤制后才能达到皮脆、肉嫩、油润而鲜香的要求。闻名遐迩的南京板鸭,选用的是桂花鸭。因桂花盛开时正值秋高气爽、稻熟鸭肥的季节,故名。用这种放养的麻鸭加工成板鸭,皮白、肉嫩、无腥味。

季节不同,原料质量也有明显的区别,因为原料有其自身的生长规律,即自身的兴衰时期,旺盛期一过精华耗尽,质量就必然下降。如河蟹在不同的季节质量有明显的差别,正所谓"九月团脐十月尖"。到农历九月雌蟹已长得蟹黄丰满而鲜美,十月雄蟹蟹油丰腴而肥壮,在这季节之前蟹壳松空,质量显然逊色。此外,如春天的菜花甲鱼、初夏的鲥鱼、六月的花香藕、秋天的桂花鸭、冬季的鲫鱼都是时令佳品,过时而味差。如萝卜过时则心空,山笋过时则味苦,刀鲚过时则骨硬,土豆过时则发芽,韭黄过时则成青韭,这都是季节的原因。虽然随着科学技术的发展,在蔬菜方面有了温室培植,但其质量与天然原料仍有差别。在动物性原料方面有了人工养殖,然其质量,尤其是其鲜美、本味与天然出产者无法媲美。[③]

(二)讲究产地、部位的选择

同一原料品种,由于产地的不同质量也较悬殊,故各地有名产、特产之分。著名的江苏阳澄湖清水大闸蟹,不仅以其金爪、黄毛、青背、白肚、蟹足刚健为特色,而且个大、肉肥、黄满、膏丰、鲜嫩,畅销国内外市场。阳澄湖清水大闸蟹之所以有如此质量特点,皆得益于自然条件之优:阳澄湖的水质清澈见底,阳光照射透底,河床平滑坚实没有污泥,螃蟹生长在这样的环境中,故青背白肚,蟹足坚硬有力,加之水草茂盛,饲料丰富,

---

① 汉·郑玄 注,唐·孔颖达 正义.礼记正义 [M].上海:上海古籍出版社,1990:97.

② 清·袁枚.随园食单 [M].北京:中华书局,2010:3.

③ 施继章,邵万宽.中国烹饪纵横 [M].北京:中国食品出版社,1989:100.

螃蟹肉实膏厚。同是鳗鱼，产在湖泊、溪流中的鳗鱼，腥味少而鲜嫩，而产于江里的鳗鱼骨硬而刺多。同是虾，产于池塘沼泽地的河虾，壳厚、色黑而腥味重，而产于江湖的河虾壳薄、色佳、鲜味足。

有些原料根据其结构特征和性质，可分为若干部位，而且每个部位的原料品质特点以及适用性都有些不同。猪肉在烹饪中是最为普通的原料，然而部位不同质量相差很大，前腿肉精中夹肥、质粗而老韧，后腿肉精多肥少，脊背部的肉鲜嫩异常，要根据烹饪需要合理选用。有的宜爆炒，有的宜烧煮，有的宜酱卤，有的宜做馅料等。莼（菜）用头、韭（菜）用根、笋用尖，鸡用雌才嫩，鸭用雄才肥，皆有一定的道理。科学合理地选用不同部位，是中国烹饪技术的基本原则，也是我国烹饪选料的风格。

（三）根据营养卫生选择

原料必须选择无毒、无害的新鲜优质原料，符合应有的卫生要求。要能识别原料的生物污染（如细菌等致病微生物等）、化学污染（农药残留等），区别有毒的动植物（如河豚、苦杏仁、毒蘑菇等），区分不可用作原料的制品（如亚硝酸盐、非食用色素、桐油等）和发霉、腐败、变质、变味以及虫蛀、鼠咬等原料，以保证原料的新鲜卫生，保障人体的健康。

原料选择上不仅要求干净卫生，而且要求原料中所含的营养素的种类、质量、数量比例都符合人们的生理和生活需要。我们的祖先曾提出"五谷为养，五果为助，五畜为益，五菜为充"的营养观念。随着科学的发展，烹饪的进步，烹饪选料多样化、合理化、卫生化、营养化已成为我国烹饪技艺的重要内容。另外选料上还要重视原料感官性状的选择，使原料符合卫生要求，富含营养，以适应人体需要，易于消化吸收，充分发挥原料的食用价值。

二、因材施艺

因材施艺，既是中国烹饪的特点，又是历代厨师的技艺结晶，也是衡量烹饪技术高低的重要标志，可以说是形成菜肴品种多样化的原因之一。因材施艺就是根据原料的特点，采用不同的烹法，巧妙地配制成美味佳肴。

（一）烹法因材而异

中国烹调师善于根据不同的原材料制作不同特色的菜品。如最普通的青菜，部位不同，就可制成各不相同的品种：菜心，可制成炖菜核、香菇菜心、孔雀菜心等；菜叶，可制成菜松、翡翠烧卖、鸡塔等；菜帮，可炒、烧、烩，还可制成腌菜花小菜等。

菜品制作因材而异，可以说贯穿于整个烹饪过程。以江苏风味为例：在烹饪中，根据鳙鱼头大肥硕的特点，采用烩、炖的技法，制成淮扬名菜"拆烩鱼头""砂锅鱼头"；根据刀鱼肉质鲜嫩，但细刺较多的弊病，制成苏州名菜"出骨刀鱼球"；鲫鱼味美，妇孺皆喜，但此鱼骨硬而多，江苏厨师根据原料的这一特性，在鱼腹中加进猪肉末，制成名菜"怀胎鲫鱼"；根据青鱼尾巴肥美异常且是活肉的特点，采用软烧的技法，制成"红烧划水"；淮安"笔杆青"鳝鱼肉嫩而性纯，取其厚脊肉烹制的"软兜长鱼"软嫩、清鲜、爽口；取腹部肉的"白煨脐门"软酥烂、汤乳白；取鱼尾肉制成的"炝虎尾"味更鲜嫩、清爽利口。因材施艺，在中国烹饪技艺中形成的名菜名点很多。

（二）配制巧妙多变

中国菜点质量的衡量标准是色、香、味、形、质完美，而在配制技术上，尤其注重色、香、味、形、质、量的配合变化。在量的配制上，不仅爆、炒烹法，应掌握量少速成，使之爽脆、滑嫩，保持特色，就是烧、焖等技法多量烹制，也讲究味浓而汁醇，目的是提高菜肴的质量。主料、辅料相配，主料量多于辅料量，使主料起主导作用，辅料起陪衬烘托作用，形成菜肴的风味。对不分主料、辅料的菜品，也要求保持它们之间的平衡，形成中国菜点的风味规格。在质的配制上，重视原料的性质特点，既有和谐之妙，又有刚柔相济、相得益彰的独特风味。

在色的配制上，要使色彩和谐悦目，如滑炒鱼片配上黑木耳，可使对比色调强烈，鱼片显得更加白净。即使像"熘三白"一类色调一致的菜肴，也以强调清淡素雅给人明快、洁净之感。在味的配合上，突出主味，原料本身具有鲜美滋味的突出本味，并辅以增鲜增香，使味更美。原料本身淡而无味的，配制上加以变化，用鲜香味足的辅料助味。原料本身味浓而油重的，在配制上加以变化，配以辅料解腻减味，促成美味。在味的配制上，不仅注意原料的本味，而且还重视原料加热后的美味，并注意掌握原料配合产生的新味，这是我国烹调技术配制巧妙多变的关键，从而形成中国菜"一菜一味，百菜百味"的口味特色。在形的配制上有片、丁、条、丝、块、粒、米、蓉、泥、段，虽然原料形态各异多变，但辅料必须适应主料形态大小，这是变化的基本原则，变中求和谐、求规格。

另外，在配制菜肴的造型艺术上，不仅用多变的刀工技法、不同的辅料变化配合，丰富菜肴的色香味形和品种，同时常用一些造型手法，如叠摆法、拼摆法、卷裹法、穿入法、包入法、捆扎法、酿填法等，大大开拓菜肴的品种和造型，多变的配制是形成菜品多样化的重要因素。

在配制上，既注重具体菜肴的配伍，同时还注意菜品间的配合，在整席菜肴之间避重复（重复用料、重复形状，重复质地）、求变化，使菜肴产生诱惑力。在求变化中要戒杂乱，要能呼应，有规格，成格局。为此中国烹饪形成了许多配合有序的传统宴席格局，流传至今仍深受人们的称道。

第二节　奇妙刀工与精湛艺术

中国烹饪刀工技术古今闻名。《庄子·养生主》中所记述的庖丁，分档取料时高超的刀工技艺，达到了神屠中音的地步，"手之所触，肩之所倚，足之所履，膝之所踦，砉然响然，奏刀騞然，莫不中音，合乎桑林之舞，乃中经首之会。"故而庖丁成为历史上刀技超凡的事厨者的代称。烹饪技术的不断发展，烹饪技艺的历代秘传，厨师的不断实践与总结提高，发展到今天，不仅刀法变幻无穷，而且通过刀切赋予菜肴艺术的生命，使食用与艺术相结合，寓艺术于菜肴之中，给人以美的享受，这是今日中国烹饪精湛刀工的重要特色。

一、刀工精湛

（一）刀法多变，菜形多姿

我国刀法精妙，名目众多。古代的刀法有割、批、切、刷、剥、剔、削、剁、封、刌、刉、斫等，成形手法灵活，切批斩剁惯成条理，已达到了"游刃有余""分毫之割，纤如发艺"（汉·傅毅《七激》）、"蝉翼之割，刃不转切"（魏·曹植《七启》）、"娄子之豪不能厕其细，秋蝉之翼不足拟其薄"（晋·张协《七命》）、"鸾刀若飞，应刃落俎，霍霍霏霏"（晋·潘岳《西征赋》）的精湛境地。随着烹饪技艺的不断发展升华，我国目前的刀法已不下百种，有切、斩、剁、砍、排、剖、削、施、拍、挖、敲等，其中又可细分，如，同是切，又可分为直切、推切、锯切、铡切、滚切等。多变的刀法适应各种质地的原料需要，达到美化菜肴形态的目的。

千姿百态的菜形是通过具体的刀法实现的。刀工形成的基本形态有：块、丁、片、条、丝、米、粒、末、泥、蓉、球、段等。这些基本的形态通过精妙的刀法又可形成各种姿态。仅片就可形成牛舌片、刨花片、鱼鳃片、骨牌片、斧楞片、火夹片、蝴蝶片、双飞片、梳子片、月牙片、象眼片、柳叶片、指甲片、凤眼片、马蹄片、韭菜片、棋子片等。

艺术刀工的成形更是多姿多态，如菊花形、蓑衣形、麦穗形、荔枝形、网眼形、鱼鳃形、凤尾形、牡丹形、兰花形、波浪形、螺丝形、蜈蚣形、万字形、箭尾形、钉子形等，使菜肴的成形达到出神入化的艺术境地。其主要表现在：第一，将原料改造切制成一定的象形，使菜肴产生新颖的造型美，菜肴兰花肉、菊花肫、葡萄鱼、牡丹虾球、蝴蝶海参等，就属于这一类。第二，将原料切制成规格一致的形态，形成菜肴的整齐美。菜肴扣三丝、炸八块就是如此。第三，原料成形大小适宜，使菜肴产生协调美。一卵孵双凤、龙戏珠等菜肴就是这样。第四，切制成形后，使菜肴显露优点，形成自然美。如烤乳猪、葫芦鸭等。第五，将原料切制堆叠拼摆成形，形成图案美。如寿满桃园、百花争艳等。总之，刀工可以体现艺术的美感，这是由中国烹饪精湛而多变的刀法所体现的，是国外菜肴艺术所无法比拟的，堪称我国烹调技术之一绝。

（二）刀工讲究，成形精巧

我国精湛的刀工技术不仅善于变化，同时尤讲究技术的精妙。《礼记》记载的周代八珍之一的"渍"，是古人讲究刀技的一个范例。其上云："取牛羊肉必新杀者，薄切之，必绝其理。"此中的"理"，指的就是牛羊肉肌肉的纹路。首先，此菜的刀技不仅要求切得片薄如纸，同时讲究切断肌肉的纹理，达到"化韧"、烹调不变形、成形美观的目的。古人的这条刀技原理，至今仍为从厨者所遵循。其次，刀技还讲究洁净，不仅多磨刀，多刮砧墩，多洗抹布，而且要求切葱之刀不可切笋，因为两物味道迥然，使用同一刀具必然互相沾染味道，影响菜肴质量，此类洁净原理可以类推。最后，刀技还讲究快、巧、准。快则要求运刀快捷如飞，料若散雪；巧则运刀刚柔自如，刀底生花，双刀飞舞音响合拍而悦耳动听；准则下刀剖纤析微，不差分毫，游刃有余。

讲究刀技，既要一刀一式清爽利落，又要成形精巧，基本要求是"大小一致，长短一致，厚薄一致，整齐划一，互不粘连，均匀美观"。精巧的薄片要精细到秋蝉之翼不足拟其薄，可以用来罩灯，川菜中的"灯影牛肉"可谓一例。精细的丝要细如发芒，江苏菜"大煮干丝"中的生姜丝就是如此，要求细如丝、匀如发，穿针能引线。诸如此类在中国菜中不胜枚举。

二、艺术性强

（一）切雕双绝，装摆美观

中国烹饪还充分运用了食品雕刻艺术，对菜肴进行镂切雕刻、点缀装饰，寓艺术于菜肴的造型之中，使菜肴具有较好的审美效果。这是我国烹饪的一大艺术特色。雕刻技艺中，先秦产生的食品雕刻，隋唐兴起的花色菜点、唐五代著名的大型风景冷盘都是烹饪艺术的代表作。

我国烹调技艺中的切雕技术，可将各种瓜果蔬菜切雕成平面的图案造型，用以衬托主料、点缀菜肴，如切成凤凰、鸽子、雄鹰等图案的片；雕刻成各种花卉，进行菜肴的盘边装饰，突出菜肴的造型美；雕刻成大型整体的飞鸟鱼虾和大型盆景，用于宴会的席面装摆，增加宴席的艺术气氛；将各种瓜果切雕装摆成大型的山水图案，用于大型冷餐酒会，增加环境的艺术气氛；将瓜果雕刻成美丽的图案制成盛器，不仅具有艺术性的美感，而且可增加菜肴的美味，如冬瓜盅、椰子盅、西瓜灯等。在装摆中运用点缀、围边、对镶、嵌酿、套叠等多种手法，融雕刻与菜肴为一体，形成和谐而美观的造型。

（二）色彩和谐，菜名美妙

色彩不仅反映菜肴的质量，同时与菜肴的艺术性和给人的观感有着内在的联系。中国烹饪历来注重菜肴的色彩和谐。在色彩的配合上，我国烹饪的基本原则是：辅料的色彩要衬托主料、突出主料、点缀主料、适应主料，形成菜肴色彩的均匀柔和、浓淡相宜、主次分明、相映成趣。我国许多名菜名点的形成，与色彩和谐的特色不无联系。如粤菜烤乳猪，就是以其大红的鲜艳色彩呈现其质量，吸引顾客，故又称"大红片皮乳猪"。苏菜中的"清炒虾仁"，以其洁白无瑕的色彩表现菜肴的素雅美观，故又称"清炒大玉"。甜菜中的"樱桃银耳"用洁白的银耳点缀上鲜艳的樱桃，和谐悦目，引人食欲。许多中国名菜名点都以其"浓妆淡抹总相宜"的和谐色彩相映成趣。

中国菜肴的命名十分讲究名称的美、雅、吉、尚，显示菜肴的意境和情趣。有朴实而清晰的一般命名方法。这些大多利用菜肴的主料、辅料、烹调方法、调味方法、色香味形的特色以及人名、地名等制定菜肴的名称，让人感到雅致贴切、朴素大方，如，芹菜炒肉丝、煮干丝、盐水虾、清蒸鳜鱼、香酥鸭、芙蓉鸡片、东坡肉、西湖醋鱼、洋葱猪排、油爆双脆等。另外，有用文学赋、比、兴等手法，着意美化菜名的命名方法，如利用谐音转借命名，利用象形命名，或借历史故事命名等，这些命名或寓意吉祥如意，或借比喻并带有夸张等。这种寓意命名的方法从古到今一直沿用，并带有较高的艺术性。它是针对顾客的猎奇心理，突出菜肴某一特色加以渲染，并赋以诗情画意、富丽典雅的美名，从而起到引人遐想的效果。如龙虎斗、狮子头、熊猫戏水、彩蝶迎春、孔雀开屏等，强调的是造型艺术；全家福、鸳鸯鲤、母子会、万寿无疆、鲤鱼跳龙门等，表达了人们的良好祝愿；贵妃鸡翅、西施舌、油炸烩、裙带面、一品南乳肉等，则反映了人民的意志；佛跳墙、推沙望月、掌上明珠、百鸟归巢等，借助隽永的诗文名句，富有诗情画意；叫花鸡、鸿门宴、鹊渡银河、哪吒闹海、桃园三结义等，依据神话传说、历史掌故，赋予特殊含义，等等。

中国菜肴名称充满了艺术性，它想象丰富、寓意新奇、比喻精妙、情趣高雅、意境深远，给人以文化的熏陶和艺术的美感。

知识链接

中菜重"和"

如果从审美的角度来考察，中国古代烹饪美学追求的最高境界是和。"和"是中华民族传统文化的核心，也是中国古代人们所追求的审美理想的最高境界，是饮食智道（创造美）与天人美韵（自然美）二者的艺术结晶与集大成者。

中菜重"和"，则与儒家的中庸之道和古典美学的最高境界有关。"和"的实质，就是中庸之道所追求的持中、协调、适度与节制，要求人们按照一定的道德原则和规范，自觉调节个人思想感情和言论行动，使之不偏不倚，中规中矩。它体现在饮食中，便是菜品的软硬、甜咸、厚薄、大小、干湿、多少、生熟、冷热、荤素、浓淡等对立因素的恰当统一，色、香、味、形、器、名、养等审美标准的相成相宜，加热量与施水量以及调味料的适度均衡等，以求取整体上和谐统一的审美效果。

第三节　五味调和与火候运用

一、善于调味

善于调味是中国烹饪的一大特色，也是中国菜肴丰富多彩的重要原因之一。调味和火候，是中国烹饪技术中两大关键技术。我国烹调技术中的调味一般有两个方面的内容：一是利用不同的原料互相巧妙地搭配，使不同的原料滋味互相渗透，交流融合，产生新的美味；二是用调味料的渗透、扩散及相互作用，调和滋味、达到去除异味、突出本味、增加滋味、丰富口味的效果，这是菜肴调味的根本内容，也是菜肴口味成败的关键。

调和滋味首先要有丰富的调味品，调味品使用越广越宽，味的变化也就越多越妙。中国烹饪调料之多，在世界上首屈一指。我国的调味品，在古代就相当丰富了。既有天然的调味品，也有酿造的调味品。现在我国常用的调味品更加丰富，有咸味类、甜味类、酸味类、苦味类、鲜味类、辛香类、芳香类等上百种之多。调料宽广、注重选择上品是善于调味的条件和基础。

（一）调味方法细腻

我国烹饪的调味方法十分讲究，这是西方菜肴所难以比拟的。根据不同的原料、不同的口味要求、不同的技法采取细腻的分阶段的调味方法，既可使口味变化多端，还可以使各种口味互相补充、互相渗透结合。中国烹饪调味的步骤分加热前、加热中、加热后三个阶段。而加热中的调味是决定性的调味，这个阶段的调味，可使原料在高热中与调料更好地结合在一起，去除异味，增加香味。但加热中的调味有一定的局限性，有时不能除尽异味，不能适应多种烹调方法的需要，为此要辅以加热前的辅助调味或加热后的补充性调味，使异味充分涤除、压盖、化解，使原料本身的美味被激发、烘托发挥出来。这种细腻的调味方法，适应了多种烹调技法、多种原料性质，达到了最佳的调味效果，形成了我国独特的调味方法和技术体系。

（二）突出原料本味

菜肴之美，当以味论，而味首在本味。一物有一物之味，要使一物显一性，一碗成一味，就必须突出原料的本味。突出本味，是我国调味的一大特色。早在先秦时，古人就提出了五味调和的原则。有些原料本身就具有极鲜美的滋味，如新鲜的时蔬、鸡鸭、鱼虾等，如果不按突出本味这一点调味，就会掩盖其自身的鲜美滋味。所以在调味时对鲜味足的原料，宜淡不宜重，在口味上避免调味过重而适得其反，失去本味效果。对有腥膻味的原料，用调味品去解除，使其鲜美本味突出。对味淡的原料用其他鲜香的美味促进它，使它更好地体现出本味。

（三）精于调制复味

中国菜享有"一菜一味，百菜百味"的美誉。这是精于调制富于变化的复合味的结果，是善于调味的又一个具体体现。甜、酸、苦、辣、咸五味调和，就像画家用三原色能调出富有感染力的各种色彩，如同作曲家将音符变化出美妙的乐曲一样，各种调味品的数量、加入的先后不同，就形成各种不同味道的复合味。复合味的变化之多、种类之广在世界上是独一无二的。譬如，咸甜味、酸甜味、甜酸味、鲜咸味、咸香味、香辣味、酸辣味、麻辣味、鱼香味、怪味、荔枝味、椒盐味以及五香盐、沙茶酱、香辣酱、姜汁醋、柱侯酱等丰富多彩，变化无穷。这也是中国烹饪善于调味的突出表现。

（四）注重味型差异

中国烹饪的调味中，不仅味型差异明显，而且同一种味型还有浓淡之分、轻重之别。比如甜酸味和酸甜味，虽调料品种使用相同，但因数量配比不同而形成两种味型，在口味差异上十分明显。甜酸味是甜中带酸，稍有咸味；而酸甜味是上口酸、收口甜、稍有咸味。另外，同是糖醋的甜酸味，有重糖醋和轻糖醋之异，如"糖醋鱼"为重糖醋，甜酸味浓烈而甜香，而江苏菜中的"五柳鱼"则为轻糖醋，糖醋用料降了一半，菜肴甜酸味轻淡，而带有鲜香，其味型的差异是十分明显的。再如川菜中的辣味，有的用干辣椒，辣得呛口；有的用泡辣椒，辣得爽口；有的用辣椒面，则辣得麻口。这就形成了口味上的各种微妙差异。善于调味，就是要注重味型的差异，使各味层次清楚，互不雷同。

（五）调味注意变化

凡调和饮食滋味，必须适合时令、环境、对象的外在变化，因人、因事、因物稍异，这是善于调味的另一个具体体现。因时而异，适应时令。我国古代就已注意到这一调味的外在规律。在《礼记·内则》中有"凡和，春多酸，夏多苦，秋多辛，冬多咸，调以滑甘"的四时调味原则，历代还提出了调味的时序理论。即循规律因时而异，夏季味稍淡，给人清爽感，冬季味稍厚，给人有驱寒感，以适应季节气候的外在变化。因人而异，即每个人的口味要求不尽相同，在保持菜肴风味特色的前提下，要有针对性地进行调味，以适应人们不同的口味需要。所谓"食无定味，适口者珍"就是这个道理。调剂之法，相物而施，还要根据原料的性质加以调味，取其长而避其短，充分彰显原料特性和调味的作用，防止千篇一律。

二、注重火候

熟物之法最重火候，火候不仅是形成不同风味、烹调方法多样化的重要因素，同时也是决定菜肴成败的关键因素。菜肴火候不足，不仅不熟，香美之味也不能充分发挥。反之，火候过度则菜肴枯老而乏味。要使菜肴达到嫩而不生、透而不老、烂而不化的质量要求，必须注重火候的把握。

（一）选用不同的燃料

选用不同性质的燃料，是掌握火候的基础。烹饪利用的燃料，有天然的柴、煤、炭，半天然的煤气、天然气，人工制造的煤油、酒精等。此外，近代科学还产生了火以外的烹饪热能，如电、太阳能、电子、微波等。这些错综复杂的热能燃料，性质各异，会直接影响到烹调中火力的大小、火度的高低、火势的广狭、火时的长短。天然柴，火大而烈，适宜大锅烹调菜肴，能发挥烈火速烹的作用；而炭的火性则稳定而持久，适宜炖、焖、煨等长时间加热的技法，能发挥炭火持久的特点；煤的特点是火力既强同时又有高度的持久性，故能广泛运用于各种烹调技法。目前正得到普遍应用的煤气、天然气，不仅火力集中，而且火力的大小强弱可以随心控制，并且非常清洁，能适应烹饪多方面的需要。至于酒精，因其干净、火焰美观，常用于火锅。虽然同一种类的燃料也有一定的火性差异，但中国烹饪注重火候，最基础的是根据烹调的需要，选用不同性能的燃料，适应不同风味菜肴的火候需要。

（二）使用不同的工具

烹饪原料形态各异，性质不一，要求风味不同，所以注重火候必须讲究使用不同的工具。煎炒宜铁锅，煨煮宜砂锅。就是煎炒所使用的铁锅，也有区别。炒制需火力集中时必须使用圆底炒锅，能使火焰集中锅底上扬；煎制需火力平均时，必须选用平底锅，使原料受热均匀一致。另外，同是烤制，有的需要电的烤箱，如烤鱼、烤猪排；有的需要圆形烤炉，如烤鸭、烤鸡、叉烧；有的需用烤床，如烤乳猪、叉烧鸭；还有的需要铁栅炉，如烤羊肉串等。使用不同的工具适应了菜肴对不同火候的需要，同时使菜肴形成不同的风味、色泽。如用平底锅煎制，菜肴底层金黄而酥脆，里面鲜嫩；用砂锅炖焖，菜肴容易酥烂而香味浓郁，同时容易使菜肴保持热度，冬季尤佳。菜肴烤制所用工具不同，即形成有的鲜嫩，有的酥脆，有的色泽红亮，有的清淡雅致。所以注重火候必须合理科学地运用不同的烹饪工具，这是中国烹饪的传统特色之一。

（三）运用不同的火候

中国烹饪对火力、火度、火势、火时等诸因素都有讲究。为了保持菜肴的鲜嫩，须用旺火，火力要大，火度要高，火势要广，火时要短，不然菜肴就会疲沓变老。煨煮技法须文火，火大则原料干瘪甚至枯焦。有些需收汤紧汁的菜肴，须先武火，后文火，不然就会夹生。总之，菜肴的成败就看运用火候的得当与否。中国菜千奇百品，风味迥异，运用不同的火候是主要的原因之一。

（四）采用不同的介质

菜肴加热成熟，其传热的媒介有水、油、汽、空气、固体物质等。原料采用何种介质传热，应根据原料的性质、菜肴的特色来选用。中国烹饪不仅选用水、油、汽、空气等一般的传热介质，而且还用盐、泥、沙等固体物质传热，因其方法特殊，风味也迥异，如广东的盐焗鸡、江浙的叫花鸡就是如此。另外，同一菜肴有的需要采用多种不同的介质传热，制作工艺复杂，使菜肴集各物的长处为一体，如闽菜"佛跳墙"可为一例。

火候须知

熟物之法，最重火候。有须武火者，煎炒是也；火弱则物疲矣。有须文火者，煨煮是也；火猛则物枯矣。有先用武火而后用文火者，收汤之物是也；性急则皮焦而里不熟矣。有愈煮愈嫩者，腰子、鸡蛋之类是也。有略煮即不嫩者，鲜鱼、蚶蛤之类是也。肉起迟则红色变黑，鱼起迟则活肉变死。屡开锅盖，则多沫而少香。火熄再烧，则走油而味失。道人以丹成九转为仙，儒家以无过、不及为中。司厨者，能知火候而谨伺之，则几于道矣。鱼临食时色白如玉，凝而不散者，活肉也；色白如粉，不相胶粘者，死肉也。明明鲜鱼，而使之不鲜，可恨已极。

（选自：清·袁枚《随园食单·须知单》）

第四节　技法多变与配器讲究

烹调技法是我国烹饪技艺的核心，是前人宝贵的实践经验的科学总结。由于烹饪原料的性质、质地、形态各有不同，菜肴在色、香、味、形、质等诸质量要素方面的要求也各不相同，因而制作过程中加热途径、糊浆处理和火候运用也不尽相同，这就形成了多种多样的烹调技法。我国菜肴品种数量多至上万种，正是由于多种多样的烹饪方法的变化所致。

一、技法多样

中国烹饪丰富多彩、精细微妙，在很大的程度上指的是变化多端的烹调方法。我国的烹调技法经历代劳动人民的长期实践，特别是从事烹饪的厨师不断创造，形成了几十类近百种的烹调方法，同时各地又有地方特色的技法，可谓千姿百态、风格各异。

（一）水传热法

水传热法以水为介质导热。水的沸点是100℃，水温只能达到100℃，超过了水就会变成气体逸出。质地软嫩的原料只要内外热度平衡，就可基本成熟，既有脆嫩、清爽的口感，又保护了营养成分。质地老的原料用较多的水长时间地煨、炖，才能使原料水解、膨松，从而达到酥烂的质感。代表的烹调技法有：

（1）炖，有隔水炖、直接炖、蒸炖等；

（2）烧，有红烧、白烧、干烧等；

（3）烩，有清烩、红烩、白烩等；

（4）煮，有红煮、白煮、盐水煮等；

（5）汆，有沸水汆、温水汆、冷水汆等；

（6）扒，有红扒、白扒等；

（7）焖，有黄焖、红焖、原焖、酒焖等；

（8）煨，有红煨、白煨等；

（9）焗，有酒焗、汤焗等；

（10）涮，有涮锅等。

（二）油传热法

油传热法以油为介质导热。油脂所能吸收、保持的热量比水高得多，当油温升高到开始冒青烟时，植物油可达170~190℃。如：

（1）炒：有煸炒、滑炒、软炒、清炒、抓炒等；

（2）爆：有油爆、汤爆等；

（3）炸：有清炸、酥炸、干炸、香炸、包炸等；

（4）烹：有清烹、炸烹等；

（5）煎：有干煎、煎烹等；

（6）焩：有锅焩等；

（7）熘：有焦熘、滑熘、软熘等；

（8）贴：有锅贴等。

（三）热空气传热法

热空气传热法以热空气为介质导热。在烹调加热中，不利用有形传热媒介给原料加热，而是用燃料产生的热能使空气温度升高，靠热量的辐射传热。如烘、烤法所需的热能都是应用炉灶火力的辐射传热。特点是受热较均匀，原料表面焦脆，内部鲜嫩，色泽金黄。如烤制烹调法，有明炉烤、暗炉烤、泥烤等。

（四）汽传热法

汽传热法以蒸汽为介质导热。它的温度高于水的温度，因为蒸汽的温度最低为100℃。其特点是食物水分不易蒸发，能保持菜肴的原味原形，减少营养素的损失。如蒸制烹调法，有清蒸、粉蒸等。

（五）盐和沙粒传热法

盐和沙粒传热法以盐或沙粒为介质导热。这是以热传导的方式把热量传给原料。盐比油的传热能力强，它不像液体那样能够对流，所以，用盐和沙粒等作为介质时，必须不断翻炒，以使原料受热均匀。如盐焗鸡、糖炒栗子等。

此外，各地还有一些特殊技法，如燌、熬、炆、焐、烙、焀、酿、焯、糝、蒙、炊、烫等。

二、盛器讲究

美食与美器的完美结合是中国烹饪对盛器的要求，也是形成中国烹饪技艺绚丽多彩的重要因素。盛器的讲究是随着烹饪技术的不断发展而日臻完美的。

（一）菜肴与餐具器皿在色彩纹饰上相协调

这种协调，既是一肴一碗与一碗一盘之间的和谐，又是一席肴馔与一席餐具饮器之间的和谐。如宋代的《清异录》记载的吴越之地"有一种玲珑牡丹鲊，以鱼、叶斗成牡丹状，既熟，出盘中，微红如初开牡丹"，此系"庖制精巧"之作。

对于菜肴的盛装而言，如果餐具器皿色彩选用得当，就能把菜肴的色彩衬托得更鲜明美观。一般而言，洁白的盛器对大多数菜肴都适用，但洁白的盛器盛装洁白的菜肴，色彩就显得单调。如"糟熘鱼片""芙蓉鸡片"等白色菜肴，用白色的器具盛装就不如用带有色彩图案的器具盛装。另外，在装盘上切忌"靠色"，如"什锦拼盘"，就要把同类颜色的原料间隔开来，才能产生清爽悦目的艺术效果，体现盘中的纹饰美。

（二）盛器的形态、大小与美馔的形状、数量相适应

中国菜肴品类繁多，形态各异，因此，也就要求食器的形制多种多样，千姿百态，与菜肴装配相适应。选用盛器要恰当，如果随便选用，不仅有损美观，而且不利于食用。如一般炒菜、冷菜宜选用圆盘和腰盘，若用汤盘或汤碗盛装，就显得不伦不类。烩菜和一些汤汁较多的菜肴宜用汤盘，如装在浅平的圆盘中就很容易溢出。整条的鱼宜用腰盘，否则就给人一种不舒服的感觉。

盛器的大小与菜肴数量应相称相谐。如果把较多的菜肴装在较小的器皿中，或把少量的菜肴装在较大的盛器中，不但影响菜肴形态的美观，而且会使人产生不好的感受。所以盛器的大小必须与菜肴的数量相适应。一般来讲，菜肴的体积应占盛器容积的 80%~90%，菜肴、汤汁不应超过盛器内的边沿。

（三）盛器的质地与菜肴品质和整体相称

菜肴盛装用盘是有许多讲究的。古代人食与器的配合讲究等级制度，金、银、玉器是统治阶级的专用品，老百姓是受用不起的。而今已没有这种贵贱之分，但从饭店接待来看，高档的宴席菜肴，大多用质优精巧的盛器，如果菜肴品质低，器皿品质高，问题还不大，但如果是高档菜肴用质差的器皿盛装，就难以衬托高档菜肴。但不管是一般便饭，还是整桌宴席，食与器之间在品质、规格、色彩等方面都要相称，不可以品质不一样、花纹规格差距过大、色彩不协调。尤其是高级别宴会，所用食器最好能体现整体美和变化美。如果是批量的宴席，每桌的盛器都应该是系列性的。

第五节　面团变化与点心多姿

我国面点制作有着独特的表现形式，它是通过面点师精巧灵活的双手进行立塑造型完成的。通过一定的包、捏手法，使食品达到审美效果，特别是那些小巧玲珑的细点，不仅使人们食之津津有味，观之也心旷神怡。

一、面团多变

米、麦及各种杂粮是制作面点的主要原料，这些原料都含有淀粉、蛋白质和脂肪等，成熟后都有松、软、黏、韧、酥等特点，但其性质又各有不同。

（一）水调面的筋道、坚实

用水与面粉调制的面团，因面粉调制的水温不同，又可分为冷水面团（水温在 30℃以下）、温水面团（水温在 50℃左右）、开水面团（水温在 65~100℃）、水余面团（在100℃沸水锅中和面）等。由于它们调制的水温不同，因而它们的特点也不相同，所制作的点心也有一定的区别。水调面团组织严密，质地坚实，内部无蜂窝状组织，体积不膨胀，但富有弹性、韧性、可塑性和延伸性，成熟后成品形态不变，吃起来口爽而筋道，皮虽薄却能包住卤汁。

（二）发酵面的暄软、松爽

用面粉与发酵剂及适温的水掺和揉搓形成的面团，又称为"发面""酵面"等。面团利用菌体内所含有的酶，在适当条件下发生生物化学反应，产生二氧化碳气体；发酵的最佳环境温度为30℃左右，在一定的时间内可使原有的面团充满气体鼓起。熟制后的成品，具有形态饱满、富有弹性、暄软、爽口、易消化吸收等特点。

（三）油酥面的松酥、香脆

用油脂与面粉调制的面团，由于调制的手法不同可分为起层酥和单酥等。起层酥由两块不同性质的面团包擀卷或叠成，一块面团是用水、油、面粉调制的水油酥；另一块是用油与面粉擦制的干油酥；单酥又叫硬酥，是直接用水、油脂掺入面粉，一次揉和成团，制成不分层次的酥点。油酥面团具有酥松、膨大、分层等特点，并且外形美观。

（四）米粉面的黏实、韧滑

用水与米粉及其他辅助原料调制的面团，由于米的性质（糯米、粳米、籼米）和所制作的品种要求不同，在制作中往往需要进行掺粉。根据加工调制的方法差异，粉团又可分为糕类粉团、团类粉团和发酵粉团等。米粉面团质重而坚实，韧性差，黏糯性大，粉料经掺和使用，口感爽滑而富有黏性。

（五）蛋和面的滑润、酥香

用鲜蛋的蛋液（有些再加入水、油、糖等）与面粉调制的面团，依面粉中加入鸡蛋的多少，以及有无其他填料的配合，又可分为纯蛋面团、油蛋面团和水蛋面团等。这类面团的制品成熟后，具有酥香、爽滑、营养丰富、外形美观的特色。

二、形态多姿

面点立塑造型，是指利用主料的粉、面皮的自然属性，采用包、捏的手段将其塑造成各种形象。这种造型方法是技巧与艺术的结合，它要求面点师具有娴熟的立塑造型技艺，熟练掌握一张小坯皮的性质和包、捏的限度，以及在加热过程中的变化规律，只有具备过硬的操作本领，才能达到完美的艺术效果。

面点的立塑造型使用的空间极小，一张直径8厘米左右的面皮的限度，一块小面剂子的空间，每一件是一个单个的独立体，而且每一个面剂、每一张面皮都要塑成大小相等、做工精致的形态。如通过折叠、推捏而制成的孔雀饺、冠顶饺、蝴蝶饺；通过包、捏而制成的秋叶包、桃包；通过包、切、剪而制成的佛手酥、刺猬酥；通过卷、翻、捏而制成的鸳鸯酥、海棠酥、兰花饺，以及各种花卉、鸟兽、果蔬的象形船点和拼制组合图案等品种，每种面点既有各自不同的形态，又从属于整体造型的需要。这就要求面点师具有较高的面点捏塑技艺和美学、美术知识修养。

（一）把握皮料性质

面点造型具有较强的立体感，所选皮坯料必须具有较强的可塑性，质地要细腻柔软，只有这样的皮坯料才具有面点立塑的基本条件。糯米、粳米、面粉、薯类都具有这种特性但做工要十分精细：米要泡透心，粉要磨细，不酸不馊，老嫩适度，才能做到皮料色白、柔嫩且具有较好的可塑性。面粉制品中，一般烫面可塑性较强。一些简易造型的点心，如象形点心"寿桃""菊花花卷"等，可采用发酵面团（用嫩酵面，以免熟制后变形）制作。

对于薯类作皮的点心，须加入适当的辅助料如糯米、面粉、鸡蛋、豆粉等，才便于点心成形。用澄粉作为粉料而制作的花色品种，色白细滑，可塑性强，透明度好，如"硕果粉点""水晶白鹅""玉兔饺"等，造型逼真，色泽自然。

（二）馅心选用适宜

为了使面点的造型美观，艺术性强，必须注意馅心与皮料的搭配相称。一般包、饺类点心的馅心可软一些，而花色象形面点的馅心则不宜稀软，以防影响皮料的立塑成形。否则，面点的整体效果会受到影响，容易出现软、塌、露馅等现象，影响面点造型的艺术效果。所以，不论选用甜馅或咸馅，用料和味型均需讲究，不能只重外形而忽视口味。若采用咸馅，烹汁宜少，并制成全熟馅，使其冷却后，再进行包捏加工，以保持制成品的最佳形态。另外，尽量做到馅心与面点的造型相搭配，如做"金鱼饺"，可选用鲜虾仁做馅心，即成"鲜虾金鱼饺"；做花色水果点心如"玫瑰红柿""枣泥苹果"等，则应采用果脯蜜饯、枣泥为馅心，务使馅心与外形互相衬托，突出成品风味特色。

（三）造型简洁形象

面点造型艺术选择题材时，要结合时间因素和环境因素，采用人们喜闻乐见、形象简洁的物象，如喜鹊、金鱼、蝴蝶、鸳鸯、孔雀、熊猫、天鹅等。面点造型艺术的关键是要熟悉生活，熟知所要制作物象的主要特征，抓住特征，运用适当夸张的手法，就能达到食品造型艺术美的效果。如捏制"玉兔饺"，只需把兔耳、兔身、兔眼三个部位掌握好，把耳朵捏得长些、大些，身子丰满，兔眼用红色原料嵌成，就会制出逗人喜爱的小白兔。又如"金鱼饺"着重做好鱼眼和鱼尾，"天鹅"则突出它的颈和翅，只要对这些部位进行适当的夸张变化，即可制出造型可爱的成品。这种夸张的造型手法要体现在"似与不似之间"。如过分讲究逼真，费工费时地精雕细琢，一是手工操作时间过长，食品易受污染；二是不管多漂亮的点心，其目的都是食用，若过于追求奇巧，不免趋于浪费，甚至弄巧成拙，影响人的食欲。

（四）盛装拼摆切体

一盘面点是许多单个面点组合而成的艺术整体，所以，盛装拼摆技艺也是面点造型中重要的一环。面点捏塑需要精湛的技艺、美妙的造型，而装盘也不可马马虎虎，上下堆砌，随便乱摆，否则将损坏面点的立塑成形。面点的盛装拼摆，要求根据面点的色、形选择合理、和谐的器皿，运用盛装技术按照一定的艺术规律，把面点在盘中排成适当的形状，突出面点的色彩，呈现捏塑的形态。总体要求是：对称、和谐、协调、匀称。如"牛肉锅贴"可摆成圆形、桥形，底部向上突出煎制后的金黄色泽，下部微露出捏制的细皱花纹；"四喜蒸饺"可摆成正方形、品字形，在操作时应将四种馅料的次序按一定的规律装摆，排列时也应注意四色的方向要有序摆放，给人以整齐、协调之美，而不是随便放置，给人以色、形凌乱的感觉。就是简单的菱形块糕品，也应有一定的造型，如八角形、菱形、等边三角形等。总之，应拼摆得体，和谐统一，使人感到一盘面点整体是一幅和谐的画面，单个面点是一个个活灵活现的艺术精品。[①]

---

① 邵万宽.中国面点［M］.北京：中国商业出版社，1995：144-147.

第六节　技艺追求与推陈出新

中国的烹饪文化是由传统遗产和现代创造成果共同组成的。社会的饮食习俗传统表现了文化的继承性，而革新提高的新成果则表现了它的发展与进步。

一、发扬传统

烹饪学是变化之学，创新之学。烹饪离不开发展，离不开创新。人们在继承传统进行扬弃的同时，又创造出许多适合当今人们的饮食需求的东西。当今各地比较定型的菜点，都是经过较长时间的发展，为一定群体、一定的地区认定的、历史传承而来的作品。即使是当代烹调师的创新菜点，也是在继承基础上的创新。

（一）传统菜品的延续与革新

在中国烹饪文化几千年的发展中，烹饪原料的开发利用和炊具的改革取得了很大进展。厨房用具中，铁器、陶器继续使用，但机械增多，冷藏设备增多，而且电能已成一种新热源和新动力源。烹饪技法已发展到几十个种类，烹饪成品中菜肴、点心小吃和饮料的品种粗略估计总共不下万种。所有这一切都是在继承中创新获得的成果。

春秋时期，易牙在江苏传艺，创制了"鱼腹藏羊肉"，创下了"鲜"字之本，此菜几千年来一直在江苏各地流传。经过历代厨师制作与改进，至清代，在《调鼎集》中载其制法为："荷包鱼，大鲫鱼或鲤鱼，去鳞将骨挖去，填冬笋、火腿、鸡丝或蚌蛑、蟹肉，每盘盛两尾，用线扎好，油炸，再加入作料红烧。"[1]后来民间将炸改为煎，腹内装上生肉蓉，更为方便、合理。现江苏各地制作此菜方法相似，但名称有异，如"荷包鲫鱼""怀胎鲫鱼""鲫鱼斩肉""羊方藏鱼"。

我国春卷也是经过历代演变而来的。唐初，"立春日吃春饼生菜"，号"春盘"，每年立春这一天，人们将春饼蔬菜等装在盘中，成为"翠缕红丝，备极精巧"[2]的春盘。当时，人们相互馈赠，取"迎新"之意。杜甫"春日春盘细生菜"（杜甫《立春》）的诗句，正是这一习俗的真实写照。唐之"春盘"，到宋时叫"春饼"，后演变为"春卷"。饼是两合一张，烙得很薄，也叫"薄饼"，上面涂以甜面酱，夹上羊角葱，把炒好的韭黄、摊黄菜、炒合菜等夹在当中，卷起来吃，别有一番风味。以后人们发现卷起来吃不方便，厨师们便直接包好供人们食用，就成为我们今日的春卷了。

我国各地的地方菜和民族菜，都有自己值得骄傲的风味特色。这些风味特色，是历代厨师们不断继承和发展而来的。中国各地风味菜点的制作，无一不是历代的劳动人民在继承中不断充实、完善、更新，才有了今天的特色和丰富的品种。

（二）发扬传统与勇于开拓

继承和发扬传统风味特色是饮食业兴旺发达的传家宝。如今，全国许多大中城市的饭

---

① 清·佚名.调鼎集［M］.郑州：中州古籍出版社，1988：28.
② 王明德，王子辉.中国古代饮食［M］.西安：陕西人民出版社，1988：176.

店在开发传统风味、重视经营特色方面取得了可喜的成绩，并力求适应当前消费者的需要，因而营业兴旺，生意红火。

但是，继承发扬传统特色也不是说完全依照原来的老一套做法不变，而是要随着时代的发展不断改进，以适应时代的需要。20世纪70年代，人们提倡的"油多不坏菜"，如今已过时了，已不符合现代人的饮食与健康需求了。传统的"千层油糕""蜂糖糕""玫瑰拉糕"等原来需要加入一定量的糖渍猪板油丁，随着人们生活的变化，其量都必须适当地减少，甚至不用动物油丁。清代宫廷名点"窝窝头"现在进入人们的宴会桌面，但已不局限于原来的玉米粉加水，而增加了米粉、蜂蜜和牛奶，其质地、口感都发生了新的变化。传统的"糖醋鱼"，本是以中国香醋、白糖烹调而成，随着西式调料番茄酱的运用，几乎都改用番茄酱、白糖、白醋烹制了，从而使色彩更加红艳。与此相似，"松鼠鳜鱼""菊花鱼""瓦块鱼"等一大批甜酸味型的菜肴也相继做了改良。

中国烹饪是变化之学

中国烹饪技艺出神入化，享誉世界，其奥妙就是善变，即变化之学。善变，是中国烹饪的优良传统。《易·杂卦》曰："革，去故也；鼎，取新也。"《周易集解》引韩康伯曰："鼎所以和生物，成新之器也。"水在鼎中，水与火相灭相生；鼎，解决了烹饪中水与火的矛盾，才能使中国烹饪艺术不断向前发展。《周易》是研究中国烹饪史的一部重要著作，也是研究中国烹饪哲理的一本重要著作。西安吴国栋大师说过："中国菜特点之一是'变'。"苏州吴涌根大师也说过："烹饪之道，贵在变化。"北京大学王利器教授同样说过烹饪变化的名言："变与新是中国烹饪学的核心。"

善变则通。通，指通晓、通顺。只要掌握了一个事物的关键，就能以此类推，一通百通，故中国的菜点变出的花色品种是无穷无尽的。善变则新。新，是事物性质改变得更好、更进步、更发展的"新"，含有推陈出新之意。

二、敢于创新

菜点的制作、创新从地方性、民族性的角度去开拓是最具生命力的。透过全国各地的餐饮市场，不难发现我国各地的创新菜点不断面市，而绝大多数的菜肴都是在传统风味的基础上改良与创新的。

（一）挖掘整理与开发利用

我国饮食有几千年的文明史，从民间到宫廷，从城市到乡村，几千年的饮食生活史料浩如烟海，各种经史、方志、笔记、农书、医籍、诗词、歌赋、食经以及小说名著中，都或多或少涉及饮食烹饪之事。

在古代菜的挖掘中，20世纪80年代是我国烹饪开发的高峰期，如西安的"仿唐菜"、杭州的"仿宋菜"、南京的"仿随园菜"和"仿明菜"、扬州的"仿红楼菜"、山东的"仿孔府菜"、北京的"仿膳菜"等都是历史菜开发的代表。

古为今用，推陈出新。我国烹调师一直没有停止过对菜点的开发和研究，许多历史名菜点诸如"蟹酿橙""宋嫂鱼羹""茄鲞""窝窝头"等的开发利用，受到广大饮食爱好者的青睐。

（二）大胆吸取与拿来我用

广泛运用传统的食物原材料，是制作并保持地方特色菜品的重要基础。而大胆吸收和运用国内外的烹饪原料，引进新的调味手段，使菜品风格多样化，是满足现代市场和顾客需求的必由之路。

自古及今，中国的烹饪师一直没有停止过吸收和利用其他地区甚至国外的原材料，拿来为我所用，如胡萝卜、番茄、荷兰豆、澳大利亚龙虾、鳕鱼等的利用；在调味品的利用上，广泛引进外国的调味料，不断丰富各地区菜品的特色，使本地菜品在尊重传统的基础上得到了充实提高。如江苏的"生炒甲鱼"菜肴，在保持江苏风味的基础上，烹制时稍加蚝油，起锅时加少许黑椒，其风味就更加醇香味美。像这种改良，客人能够接受，厨师也能发挥，而且也大大丰富了传统风味菜的内涵，使其口味在原有的基础上得到升华。

（三）工艺改良与不断创新

对于传统菜的改良不能离其"宗"，应立足有利于保持和发展本土风味特色。许多厨师善于在传统菜上做文章，确实取得了较好的效果。如进行"粗菜细做"，将一些普通的菜品深加工，这样改头换面后，菜品质量得到提升；或在工艺方法上进行创新，如"盐焗基围虾""铁扒大虾"等，改变了过去的盐水、葱油、清蒸、油炸等烹调方法，使其口味一新。

近年来，全国各地的烹调师在对传统工艺的改良上做出了许多尝试，而且取得了很好的效果。菜点的创新，关键在于思路的开阔与变化。其基本思路与方法，主要有以下几个方面：①

1. 原料变异，推陈出新

近年来，进入厨房的原材料更加丰富，连过去贫困年代人们食用的山芋藤、南瓜花以及贫民食用的臭豆腐、臭豆腐干等，现在也纷纷进入许多大饭店。过去饭店不屑一顾的一些原料如猪大肠、肚肺、鳝鱼骨、鱼鳞等也登上了大雅之堂，成为人们的喜爱之物。因此，对于原料的利用，重在发现、认识和开拓。

改革开放以后，我国引进外国的食品原料更加丰富多彩。除了天然的食物原料以外，还出现了许多加工品、合成品，这些都为我国烹饪原料增添了新的品种。

许多原材料在本地看来是比较普通的，但一到外地，即身价倍增。如南京的野蔬芦蒿、菊花脑，淮安的蒲菜，天目湖的鱼头，云南的野菌，胶东的海产，东北的猴头等，当它在异地烹制开发、销售时，其效益大增。如今交通发达，开发异地原材料并不困难，利用新原料，创新菜肴也必将有其更为广阔的市场。

2. 味中之变，出奇制胜

高明的烹调师就是食物的调味师，所以，烹调师必须掌握各种调味品的有关知识，调和五味，才能创制出美味可口的佳肴。

在原有菜点中就口味味型和调味品的变化做文章，更换个别味料，或者变换一下味

---

① 邵万宽.创新菜点的开发与设计［M］.北京：旅游教育出版社，2018.

型，就可能会产生一种与众不同的风格菜品。只有敢于变化，大胆设想，才能产生新、奇、特的风味菜品。

菜品的翻新从口味上入手，能产生特殊的效果。比如鸭掌，从传统的红烧鸭掌、糟香鸭掌、水晶鸭掌到潮汕的卤水鸭掌以及走红的芥末鸭掌、泡椒鸭掌等，其口味不断翻新，鸭掌菜的筋道滑爽的风味特色依旧。由"油爆虾"到"椒盐虾"再到"XO酱焗大虾"，也是由改变口味而创制的。

调味原料的广泛开发，新调料的不断研制，海外调料的不断引入，可为调制新味型奠定良好的基础。

把各种不同的调味品灵活运用、进行多重复制，制作出新型口味的菜肴，这是菜肴变新的一种方法，也是以味取胜、吸引宾客的一种较好的途径。

3. 菜点组合，样式翻新

菜点组合是指菜肴、点心在加工制作过程中，将菜、点有机组合在一起成为一盘菜肴。这种将菜肴和点心结合的方法，构思独特，制作巧妙，成菜时菜点交融，食用时一举两得，既尝了菜，又吃了点心；既有菜之味，又有点之香。代表品种有馄饨鸭、酥皮海鲜、鲜虾酥卷、酥盒虾仁等。

淮扬传统菜"馄饨鸭"：取用去皮嫩母鸭焖约3小时至酥烂，与24只煮熟的大馄饨为伴，鸭皮肥美，肉质酥烂，馄饨滑爽，汤清味醇，别有一番风味。"鲤鱼焙面"是"糖醋黄河鲤鱼"带"焙面"上桌；"酱炒里脊丝"带荷叶夹上桌等。

菜点相配，只要搭配巧妙、合理，符合菜点制作的规律，便会取得珠联璧合、锦上添花的艺术效果。从菜肴制作本身来说，菜肴与面点巧妙的结合，对扩大菜品制作的思路，开拓菜品新品种，无疑是具有深远意义的。

4. 洋为中用，中外合璧

随着中外饮食文化交流的增多，菜肴制作也呈现多样化的势头，无论是在原料、器具和设备方面，还是在技艺、装潢方面都渗进了新的内容。

比如，"沙律海鲜卷"是一款中西菜结合的品种，它取西式常用的沙律酱（色拉酱）制成西餐的"海鲜沙律"，然后用中餐传统的豆腐皮包裹，挂上蛋糊再拍上面包屑入油锅炸制，外酥香、内鲜嫩。沙律酱、面包屑都是舶来品，中西技法的有机结合，产生了独特的风格。

5. 地方菜品，有机融合

地方菜品的创新，既可独辟蹊径，也可以借鉴嫁接。地方菜品的嫁接融合，是指将某一菜系中的某一菜点或几个菜系中较成功的技法、调味、装盘等转移、应用到另一菜系的菜点中以图创新的一种方法。从古到今，菜点创新从来就没有离开这一方法。如南京的一位厨师创作的"鱼香脆皮藕夹"就采用了地方菜品的巧妙嫁接，特点鲜明。他将几个菜系的风格融汇结合：取江苏菜藕夹，用广东菜的脆皮糊，选四川菜的鱼香味型做味碟，确实是动了一番脑筋。

地方菜的嫁接，也不局限于同一菜系之间。具有近千年历史的"清炖狮子头"，经江苏历代厨师潜心研究、实践，移植制作了许多品种，如清炖蟹粉狮子头、灌汤狮子头、灌蟹狮子头、八宝狮子头、荤素狮子头、马蹄狮子头、蟹鳗狮子头、蛋黄狮子头、泡菜狮子头、鱼肉狮子头、初春河蚌狮子头、清明前后笋焖狮子头、夏季面筋狮子头、冬季凤鸡狮子头等，都是脍炙人口的江苏美味佳肴。

6. 面点皮馅，重在变化

面点实际上就是皮与馅的结合。面点的成品特色、外观感觉都依赖于皮坯料，所以挖掘和开发皮坯料的品种，是开发面点制品的一条重要道路。如高粱、玉米、小米等特色杂粮的充分利用；莲子、马蹄（荸荠）、红薯、芋艿、山药、南瓜、栗子、百合等菜蔬果实的变化出新；赤豆、绿豆、扁豆、豌豆、蚕豆等豆类的合理运用；新鲜河虾肉、鱼肉经过加工亦可制成皮坯，包上各式馅心，可制成各类饺类、饼类、球类等；将新鲜水果与面粉、米粉等拌和，可制成风味独具的皮坯料品种。

面点贵在用馅，面点在调馅时要根据各地人的饮食习惯、喜好，合理调制馅心。在开拓馅心品种时，可以借鉴菜肴的制作与调味，在加工中注意刀切的形状。如西安的饺子宴，注重调馅的原料变化，大胆采用各种调味料，使制出的馅心多彩多姿。品尝"饺子宴"，也是在品尝各种山珍海味、肉禽蛋奶、蔬菜杂粮的大会聚，这确实给馅心制作开辟了一条广阔的道路。

中国面点品种的发展，必须要扩大面点主料的运用，调制风格不同的馅心，使我国的杂色面点和风味馅心形成一系列各具特色的风味，为中国面点的发展开拓一条宽广之路。

本章小结

本章系统介绍了中国烹饪技艺的基本特点，主要表现在：原料使用上的严格选料、因材施艺；刀工上的切割精工、刀法多样；调味上的精巧与变化；烹调上的用火精妙、烹法多变；点心制作上的注重面团特色和形态的变化；在菜点的装盘上注重美食与美器的完美结合；在技艺追求上不断开拓创新。只有全面地了解烹饪技艺的基本特点，才能更深刻地认识中国烹饪文化的内涵。

思考与练习

一、选择题

1. "炒鸡丁"一菜主料选择的是（　　　）。

A. 产蛋鸡　　　　　B. 山鸡　　　　　C. 仔鸡　　　　　D. 老鸡

2. 雄蟹（公蟹）食用的最佳季节是（　　　）。

A.7月　　　　　B.8月　　　　　C.9月　　　　　D.10月

3. 制作肉包子所用猪肉馅心，最佳的部位是（　　　）。

A. 前腿肉　　　　　B. 后腿肉　　　　　C. 脊背肉　　　　　D. 五花肉

4. 切土豆丝要求不准确的是（　　　）。

A. 大小均匀　　　　　B. 细丝如发　　　　　C. 长短一致　　　　　D. 清爽利落

5. 来自四川的调味酱汁是（　　　）。

A. 糖醋汁　　　　　B. 鱼香汁　　　　　C. 蚝油汁　　　　　D. 沙茶酱

6. 制作"烤鸭"所采用的火候是（　　　　）。

A. 明火　　　　　　B. 旺火　　　　　　C. 暗火　　　　　　D. 上火

7. 下列以水传热的烹调方法是（　　　　）。

A. 炒　　　　　　　B. 煎　　　　　　　C. 烧　　　　　　　D. 蒸

8. 发酵面制品的特点是（　　　　）。

A. 筋道　　　　　　B. 暄软　　　　　　C. 黏实　　　　　　D. 韧滑

二、填空题

1. 选料严谨主要从品种、季节、＿＿＿＿＿＿＿＿＿＿、＿＿＿＿＿＿＿＿＿＿、营养卫生方面选择。

2. "一席佳肴，司厨之功居其六，采办之功居其四。"来源于清代烹饪理论家＿＿＿＿＿＿＿＿＿＿的论述。

3. 原料的季节性特别明显，如萝卜过时则＿＿＿＿＿＿＿＿＿＿，土豆过时则＿＿＿＿＿＿＿＿＿＿。

4. 食物原料的产地不同，品质有很大的差异。在名特产品中，最佳的火腿产地是＿＿＿＿＿＿＿＿＿＿，螃蟹产地是＿＿＿＿＿＿＿＿＿＿，陈醋产地是＿＿＿＿＿＿＿＿＿＿。

5. 菜肴加热成熟，其传热媒介主要有＿＿＿＿＿＿＿＿＿＿、＿＿＿＿＿＿＿＿＿＿、＿＿＿＿＿＿＿＿＿＿、热空气、固体物质等。

6. 中国烹饪调味的步骤有加热＿＿＿＿＿＿＿＿＿＿、加热＿＿＿＿＿＿＿＿＿＿、加热＿＿＿＿＿＿＿＿＿＿三个阶段。

7. "煮"与"蒸"两种烹调方法，就温度而言，"煮"比"蒸"的温度＿＿＿＿＿＿＿＿＿＿。

8. 菜品在继承传统中创新，唐代的"春盘"，到宋代时叫"春饼"，后演变为＿＿＿＿＿＿＿＿＿＿。

三、问答题

1. 在菜品的选料上应该把握哪几个方面？

2. 中国烹饪调味技艺有哪些基本特点？

3. 热菜常用的烹饪技法有哪几种？

4. 为什么说火候之变精细微妙？

5. 如何理解"刀下生花"的含义？

6. 阐述我国烹饪盛器讲究的主要内容。

7. 在面团制作中，常用的面团有哪几种？

8. 菜点创新的主要思路有哪些？

第四章

中国烹饪与菜品审美

中国菜品之多之美，是其他任何国家都无可比拟的。本章将从菜品审美的角度出发，分别介绍菜品的审美原则以及色、香、味、形、器、名等诸方面美的要求和如何去准确评价菜品的优劣等。通过学习，可以比较全面地了解中国菜品的审美要求，了解中国菜品享誉世界的内在原因。

学习目标

通过学习本章，要实现以下目标：

· 掌握菜品审美的基本原则
· 了解色彩与造型的审美要求
· 了解味觉与嗅觉的审美要求
· 了解配器与装饰的审美要求
· 了解菜点的评价标准

中国菜肴花样繁多，技艺精湛，在很大程度上表现在烹饪工艺巧妙的审美变化上。中华人民共和国成立以来，中国菜品的制作也不断涌现出新的风格。数以千计制作精巧、富有营养的菜品，像朵朵鲜花，在中国食苑的大百花园里竞相开放。这些味美可口、千姿百态、外形雅致的"厨艺杰作"，构成了一种完美的、具有中国特色的烹调艺术。

第一节　中国菜品的审美原则

中国菜品工艺精湛，独步烹坛著称于世，与变化多端的制作工艺有密切的关系。中国烹饪经过历代烹调师的苦心钻研，新的工艺方法不断增多，新的菜肴品种不断涌现。许多烹调师在菜品制作与创新中，都善于从工艺变化的角度寻找菜肴变新的突破口。而菜肴主要的功能是供人食用，它与其他工艺造型有质的区别，既受时间、空间的限制，又受原材料的制约，因此，在制作时应遵循以下几条原则。[①]

一、食用与审美相结合

在菜肴的食用与审美关系中，食用是主要方面。菜肴制作工艺中一系列操作技巧和工艺过程，都是围绕着食用和增进食欲这个目的进行的。它既要满足人们对饮食的欲望，又要使人们产生美感。经过艺术加工的菜品与普通菜肴的根本区别，在于它经过巧妙的构思和艺术加工，成了一种审美的形象，对食用者能产生较好的艺术感染力。而普通菜肴一般不注重造型，菜肴成熟后就直接从烹煮的锅内盛入盘子或碗碟中。

在创作有一定造型的热菜时，制作者必须正确处理食用与审美之间的关系。任何华而不实的菜品，都是没有生命力的。所以，需要特别强调的是，菜品不是专供欣赏的，如果制作者本末倒置，必将背离烹饪的规律。脱离了食用为本的原则，单纯地去追求艺术造型和美感，就会导致"金玉其外，败絮其中"的形式主义倾向。现代餐饮经营竭力反对那些矫揉造作的"耳餐""目餐"，以食用性为主、审美性为辅，两者完美结合的艺术菜品才是人们真正需求和希望的具有旺盛生命力的菜品。

二、营养与美味相结合

艺术菜品的形式美是以内容美为前提的。当今人们评判一款菜品的价值最终必定落在"养"和"味"上，如"营养价值高""配膳合理""美味可口""回味无穷"等。菜品制作的一系列操作程序和技巧，都是为了使菜品具有较高的食用价值、营养价值，能给予人们美味享受，这是制作菜品的关键所在。

在饮食活动实践中，人们正在同时运用多种标准对菜品进行评判。其一，味美；其二，色香味形质器养意；其三，营养平衡；其四，安全卫生；其五，养生保健；其六，符合有关法规。这些标准，每一条都有自己独特的规定性，在菜品创制时，应该综合运用。在一般情况下，这个标准体系中的内容，按其重要性，应该是营养平衡第一，味美第二。人们在实践中容易犯的最大错误就是往往把"味"排在第一位，而不是把营养平衡排在第一位，甚至只讲"味"这一条。大大小小的疾病，特别是"现代文明病"，不少是由长期营养不平衡引起的。

在菜品的制作中，我们要正确处理营养与美味的关系，在菜品的配置中，做到营养与美味相结合，注重菜品的合理搭配，在烹饪过程中，尽量减少营养成分的损失，更不能一味地为了造型、配色而不顾产生一些对人体有害的毒素。从某种意义上说，烹饪工作者应引导人们用科学的饮食观约束自己的操作行为，使菜品实现营养好、口味佳、造型美的有机结合。

三、质量与时效相结合

一款菜品质量的好坏，是其能否推广、流传的重要前提。质量是一个企业生存的基础。影响菜品质量的因素是多方面的，用料不合理、构思效果不好、口味运用不当、火候

---

① 邵万宽.对热菜造型的几点认识［J］.中国食品，2005（19）：14.

把握不准等都会影响菜品的质量和审美。在保证菜品质量的前提下，还要考虑到菜品制作的时效性。如今，过于费时的、长时间人工操作处理的菜肴，已不适应现代市场的需求，过于繁复的、不适宜批量生产与快速生产的耗时菜品也是质量不足的一个方面，它不仅影响企业的经营形象，也影响企业的经济效益。

现代厨房生产需要有一个时效观念，时间过长，工艺过繁，对质量也较难把控。我们不提倡精工细雕的造型菜，提倡的是菜品的质量观念和时效观念相结合，使制作的菜品不仅形美、质美，而且适于经营、易于操作、利于健康。

四、雅致与通俗相结合

中国菜品的造型丰富多彩，可谓五光十色、千姿百态。按菜品制作造型的程序来分，可分为三类：第一，先预制成型后烹制成熟，球形、丸形以及包、卷成形的菜品大多采用此法，如狮子头、虾球、石榴包、菊花肉、兰花鱼卷等。第二，边加热边成型，如松鼠鳜鱼、玉米鱼、虾线、芙蓉海底松等。第三，加热成熟后再处理成型，如刀切鱼面、糟扣肉、拔丝苹果、宫灯虾球等。

按成型的手法来分，可分为包、卷、捆、扎、扣、塑、裱、镶、嵌、瓤、捏、拼、砌、模、刀工美化等多种手法。按制品的形态分，可分为平面型、立体型以及羹、饼、条、丸、饭、包、饺等多样。按其造型品类分量来分，可分为整型（如八宝葫芦鸭）、散型（如蝴蝶鳝片）、单个型（如灵芝素鲍）、组合型（如百鸟朝凤）。

菜品的造型，不光是指宴会高档菜和零点特色菜，较普通的菜品也可简易"描绘"图案，如蛋黄狮子头、茄汁瓦块鱼、芝麻鱼条等也同样需要有艺术的效果和艺术的魅力。同样是一盘"荤素鱼饼"，鱼饼的大小、规格一致会激发人的进食欲望，而大小不匀，造型不整，就会降低人们的进食兴趣，质地僵硬、加热焦煳、外形软瘫，都不是鱼饼应有的风格。菜品造型要注意雅俗共赏，将技术含量和艺术效果贯穿于生产制作的始终，菜品不论高低贵贱，都应注意造型效果。

第二节　菜品色彩与造型审美

一、菜品的色彩审美

菜品的不同色彩可给人不同的美感。中国烹饪对菜品色彩的配置和运用，尤为重视和讲究。菜品的颜色可使人产生某些奇特的感情。菜点的色彩和人们的口味、情绪、食欲之间，也有某种内在的联系。

（一）烹饪色彩的运用

烹饪艺术属于实用性艺术，在色彩的表现和运用上与其他艺术门类所不同的是只能限制在烹饪原料的色彩范围内，对于食用色素是不能滥用的，烹饪的色彩运用有它独特的艺术手法。[①]

---

① 邵万宽.中国面点［M］.北京：中国商业出版社，1995：193.

1. 食品天然色彩搭配法

利用蔬菜、肉食、水产品等食物本身具有的天然色彩进行调色，是烹饪色彩运用的最主要的手法。烹饪原料本身有着十分丰富美妙的色彩，这些色彩本身一般都可以组合成美的形象。烹饪原料的固有色有：

红色：如番茄、胡萝卜、红辣椒、山楂、草莓、樱桃、火腿、香肠、红腐乳等；黄色：如海米、蟹黄、油发蹄筋、鸡蛋、橘子、金针菜、芥末、咖喱粉、冬笋、老姜等；黑色：如黑木耳、黑芝麻、黑豆、黑枣、豆豉、海参、乌骨鸡、蝎子等；绿色：如菠菜、芹菜、油菜、香菜、青椒、韭菜、蒜苗、雪里蕻、豌豆苗等；白色：如熟山药、茭白、银耳、豆腐、白萝卜、马蹄、大白菜、熟蛋白、熟鸡脯肉、牛奶、水发燕窝、白糖等；褐色：如花菇、海带等；紫色：如紫包菜、紫菜、豆沙等；酱色：如豆瓣酱、甜面酱、海鲜酱、酱牛肉等。

制作菜品的天然食用色剂有：黄色：如蛋黄液等；白色：如蛋白液、蒜汁、奶汤等；绿色：如菠菜叶汁、荠菜叶汁等；红色：如红曲米汁、苋菜汁等；黑色：如乌叶（南天烛叶）汁等。这些原料，都可作为烹饪工艺中的调和色彩，进行有目的的搭配。

要达到烹饪色彩审美的效果，首先要把握好配色的技巧。根据色彩学的原理，菜点的配色要注意以下几个方面：

（1）讲究鲜明与协调。在配制菜品时，用对比的方法调配出的色彩是鲜明生动的，即行话说的"岔色"。口诀是："青不配青，红不配红。"如"四喜饺"，在四个孔洞中配色，可用红的胡萝卜末、绿的青菜叶末、黄的鸡蛋黄末、黑的香菇末，四色对比，颜色就十分鲜明生动。协调是指色调的和谐统一。凡是色环上的邻近色（红与黄、绿与青）调配出来的色彩就雅致清爽，即行话说的"顺色"，如菜肴"珊瑚烧鸡"，鸡肉是牙黄色，胡萝卜是深红色，红黄相衬，就十分雅致。

（2）搭配主色与附色。主色在美学上称为"基调"。就烹饪而言，一个菜的颜色也要分清主次，一般应以主料的色为"基调"，以辅料的色为"附色"，附色只起点缀、衬托作用。如"芙蓉鸡片"是以鸡肉的白色为"基调"，撒点儿红色的小颗粒，起点缀作用；如果撒得太多，不分主次，就失去了美感。

（3）把握单色与跳色。有些本色的菜点，可以不配其他颜色，让它成一个单色菜肴，如大红、翠绿、玫瑰等跳动的色块，都能给人心旷神怡的感觉。但必须用盛器的色彩加以衬托，菜点的本色才能"跳"出来。如纯白的菜点，配以带色的瓷盘，白色就突出了。

2. 调料加色法

利用调料的颜色，可以制成色彩多样的菜点。如豆瓣、酱油可以烹制出红色的菜肴，像豆瓣鱼、红烧肉等；加饴糖的菜品可以烤出金黄色，像北京烤鸭、烤乳猪等；加入番茄酱可制成红色的松鼠鳜鱼、菊花鱼、咕咾肉、茄汁牛肉等；叉烧包白中露出浅黄，是因为馅心中放入了酱油、番茄沙司等；甜酱可以烹制出酱黄色的菜肴，豉油可以烹制出黑色的菜肴等。

3. 烹制起色法

蔬菜、肉类及面点在加热过程中色彩都会发生变化，如炸鱼、炸肉，初炸是黄色，再炸是焦黄色，久炸就变成黑棕色。面点熟制，如油炸麻团、油条、麻花，经高温油炸后，由原来的白色变为金黄色、深黄色；炸油酥制品类，如盒子酥、眉毛酥、海棠酥、兰花酥等，采用温油炸制，其色彩比生坯更白；经烤制的烧饼、煎制的大饼，成熟后变为金黄色。汆蔬菜时间短，起锅冷却快，色彩鲜艳。所以菜点的色彩，在很大程度上取决于烹调师、面点师的烹制技术。

（二）色彩对饮食的心理影响

菜品的颜色可引起人们对食物的注意、联想，引起人们不同的食欲和心理活动，进而对食物产生不同选择。

1. 色彩是鉴别食物的前提

人们在就餐过程中，对食物的选择首先是根据视觉色彩。比如，在自助餐中，当人们拿起餐盘去取食物的时候，往往是选择色泽鲜艳的菜品。试想假如烧鸡块成了黑褐色，炒青菜成了土黄色，土豆丝都是一些锈色的斑点，就餐者的情绪定会一落千丈。所以，由食品色彩产生的联想具有很强的心理作用，影响着人们就餐的好恶情绪。

2. 色彩影响人们的食欲

菜品色彩的绚丽明快、光彩夺目，既能满足人们的色彩审美需求，又能增进人们的食欲、活跃宴会的气氛、启迪人们的思维。菜品的色彩调制往往是烹饪高手的基本功之一。为了使消费者在色彩审美感受上得到满足，烹制菜品就要在色彩的合理组合上、辅料色彩衬托点缀主料的关系上付出一定的劳动。只有具有一定的审美能力，才能使菜品色彩浓淡相宜、相映成趣。

广东名菜烤乳猪，最显著的特点就是使人一见其金黄色的外表便食欲倍增，所以古人称赞它："色同琥珀，又类真金；入口则消，状若凌雪，含浆膏润，特异凡常也。"其色之美，其味之香，堪称一绝。

 **知识链接**

烹饪美感

烹饪美感，是指烹饪领域内美的事物刺激了人的感官，引起人们对美的感受和体会或愉悦、舒适的心理感受。例如，烹饪技术美的美感、冷菜拼摆艺术美的美感、食品雕刻技术的美感、菜点作品的美感等。它主要包括成品作品的美感和烹饪加工过程的美感，以及享用美食、欣赏美食的环境的美感等。因为人们在欣赏烹饪艺术美时，多是以菜品成品和环境为主，所以常忽视菜品的创作过程。同样，烹饪美感也是通过创造和欣赏两种途径获得的。

烹饪美感，同样具有知觉性、愉悦性和差异性。这是因为，烹饪作为人们生活的社会实践之一，也是人们创造和欣赏对象的过程，对美好事物具有审美意义。所以在设计和制作菜点时，我们一定要遵循美感的一般认识特征，设计创作烹饪的味觉、视觉和功能、意趣形象。

（资料来源：吴晓伟.中餐烹饪美学［M］.大连：大连理工大学出版社，2008.）

二、菜品的造型审美

菜点的造型工艺是烹饪艺术的主要内容之一。但烹饪审美中的形的表现，要受到食物原料特性的制约，也受到工艺过程的制约，它不能像绘画那样随心所欲，也不能像雕塑那样随意造型。

菜品的形状是由视觉产生的，凡烹饪原料都是有形状的，不过，有的经过加工以后改变了原料的形状，制成菜品后又有了新的形状。中国烹饪艺术中的形，一方面是指制作成品的艺术造型；另一方面是指原料经烹饪后的形状，这个形，不仅是美化处理，也是出于烹饪加工的需要，原料处理后的形，首先要求使菜品易于入味、富有营养、便于食用，然后再考虑美化造型这一因素。

菜品中的形的构成，大致有三种类型：一是以原料自然形构成。如鸽蛋的椭圆形呈玲珑之态，鱼、虾有自然之美的形态等。这种利用原料的自然形态构成的菜肴，最能体现原料本身的面貌特色，没有任何人为雕琢。二是由原料解体切割而成。即将原料进行解体分档，然后根据需要加工成块、片、丝、条、丁、粒、末、蓉等一般形状以及各种花式形状，组成菜肴，如腰花、鱼卷等。这些菜品是利用娴熟的刀工技巧，将原料切割、分解并创造出均匀的节奏和韵律之美。三是通过装配构成。它不仅关系到菜品的外观，而且直接影响到烹调和菜品的质量，是配菜的一个重要环节。如块配块、条配条、丝配丝等，有些则利用其他的工艺手法如卷、叠、包、镶等，使菜品的整体美感得到充分的发挥。

总之，菜品的形状之美，是通过人的观赏反映到大脑中，使菜品增加美的感染力，这是目的所在。因此，要求菜品的形状设计必须做到主题鲜明、构思新颖、形象优美、色彩明快，从而使人们轻松愉快地通过视觉观察到菜品整体的美而增加对美食的兴趣。

（一）刀切变形审美

烹饪的形象塑造，主要是利用刀工技艺完成的。通过刀切，使烹饪中的大块和整只的原料变为小型可取食的食物，经过有规则的刀工处理，可使食物成熟一致、整齐美观、造型生动。

1. 原料刀切的一般形状

一款菜点，往往要由多种原料搭配组合，这不仅是味觉的需要，也是营养搭配的需要。当多种原料组合时，要注意形状的和谐搭配，如丝配丝、丁配丁、条配条等，这是保证原料在烹调加热中成熟一致。刀切的一般形状有块、条、丝、片、丁、粒、蓉等。具体的形态更为复杂：块有菱形块、大方块、小方块、长方块、滚刀块、葫芦块等；条有长方条、圆柱条、扁平条等；丝有粗丝、中丝、细丝；片有圆片、椭圆片、指甲片、方片、三角片、菱形片、矩形片、梅花片、夹刀片等。丁有大丁与小丁之分，一般丁的大小为 1 立方厘米；粒有粗粒（约 0.7 立方厘米）、细粒（约 0.5 立方厘米）；蓉或泥，是将原料剁成浆状，通过加工可制成丸、饼、球等形。

2. 刀工美化形态

刀工美化就是在原料的表面运用各种刀法，剞上相当深度的各种刀纹，经过加热后卷曲成各种美观的花纹，如在猪腰片上剞交叉刀纹，可制成"炒腰花"；在鱿鱼片上剞刀纹，可以烹制成"鱿鱼卷"；在豆腐干上两面斜角各切上平行刀纹，可做"兰花干"；在鱼肉上剞交叉刀，可制成"松鼠鱼"等。

刀工美化可通过各种有趣的装饰纹样，使大面积的原料避免光秃秃的单调感，另一方面，它也会使原料在烹调时容易进味和均匀成熟。

（二）烹饪造型审美

烹饪的形象塑造，除刀工制形外，还有烹饪的配形。在烹饪艺术中刀工制形是前奏，烹调配形是主旋律，两者配合才能体现烹饪艺术的整体造型。常见的造型方法有包、卷、码、捆、叠、夹、抻、嵌、挤、扣、拼、捏等。这些方法是形成中国传统菜点的重要工艺环节。

1.包

包是将一种原料作皮，另一些原料作馅，加上各种包制方法，形成一种形体，如纸包鸡、荷叶包肉、蛋饺、燕皮馄饨等。在面点中，应用更为广泛，如包子、饺子、馅饼、粽子、春卷等。

2.扣

扣就是将切得很整齐的原料码排在碗或盅中加调料蒸熟，再反扣在另一盘中，揭去碗或盅即成。此法就是借碗或盅作模具，成品的造型就是模具的形状，如扣肉、扣鸡、葵花鸭子、荷叶猴头蘑、天鹅孵蛋以及八宝饭、八宝枇杷等。

3.挤

挤是将有韧性的蜡纸卷成头小尾大的漏斗形，再将纸筒剪去尖端，放入泥蓉状的挤料，用力推、捏、挤，用裱花嘴尖端描绘各种图案的造型方法。如各种裱花蛋糕以及用布袋挤成的芙蓉玉扇、梅花龙须等菜肴。

4.捆

捆是将原料加工成条或片，用黄花菜或海带丝、葱丝、干丝等一束束地捆扎起来，制成一定形状的造型方法。如柴把金针菇、柴把鸡、柴把鸭等菜肴。

（三）面点塑造审美

面点的造型与美术中的雕塑方法十分接近，其中，搓、包、卷、捏等技法属于捏塑的范畴；切、削等手法又与雕刻技法相通；钳花、模印、滚沾、镶嵌也近似于平雕、浮雕、圆雕的一些手法。可以说，面点造型工艺是一种独特的雕塑创作。苏州船点的可爱造型与无锡惠山泥人异曲同工。

面点品种中的包、饺等形态的捏塑与其他捏塑工艺是相通的，其不同点就是面点用于食用，欣赏时间有限。我国面点师在长期的操作实践中，掌握了许多适于面点制作的造型艺术手法以及熟制变形的手法，许多食品造型惟妙惟肖、栩栩如生。

（四）装盘造型审美

装盘是形、色、器的艺术组合，要注意图案的组成与菜品色、形美的关系，懂得形式美的一般规则等。在盛器准备好后，需要运用美术技巧进行装盘。一般造型美的装盘方法有排列、拼摆、对称、均衡、间隔、堆叠、韵律、图案等。

1.排列

排列就是将经过刀工处理或烹调后的单个的食物按一定次序排列在盘子中，如蓑衣黄瓜、小笼蒸饺等。

2. 拼摆

拼摆就是将两种以上的烹制成熟的食物在盘中均匀地拼摆成一定形状，如什锦拼盘、各客拼盘等。

3. 对称

对称就是放在盘子中的食品要两边相同，有左右对称、上下对称、三面对称、四面对称等几种类型。还有更复杂的如太极菜点、双味虾球等。

4. 均衡

均衡就是左右并不相同，而能保持平衡，无偏重之感，如一物两做、一菜两吃的格局。

5. 间隔

间隔就是将两种以上不相同的东西互相并列或分隔开来的方法。

6. 堆叠

堆叠就是将加工成一定形状的熟食品，堆叠成立体形状的装盘方法，如堆叠成桥形、宝塔形、城垛形等。

7. 韵律

韵律是指造型有规律地抑扬变化。图形中的渐大渐小、渐长渐短、渐增渐减，色彩上的渐浓渐淡等，都是韵律的表现。

8. 造型图案

造型图案是指通过构图设计，利用多种不同色彩的原料，在盘中摆放成各种象形图案的造型，如雄鹰展翅、孔雀开屏等。

（五）雕刻造型审美

食品雕刻造型手法是在借鉴了玉雕、雕塑、浮雕、木刻、绘画等造型艺术的表现手法的基础上演变而来的。它不同于热菜造型、冷菜拼摆、面点包捏等造型，食品雕刻不以味取胜，而是以雕刻的刀法为主，注重立体造型。它使用的原料主要是蔬菜和瓜果，在蔬菜中，以根茎类为主，果菜类次之。使用的刀具是几种雕刻刀。在大型宴会上，它主要用来美化环境和渲染气氛，具体雕刻的形态种类有以下几种。

1. 花卉雕刻

花卉雕刻是食品雕刻的基本刀法，形态仿造自然界花卉，应用范围最广，从大型宴会到家庭的餐桌都可用它作装点。在雕刻之前，要多观摩各种花的姿态，为以后的整雕、瓜盅、瓜灯的制作以及设计、创新打下一定的基础。

2. 整雕

整雕造型与雕塑造型很相似，部分整雕使用一些不同颜色的原料进行装点。整雕的一般步骤是：首先雕刻出外形轮廓，然后进行细致雕刻。

整雕可雕刻出许多动植物形态，如公鸡、仙鹤、龙、孔雀、凤凰、大虾、金鱼、苹果、葡萄、桃以及花瓶、宝塔等。

3. 瓜盅与瓜灯雕刻

瓜盅是将雕有图案的瓜作为盛放菜肴的一种容器。其作用不仅是为了盛放菜肴，更主要的是美化菜肴。其表现手法与绘画中的白描很接近，与剪纸艺术很相似，但不是用笔，而是用刀具来勾勒出图案，靠颜色的反差来体现图案。

瓜灯是食品雕刻中难度最大的一种。据说，最初瓜灯是仿造灯笼制作的，后来经发展，现已成为艺术性极高的食品雕刻造型。瓜灯的原料主要是西瓜，但制作很复杂，除在其表面雕刻出一些可向外凸出的图案外，还要雕刻出环和扣，使瓜灯的上部和下部离开一定的距离。这些环和扣不但要起连接作用，而且形状要美观，雕刻完备后挖去瓜瓤，放入蜡烛或通电的灯泡。瓜灯雕刻使用的刀法较特殊，其环、扣和向外凸出的图案种类很多，运用也很灵活，只有具备一定的雕刻技艺和美术常识，才能雕刻出艺术性较高的瓜灯来。

4. 冰雕与琼脂冻糕雕

冰雕与琼脂冻糕雕是近十多年来在我国旅游饭店兴起的独特雕刻技术。它主要起装点和美化餐厅以及渲染宴会、鸡尾酒会、冷餐会气氛的作用。冰雕是用冷冻冰块雕琢而成的。冰雕装饰物一般需要借助不同颜色的投射灯光来照射，以衬托其美感，增加效果，因为适当的灯光投射往往能恰如其分地增添冰雕装饰的质感与感染力。其特点是晶莹透明，清澈明亮，立体感强，但保留时间较短，易融化。

琼脂冻糕雕刻利用琼脂为原料，将干琼脂浸泡蒸熔或用小火煮制使其熔化成液体后，调入果蔬汁或食用色素等，倒入洁净的方盘内，待冷却后成初坯，再进行雕刻造型，制作成不同风格题材的雕刻作品，如假山、龙凤、人物、动物、波浪等。雕刻下来的琼脂冻可反复加热使用。琼脂雕的原料不受地域性、季节性限制，成品如美玉，似翡翠，晶莹剔透，给人以强烈的视觉美感，特别是能有效地降低原料的成本。

第三节　菜品嗅觉与味觉审美

一、菜品的嗅觉审美

当我们跨进家门，如果从厨房里飘来了炖老母鸡汤的浓浓的鸡香味，就会顿觉食欲大开。这就是嗅觉在烹饪中的作用。

嗅觉往往先于味觉，有时也先于视觉。人们在摄取食物时，最初的印象就来自视觉和嗅觉。菜肴在没有端上桌子之前，鼻子就可以闻到香味了。香气可以诱发联想，可以引起人们对食物的审美。对精美的食物产生的种种遐想本身，就是一种美的享受。

一些原盅炖品、汤羹等菜在客人面前才能揭盖或撕开封盖的锡纸，热气腾腾的香美之味喷薄而出，一能使香气在席上散发诱人食欲；二能显示菜肴的华贵丰美和高雅档次。

菜品中的香是构成优质菜肴的重要属性。美好的香气，可诱人食欲，使人垂涎。赞美福建名菜"佛跳墙"的诗句"坛启荤香飘四邻，佛闻弃禅跳墙来"，可谓是对菜肴香气诱人食欲的精妙的描绘。

香气是在合理烹调过程中形成的，其方法主要有三个方面。

（一）烹调加热使香气外溢

一般的食物原料本身并没有香味，其香味主要是通过加热烹调产生的。植物香料所含有的芳香物质，在低温环境下不易释放出来，菜品的香味主要是通过厨师们巧妙的搭配和合理的烹调而获得的。如通过水煮、油炸等方法破坏食物的组织，使芳香物质大量释放出来，可以增加菜品的香味。炒菜因汽化挥发的物质较多，比冷菜有更浓的香气。另外，烹调时若能使那些有香味而容易挥发汽化的物质免予流失，也可增加菜品的香气。

（二）添加香料以丰富香味

烹饪原料中的作料，大都含醇、醛、酯类等挥发性的芳香物质。例如，大茴香的香味来自所含的大茴香醛；桂皮来自桂皮醛；葱及大蒜来自二丙烯及二硫二丙烯；曲酒来自所含的杂醇和酯类；香蕉和柑橘则来自乙酸戊酯和橙花醇。另外，酱油、醋、生姜、胡椒、玫瑰、奶酪、薄荷等也都带有一定的香味。烹调菜肴时，适当加入这些香型原料，会增加食物的香味。[①]

（三）利用气味混合诱发新的香味

在菜肴烹制过程中，将多种不同原料的香味进行转变可产生一种新的独特的香味。如川菜"鱼香肉丝"，就是利用泡辣椒丝、蒜泥、姜末、葱丝、料酒、酱油、醋、辣油等作料来烹制的。作料中的许多有机物质的相互结合，产生出一种恰似鱼香的味道，就连肉丝中也带有鲜美的鱼香滋味。

上面三种情况是菜品香味形成的原理。菜品原料本身虽含有极其丰富的营养成分，但含有香气的却很少。从香味形成的原理可以看出，大部分原料要经过加热和调味才能显现出来。而且在众多的可食性动植物原料中，又往往有一部分原料含有腥膻臊臭等不良气味，必须经烹调后方能除掉。

二、菜品的味觉审美

一般而言，菜肴的滋味一方面来自食物本身，另一方面来自调料。古代把味分为酸、甜、苦、辣、咸五种。目前，在中国烹饪中，习惯将基本味列为酸、甜、苦、辣、咸、鲜、麻、香八种。我们的祖先对调味有许多独到的见解，并积累了许多宝贵的经验。早在先秦时期，古人就讲究五味调和了。《吕氏春秋·本味》说："调和之事，必以甘、酸、苦、辛、咸，先后多少，其齐甚微，皆有自起。鼎中之变，精妙微纤。"这是我国古代早期调味理论的经验总结。

清代袁枚的《随园食单》特别列了"作料须知"和"调剂须知"。在"调剂须知"里，指出了味的调和要"相物而施"，酒、水的并用或单用，盐、酱的并用或单用等，需要加以区别对待，不能死板一律。袁枚的许多调味主张，进一步完善了我国古代烹饪的调味理论。

我国古代的调味理论指出，要运用烹饪的技术手段，将各种调味品进行巧妙的组合，并运用加热的技术，调制出变化精微的非常适口的多种味道来。这就是我国古代调和五味的基本原理。

（一）味与味觉

广义的味，既包括人们喜爱的美味，也涵盖着人们不能接受的恶味，甚至还包括像水那样的无味之味。味，对人类来说，就是用感官来识别物质滋味的一种化学反应。

在人们口腔的舌头上，排列着许多形状像杨梅一样的乳头，在乳头上面和周围又有许

---

① 茅建民．饮食心理浅说［M］．上海：上海科学技术出版社，1988：11.

多极小的颗粒，这些小颗粒叫味蕾。人的舌面有上万个味觉器（味蕾），它由感觉上皮细胞（味觉细胞）和支持细胞所组成，分布在舌乳头、腭、咽等处上皮内，以轮廓乳头上最多。味蕾顶端有一小孔，开口于上皮表面，称为味孔。当食物中的可溶性成分进入味孔时，味觉细胞受刺激而兴奋，通过味神经纤维传达到大脑的味觉中枢，再经过大脑的分析判断而产生味觉。

味觉是人类辨别外界物体味道的感觉，即某种物质刺激味蕾所引起的感觉。味觉主要由舌面的感受产生，舌对味的感受是敏感的，但不同部位对味觉又分别有不同程度的敏感性。一般舌头对甜味最敏感，而舌尖和边缘对咸味最敏感，靠腮的两边对酸味最敏感，而舌根部则对苦味最敏感，但这些也不是绝对的，有时有些差异。

味觉器官的敏感度会随着人的年龄的变化及性别、身体状况、生活习惯和食品温度等不同而有一定的差异。例如，儿童对甜味的敏感度比老人强；妇女对酸味的敏感度比男人强；健康的人味觉比病人强。同时，食品的温度对人的味觉影响也很大，当温度很低（接近0℃）或高于45℃以上时，味觉就要减弱。例如5%的砂糖溶液，其温度升到100℃时甜度一般，待冷却到35℃时就觉得甜多了，这就是说，呈味物质在接近人的体温时，人的味觉敏感度较强。有人做过实验，其结果表明，在0℃时咸度的味值是常温时的1/5，甜度为1/4，苦味则为1/30，只有酸味变化不大。刺激味觉的较理想的温度为10~40℃，其中28~33℃时味觉器官对刺激最敏感。若是在10~40℃之外的温度范围，对人们的味觉神经器官的刺激强度则有所降低。

（二）味觉差异与调味变化

"食无定味，适口者珍"。应该说，食物菜品滋味的好坏，只有相对的标准。不同的人存在着感受上的差异。如年龄，成年人由于阅历较多，味觉的宽容度一般大于孩子。又如文化，文化水平较高者一般在饮食中能获得更多的审美愉悦。还有性格、爱好和地区的不同会给人们的口味要求打上不同的印记，产生一定的味觉偏差。

掌握好调味是制作菜肴的关键。在制作中，由于原料、季节和各地情况的不同，因而在调味时可遵循一些基本的原则。

1. 根据原料的不同性质调味

"调剂之法，相物而施"[①]。为了保持和突出原料的鲜味，去其异味，调味时对不同性质的原料应区别对待。

新鲜的原料应突出本身的滋味，不能被浓厚的调味品所掩盖。过分的咸、甜、辣等都会影响菜肴本身的鲜美滋味，如鸡、鸭、鱼及新鲜蔬菜等。凡有腥膻气味的原料，要适量加入一些调味品，例如，水产品、羊肉、动物内脏可加入一些料酒、葱、姜、蒜、糖等调味品，以解腥去膻。对原料本身无鲜味的菜肴，要适当增加滋味。如鲍鱼、海参、燕窝等，烹制时要加入高级清汤及其他调味品，以补其鲜味的不足。

2. 根据不同客源的生活习惯调味

东西南北中，经纬各不同。不同的地理环境，具有不同的自然条件，这种差异形成了各地区的风味差别。在菜品制作中，运用调味创新菜品，可使菜品具有广泛的适应性。江

---

① 清·袁枚.随园食单［M］.北京：中华书局，2010：8.

苏的"面拖蟹"，到了东南亚增加了"咖喱味"，到了欧洲中餐馆，投放了"黄油"，增加了香味，这是口味变化与改进的结果。

由于一个国家、一个地区的气候、物产、生活习惯的不同，口味也不尽相同。如日本人喜欢清淡、少油，略带酸甜；西欧人、美洲人喜欢微辣略带酸甜味，喜用辣酱油、番茄酱、葡萄酒作为调料；阿拉伯人和非洲的某些地区的人以咸味、辣味为主，不爱糖醋味，调料以盐、胡椒、辣椒、辣椒油、咖喱粉、辣油为主；俄罗斯人喜食味浓的食物，不喜欢清淡。由于人们口味上的差别很大，因此在调味时必须根据人们口味的不同科学地调味。

3. 根据季节的变换合理调味

传统调味理论认为，人们的口味往往随季节、气候的变化而有所改变。例如，夏天清淡，菜色较浅，冬天浓厚，菜色较深。因此，应在保持菜品风味特色的前提下，根据季节的变化进行调味。

（三）味觉美的技术表现

味觉审美并不局限于食物的滋味。一份菜肴不仅味道要好，而且在品尝时从原料的质地、加工、温度以及在咀嚼中的触觉都要有愉悦感。

1. 味觉的淡雅美

味觉审美是一种感性活动。在味觉审美的过程中，人们不断地发现美、追求美、体味美、创造美。清淡型调味强调质朴、自然的本味，能把人带进一种典雅、隽永的审美意境。淡雅美不等于淡而无味，不是越淡越好，而是指淡而有味、淡而不薄、淡中见雅。它不过多地依赖调味品，而是巧妙地运用原料的天然本味，调味品只起辅助和衬托作用。"寄至味于淡泊"。淡雅的美味对味觉的刺激虽然不大，但内涵丰富而细腻，能使人在品味中引发更多的联想和回味。

20世纪80年代，苏州作家陆文夫先生在他的《美食家》中，借书中人物朱自冶之口，对烹饪调味做了精辟的论述："说苏州菜除掉甜之外，最讲究的便是放盐。盐能吊百味，如果在鲃肺汤中忘记了放盐，那就是淡而无味，即什么味道也没有。盐一放，来了，鲃肺鲜，火腿香，莼菜滑，笋片脆。盐把百味吊出之后，它本身就隐而不见，从来也没有人在咸淡适中的菜里吃出盐味，除非你是把盐多放了，这时候只有一种味：咸。完了，什么刀工、选料、火候，一切都是白费！"[①]

2. 味觉的新奇美

善于调味、追求新奇是中国烹饪的一种艺术表现。追求新奇是人的天性，美常常与新奇联系在一起。在饮食中，新和奇的食物与菜品能引起人们更大的兴趣和更多的味觉美感。吃惯家常菜肴的人偶尔尝到饭店的菜肴会难以忘怀；旅游者总会在异地的传统食品和风味小吃中获得味觉的满足，留下美好的印象；外国朋友在品尝风味独特的中国菜肴时，都会表现出极大的兴趣。追求新奇的饮食心理使创新品种总是分外受人欢迎。

古今利用调味出新出奇的菜品是相当丰富的。在宋代林洪所撰的《山家清供》中有一种"酿菜"是相当精彩的，不仅口味新，造型也很奇异，此菜叫"蟹酿橙"，其制法是："橙用黄熟大者，截顶，剜去穰，留少液，以蟹膏肉实其内，仍以带枝顶覆之，入小甑，

---

① 陆文夫.美食家［M］.北京：人民文学出版社，2014：91.

用酒、醋、水蒸熟，用醋、盐供食。香而鲜，使人有新酒、菊花、香橙、螃蟹之兴。"[1] 这份菜肴的制作是颇具匠心的，通过单一味烹制，加之跟碟之调料佐食，在品尝时，其味无穷，别具一格。

 **知识链接**

火焰菜品

火焰菜品，即菜品装盘上桌前在盘内倒上酒类，点燃，菜肴在盘中，燃焰在菜肴四周（菜品与火焰相隔离），随火焰上桌，煽情造势，用以渲染餐桌气氛。

火焰菜品使用的酒类有白酒、洋酒和酒精等，火焰主要是用来烘托和陪衬菜肴的气势，以期先声夺人。其要求是火不影响菜，菜不接触火，并起到加热保温的作用。在具体运用过程中，一般菜品与火焰都用某一物料相隔离，具体表现方法有下列三种：

1. 用食盐相隔离

将食盐在锅中炒烫或烤烫，装入盛菜的盘中，略堆成馒头形，成"盐山"，号称"火焰山"。在烤得发烫的盐山上放置菜品，往往多用于贝壳类的菜肴，如响螺、田螺、生蚝、鲍鱼、鲜贝等。此类菜肴烹调成熟后仍放入原壳，装摆在盐山上。在盐山下倒上酒类点燃，再将菜品上桌，供顾客食用。

2. 用锡纸相隔离

用锡纸制成船形或长方形，以保持底不漏汁，折叠封闭严密，放入装菜的盘中。将带汤汁的菜品烹制好后，连菜带汁装入锡纸中，上桌前，在锡纸外放上酒精或酒，点燃火，燃焰入席；或用锡纸将整形菜品包裹严密，燃焰上桌后，用餐刀从中间划开食用。此类菜品，上桌气氛浓烈，还可起到保温作用。

3. 食用酒燃焰

选用串炸、串烤的菜肴，中间点燃食用酒（如白兰地、威士忌、朗姆酒等），预先安排好菜肴装饰、围边、点缀物，使造型多姿，外形美观。跟上调味与蘸的作料，边烧边吃，气氛热烈，其乐融融。

（资料来源：邵万宽．餐饮时尚与流行菜式［M］．沈阳：辽宁科学技术出版社，2001.）

第四节　菜品配器与装饰审美

一盘美味可口的佳肴，配上精美的器具，运用合理而得当的装饰手法，可使整盘菜肴熠熠生辉，给人留下难忘的印象。中国烹饪历来重视美食、美器的合理匹配。美食与美器两者是一个完整的统一体，美食离不开美器，美器需要美食相伴。

---

[1]　宋·林洪．山家清供［M］．北京：中华书局，2013：89.

一、菜品的配器审美

(一)饮食美器的历史变迁

饮食器具的演变,与社会生产力和烹饪技艺的提高密切相关。人们曾先后以陶、铜、铁、髹漆、金银、玉、牙骨、琉璃、瓷等质料制作烹饪器具,其中陶、铜、漆、瓷最为普遍。隋唐以后,继陶器、铜器、漆器而兴起的瓷器,耐碱、酸、咸,原料来源广泛,既能精工细作,又便于大量生产,于是成了制作食器的主要材料。商周以后,在上层贵族中与铜、漆、瓷器并行的还有金银、玉(包括玛瑙、水晶)、牙骨、琉璃等食器。因其价格昂贵,所以始终是帝王豪门的奢侈品,一般人是无缘问津的。

在器具的发展中,食器的发展变化较快。最初,食器主要因功能不同而分化。如因盛放主、副食的需要,出现了用以盛饭和羹的簋、簠、盨(xǔ),盛肉食的鼎、豆,盛汤的罐、钵,盛干肉的笾,盛放整牛、整羊的俎及盛放干鲜果品、卤菜和腊味的多格攒盒等。后来经过演变、规整,终于形成了现在的盆、盘、碟、碗等类餐具。

食器的美感也是促使食器翻新的重要因素。如新石器时代晚期的蛋壳黑陶镂空高柄杯,器壁薄如蛋壳,杯沿最薄处仅 0.1~0.2 毫米,器表富有光泽,胎质细腻,质地坚硬,是当时具有代表性的食器。又如近年西安何家村出土的金、银、玉、玛瑙、水晶、琉璃高级食器及《孔府档案》上所载的孔府餐具,其豪华和精美是一般人难以想象的。器、食之配合,既有一肴一馔与一碗一盘之间的配合,也有整桌宴馔与一席餐具饮器之间的和谐。杜甫诗中的"紫驼之峰出翠釜,水精之盘行素鳞。犀箸厌饫久未下,鸾刀缕切空纷纶"(杜甫《丽人行》),描绘的就是杨国忠与虢国夫人享用紫驼、素鳞这样华贵的菜肴,乃用翠釜烹饪而成,装在水晶般的盘中,用犀角所造的匙、箸食具。

有关美食、美器的论述,清代文学家、美食评论家袁枚在他所作的《随园食单》的"须知单"中,有专门一项"器具须知",他说道:"古语云:美食不如美器。斯语是也。然宣、成、嘉、万,窑器太贵,颇愁损伤,不如竟用御窑,已觉雅丽。惟是宜碗者碗,宜盘者盘,宜大者大,宜小者小,参错其间,方觉生色。若板板于十碗八盘之说,便嫌笨俗。大抵物贵者器宜大,物贱者器宜小;煎炒宜盘,汤羹宜碗;煎炒宜铁锅,煨煮宜砂罐。"[①]论述如此之精到,使人感受到美食与美器有机结合的价值。

(二)食器的发展与审美

中国餐具一直具有科学化与艺术化结合的优良传统。中国的餐具经历了陶器时代、青铜时代、漆器时代、瓷器时代等不同历史阶段,其共同的发展规律是不断追求卫生、安全、方便、经济和日益美化。

从工艺上看,有以食料的形象制作的象形餐具,如鱼形、鸭形、寿桃形、瓜形、螃蟹形、龙虾形等,形象逼真,栩栩如生;有各式各样的仿古餐具,其制作模仿古代餐具花纹、外形、特色,但制作工艺更精细,外形更美观、精良,如仿制青铜器时代的饮食器具,唐宋时代的杯、盘、碗等;各种现代化加工工艺生产的餐具不断涌现,如薄膜、纸质、无公害物质生产的餐具,即使使用传统的陶器、瓷器,其工艺、色质、耐用、美观都将达到完美的地步。

---

① 清·袁枚.随园食单[M].北京:中华书局,2010:16.

美食配美器，好的菜肴需要有好的盛器衬托，绿叶护牡丹，方能相得益彰。随着人们饮食观念的变化，不仅对菜肴有更高的要求，同时对餐具的质地、造型，以及器皿与菜肴配合的整体效果也有更高的观赏要求。古人云：美食不如美器。这并不是说菜肴的色、香、味、形不重要，而是从另一个方面强调了餐具在烹饪中的突出意义。我国烹饪素来把菜肴的色、香、味、形、器五大要素作为一个有机体看待，认为这五者是同等重要的。

二、菜品的装饰审美

菜盘装饰的目的，主要是增加宾客的食趣、情趣、雅趣和乐趣，收到物质与精神双重享受的效果。

（一）菜品的盘饰与审美

从象形冷盘到象形菜肴，随着人们的审美意识的提高，人们对菜肴的审美追求由菜肴本身的刀工、造型、美化进而发展到将造型、美化移植到菜体以外的盘边，在这些变化之中，应该说人们的思路宽了，制作技术更雅致了。纵观其发展，现代人对中国烹饪的"形"和"盘饰"加以重视的主要原因有以下几点：[①]

（1）随着社会的发展，人们的生活水平不断提高，人们的审美意识在日益增强，对饮食的追求上升到不仅要求吃饱，而且要求吃"好"。好看的菜品，便成为人们的追求目标。

（2）对外开放以后，中西饮食文化交流更为频繁，西方烹饪对菜点形态、盘饰的重视，影响着中国烹饪技艺。一些西方的盘饰、造型在中国内地一步步地发展起来。

（3）当今人们生活质量提高，更注重保健、方便的饮食风格。人们逐渐认识到，对菜肴长时间的摆弄，有损营养、卫生，而盘饰既美观、保营养，又变化多端，还可满足人们求新求变的需求。

（4）菜品作为商品，也需要有好的包装设计。适当的盘饰包装，可起到美化菜品、宣传菜品、使菜生辉的效果。

（二）菜品盘饰的类型

盘边装饰，根据菜肴特点，给予菜肴必要和恰如其分的美化，是完善和提高菜肴外观质量的有效途径。通常这种美化措施是结合切配、烹调等工艺进行的。近年来，美化菜肴的方法突出盘饰包装，为菜品创新开发了一条新渠道，把美化的对象由菜肴扩展到盛器，显示了外观质量的整体美，提高了视觉效应，起到了锦上添花的艺术效果。在菜肴盛器上装饰点缀，其美化方法从制作工艺上看有以下几种类型：

1.围边型

有平面围边和立雕围边两类。以常见的新鲜水果、蔬菜做原料，利用原料固有的色泽形状，采用切拼、搭配、雕戳、排列等技法，组成各种平面纹样图案或立雕图案围饰于菜肴周围。

2.对称型

利用和围边型同样的原料和技法，将平面纹样图案或立雕图案，摆饰于菜肴的两边，起点缀装饰作用。

① 邵万宽.菜点开发与创新［M］.沈阳：辽宁科学技术出版社，1999：157.

3. 中间型

将和围边型同样的原料制成的纹样图案或立雕图案，摆饰于盛器的中间起点缀作用，这类菜肴大多是干性或半干性成品，菜品围在点缀物的四周或两边。

4. 偏边型

将蔬果原料加工成纹样图案或立雕图案后，点缀于菜盘的一角或一边，菜品放于中间和另一边。

5. 间隔型

一般用作双味菜肴的间隔点缀，构成一个高低错落有致、色彩和谐的整体，从而起到烘托菜肴特色、丰富席面、渲染气氛的作用。

盘饰包装的合理配置，会使菜肴整体形成一种新的优美式样，产生一种新的意境，使盘饰后的菜肴显得清雅优美，更加诱人。

我们应清楚地了解，菜肴的盘边装饰只是一种表现形式，而菜品原料和品位则是菜肴的内容。菜肴的形式是为内容服务的，而内容是形式存在的依据。如果"盘饰"的存在只单纯让人欣赏，只突出"盘饰"的雕刻的技艺，而忽视菜肴本身的价值和口味，那就失去了菜品"盘饰"的真正意义。

（三）盘饰审美及其价值

盘饰不拘一格，可为菜品出新提供一定的条件。如将生菜切成细丝；用机器绞萝卜丝；用机器刨萝卜片卷制成花；用雕刻的萝卜花、番茄、黄瓜、甜橙、柠檬制成装饰物；用紫菜头、红辣椒、白菜心等制成各式花卉；用各种立体的雕刻等。适当地装饰可以给单调、呆板的菜肴带来一定的生机；和谐的装饰可以使整盘菜肴变得鲜艳、活泼而诱人食欲。

创新菜可以借助于优雅、得体的装饰而给人留下深刻的印象。讲究菜肴的盘饰包装，目的不在做菜肴的"表面"文章，而在于提高菜肴质量和饭店的整体形象。盘饰的主要作用有以下几种：

（1）使盘中菜肴活泼、生动，没有单调感，并且色彩美观。

（2）客人在品尝美味之余，可欣赏到饭店厨师的雕刻和装盘艺术，简单的片形蔬菜、水果还可直接食用和调节客人口味。

（3）每一盘菜肴都以各色雕刻花卉镶边，使客人感觉到饭店与菜肴的档次、水平，以及对客人的重视程度。

（4）盘边留一装饰处，可使菜肴盛装得更为饱满，并增强艺术效果。

通过盘饰包装，可以把一些杂乱无章的菜肴装饰得美观有序；可以把平凡的盛器映衬得高贵；可以把单调、黯淡的菜肴装点得光彩艳丽；可以使简单平庸的菜肴变得生机勃勃。不少蔬菜、水果的装饰，还可以供人们生食，作为荤食的配料，使菜肴营养搭配适宜。

"配壳增丰韵"的菜品装饰

配壳增丰韵类菜肴，即利用经加工制成的特殊外壳盛装各色炒、烧、煎、炸、煮等烹制成的菜肴。如配形的橘子、橙子的外皮壳，苦瓜、黄瓜制的外壳，菠萝外壳，椰子壳，用春卷皮、油酥皮、土豆丝、面条制成的盅、巢以及冬瓜、西瓜、南瓜等制成的盅外壳，等等。用这些不同风格的外壳装配和美化菜肴，可使一些普通的菜品增添新的风貌，达到出奇制胜的艺术效果。

1.土豆丝、粉丝、面条作巢

用土豆丝、粉丝、面条等制成大小不同的雀巢，也是吸引宾客的盘中器，将成菜装入巢壳中，再置于菜盘中，大巢可一盘一巢，供多人食用；小巢可每人一巢，一盘多巢。大巢可装入长条形、大片类的炒菜，如炒鳜鱼条、炒花枝片等；小巢可盛放小件炒菜，如虾仁、鲜贝等。制作大小雀巢，需运用适当的工具。小巢者，两把炒菜勺即可制成。在一把油锅烧烫的铁勺中，均匀地放上一层土豆丝或粉丝，再在丝上面放上另一把烧烫的铁勺，两勺相压后放入油锅，待丝定型后，即可脱下手勺，呈雀巢形。大巢需要两只带网眼的不锈钢盆，用同样的方法制成。若用面条需煮软后，排成一定的花纹，炸制成熟后，像编制的小篮、小筐，编排整齐有序，盛装菜肴，美观至极，增进食欲。

2.擘酥作皮

借鉴西餐包饼点心制作技术，运用擀、叠制成擘酥面团中的酥皮，制作成圆形、方形、菱形装的"酥盒"。在叠制好的生坯酥皮中间挖成一个空壳状，留底，烤制成熟后，可装入虾仁、虾球、鸽粒等料于酥盒内，上面再盖上酥盒盖。此乃中西合璧、菜点合一之典范。此菜的难度在于制作擘酥盒，取用油酥面（黄油制）和水油面两块，经冷冻、叠、擀等多种工序方能完成此酥层盒子。如酥盒虾花、酥盒鹌脯、酥盒海鲜等。这是各大饭店值得推广的高档次菜肴。

3.竹节（筒）、菠萝壳作器

竹节（筒）盛装菜肴，可以是炒菜，也可以是烧、烩、煮类菜，还可以装入羹类菜肴。大竹筒可一剖为二，亦可削成船形盛装菜肴。普通菜肴装进特殊的盛具，可使菜肴生辉添彩，如竹节云腿鸽、明炉竹节鱼、竹筒牛蛙、竹筒甲鱼，等等。竹节（筒）下有底座，上有盖子，整竹筒上席，外形完整，配上绿叶菜蔬点缀，确实风格独特。

将菠萝一切为二，挖去中间菠萝肉，留外壳，用微波炉或扒炉使壳内略加热后盛装各式炒、烧、炸肴，如菠萝鸭片、菠萝鱼块、咕咾肉、菠萝饭等，顶部有菠萝绿叶陪衬，若插上小伞、小旗，更具有独特的效果。

4.冬瓜、南瓜、西瓜作汤盅

取用冬瓜、南瓜、西瓜外壳作盘饰而制成的冬瓜盅、南瓜盅、西瓜盅，此名为"盅"，实为装汤、羹的特色深盘。它是配壳配味佳肴的传统工艺菜品，其瓜盅只当盛器，不作菜肴，在瓜的表面可以雕刻成各种图形，或花卉，或山水，或动物，可配合宴席内容，变化多端，美不胜收。瓜盅内盛入多种原料，可汤肴，可甜羹，可整只菜，多味渗透，滑嫩清香，汁鲜味美，多为夏令时菜。

用食品外壳配装菜品，可使较普通的菜肴增加特殊的风味，它能化平庸为神奇，达到出神入化的艺术境界。诸如此类配壳增丰韵的品种还有很多，如青红椒、椰子壳、香橙（橘）、香瓜盅、苹果盅、雪梨盅、番茄盅，等等。在菜肴制作中，如能合理运用、巧妙配壳，应是菜肴创新的一个较好思路。

（资料来源：邵万宽.菜品装饰可增辉［J］.烹调知识，2005（3）.）

第五节　中国菜品命名与评价标准

我国的许多品牌菜和特色菜都有一个好的菜名。一个响亮、上口、易记的菜名，不仅可提高商业推广价值，而且能诱发人们对菜品质量产生美好联想。因此，一款好的菜点，在注重质量的基础上，拥有美好的名称也是至关重要的。

一、菜品命名的方法

（一）菜品命名与审美

菜名之美，自古以来就是中国饮食文化的特色之一。如何巧妙利用菜名把饮食美带给广大顾客，这是一个艺术问题，也是值得人们去探讨的事情。菜肴的命名并非随心所欲，一是要名副其实，二是要引人食欲，三是要雅致得体，四是要耐人寻味。中国菜肴的命名，大致可归纳为写实和写意两类命名方法。

1. 写实法

写实法，如实反映原料搭配、烹调方法、菜肴色味香形，或冠以创始者、发源地等的名字，并大多突出主料名称。如主料加烹调方法的"清蒸大闸蟹""炸猪排"；主料加配料的"桃仁鸭方""虾子海参"；主料加调料的"咖喱鸡块""蚝油牛肉"；主料加品色的"翡翠虾仁""红扒鲍鱼"；主料加创始者的"东坡肉""宋嫂鱼羹"；主料加发源地的"北京烤鸭""东安鸡"；主料加盛器的"砂锅鱼头""吊锅牛腩"，等等。

2. 写意法

写意法，往往是针对食客搜奇猎异的心理或风俗人情，抓住菜品特色加以形容夸张，赋予奇妙的色彩，以引人注意。有的强调形象，如"金鸡唱晓""游龙戏凤"；有的渲染工艺奇特，如"三套鸭""熟吃活鱼"；有的借典故传说巧妙比附，如"霸王别姬""红娘自配"；有的引名胜风物抒发情思，如"柳浪闻莺""编钟乐舞"；有的是谐音双关，如蚝豉发菜叫"好市发财"、红枣桂圆叫"早生贵子"等。

（二）菜品命名的方向

一份菜单如果都是写实性命名，烩蘑菇、烧茄子、煮毛豆，确实让人感到单调乏味，但如若一味地花里胡哨，名称好听而不知所云，也让人反感。要将两者很好地结合，匠心独运，也是要动一番脑筋的。目前在菜品命名上需注意以下几个方面。[①]

---

①　邵万宽.菜品文化两方辨［J］.餐饮世界，2002（12）：23.

1. 菜品命名要保留、弘扬传统吉祥文化

中国传统吉祥文化中的"寓意菜"需继续保持和弘扬，以保持中国餐饮文化的独特个性和魅力。如鱼寓意"年年有余"，年糕寓意"年年高"，婚宴上的"龙凤呈祥"、寿宴上的"寿比南山"以及"佛跳墙""叫花鸡""全家福"等典故菜肴都是如此命名的。

例：百年好合：白莲子、百合同煮，谐音双关；宋嫂鱼羹：南宋流传下来的名菜；莼羹鲈脍：思乡菜，为古代典故菜；过桥米线：讴歌人间真挚情意的产物。

2. 菜品命名要名副其实，引申联想

在商业经营中，菜名不能名不副实，哗众取宠，不能违背商业道德准则。尽量做到名实相符、合理引申，在特色菜肴中，若菜名较为难懂，可配上简短的说明或写上实际的菜名，这样既会意传神，又让客人一目了然，两全其美。

例：年夜饭菜单：恭喜发财——发财银鱼羹；金玉满堂——墨鱼黄金粒；富贵金钱——金钱煎牛柳；合家欢庆——淮杞双鸽汤；幸福团圆——血糯八宝饭。

3. 宴会菜单突出宴会主题性和文化性

宴席，特别是主题宴会菜单可突出宴会的主题性和文化性，必要时做一些补充说明，明示菜品，供顾客品鉴。

例：1999 年"财富全球论坛"首日欢迎宴会菜单：风传萧寺香（佛跳墙）；云腾双蟠龙（炸明虾）；际天紫气来（烧牛排）；会府年年余（烙鱿鱼）；财用满园春（美点盘）；富岁积珠翠（西米露）；鞠躬庆联袂（冰鲜果）。此菜单为藏头诗，即本论坛主题"风云际会财富聚（鞠）"。

4. 中低档菜品命名要通俗、大众化

中低档菜品的名称要通俗、实在，要贴近生活，贴近大众，不能艰涩难懂、故弄玄虚，要做到雅致得体，力求科学性、独特性与时代性，提倡雅俗共赏的健康菜名。

例："全菱宴"菜单：红菱青萍、盐水菱片、椒麻菱丁、蜜汁菱丝、酸辣菱条、虾仁红菱、糖醋菱块、里脊菱蓉、才鱼菱片、鱼肚菱粥、酥炸菱夹、鸡蓉菱花、肉蒸菱角、拔丝菱段、莲米菱羹、红烧菱鸭、菱膀炖盆、菱花酥饼。

5. 抵制低级趣味菜名

坚决抵制低级趣味、有伤风化的怪异菜名，经营者不要一味地在菜名上下功夫而忘了商家的立足根本；积极捍卫餐饮文化的纯洁性，反对庸俗，唾弃糟粕。

6. 菜品命名可适当修饰，简洁传神

在菜品命名中，对菜品可做适当的修饰，既不影响菜肴的原意，又可增加其风格特色，使其写实、写意两者有机结合，但需注意控制其字数。根据消费者记忆的规律，菜品名称最好不要超过 5 个字，否则，太长不易记住。

例：荔枝鱼：鱼肴成菜后因其形、色近似荔枝，故名；龙凤腿：用虾、鸡制成鸡腿状，虾、鸡有龙凤之雅称；一品罗汉：此处以"十八罗汉"代称 18 种蔬菜；双凤回巢：造型会意菜，粉丝作巢，鸡肉与鸽肉谓之双凤；蝴蝶鳝片：鳝片去骨后批成蝴蝶片状；翡翠八珍羹：用翡翠色修饰八珍羹；将军蜜瓜条：用黑将军（黑鱼的传统说法）来代替黑鱼；绿茵走油肉：用绿茵代替绿色蔬菜；玲珑梅肉包：玲珑表示包子的小巧；迎宾灯笼鸡：用迎宾来描绘灯笼鸡片。

二、菜点命名的要求

菜点名称，如同一个人的姓名、一个企业的名称一样，同样具有很重要的作用，其名称取得是否合理、贴切、名实相符，影响着能否给人留下良好的第一印象。在为菜点取名时，不要认为这是一件简单的事情，要起出一个既能反映菜品特点，又能具有某种意义的菜名，才算是比较成功的。

（一）名实相符

菜点名称应根据其特点，并概括地把特点反映出来。名实相符，既是商业道德的要求，也有助于消费者了解其特点。菜点名称名不副实会引起消费者的反感，影响餐厅的声誉。那种以假乱真、哗众取宠、低级趣味的名称越来越被人们所唾弃，而货真价实、名实相副的菜品将受到广大消费者的欢迎。

（二）便于记忆

菜点名称应当言简意赅，易懂易记。菜名最好不要超过 5 个字，否则太长不易记忆。如"原盅水蟹蒸腊味糯米饭""荷香锡纸焗笋壳鱼""寿眉陈皮水浸白鳝""顶汤菜胆炖金钩翅"等菜品，每个菜名都在八九个字，实在让人难以记住。

菜品的名称应通过形、意、音的有机结合，创造出一个便于记忆的印象。3 个字、4个字、5 个字，符号少，容易记忆和辨识，自然容易使消费者熟悉、想起、记忆，从而提高菜品的知名度。如佛跳墙、咕咾肉、香辣蟹等菜名，小肥羊、小蓝鲸、大娘水饺品牌，容易记忆，迅速走红。

（三）启发联想

菜点名称应力求具有科学性、艺术性、趣味性、独特性，能够让消费者产生美好的联想，如对历史典故、风土人情、生活体验、美好事物、喜庆祝愿及未来生活等方面的联想，避免雷同和一般化。如果一个菜品的名称寓意深远，还能激发消费者的购买热情。

（四）促进传播

菜点名称应当雅俗共赏、朗朗上口、悦耳动听，这样消费者既乐意说，也愿意听，无形中就加速了传播过程，扩大了宣传面，凡是生僻、绕口、复杂、费解的字句，或者适用范围狭小的土语方言，都应加以避免。

三、中国菜品的评价标准

作为供食用的菜品，不同于其他产品，它必须具有明确的质量指标和基本要素。我国菜品质量评价标准主要有如下几个方面。

（一）基本要素

菜品制作过程中的关键性因素，主要包括菜品的安全、卫生、营养搭配、食用温度等方面。

1. 菜品的安全卫生

安全卫生是菜肴、点心最基本的评价要素，也是菜肴等食品所必备的质量条件。菜品安全卫生首先是指用于加工菜肴的原料是否有毒素，如河豚、某些蘑菇等就是含有毒素的食品；其次是指食品原料在采购加工等环节中是否遭受有毒、有害物质的污染，如化学有毒品和有害品的污染等；最后是食品原料本身是否存在由于有害细菌的大量繁殖，导致食物的变质等状况。这三个方面无论哪个方面出现了问题，均会影响到产品本身的卫生质量。因此，在加工和成菜中始终要保持清洁，包括原料处理是否干净，盛菜器皿、传递环节是否卫生等。避免不卫生因素的发生，最有效的方法就是加强生产卫生、储存卫生、销售卫生等过程的管理与有效控制。

2. 菜品的营养

鉴别菜品是否具有营养价值，主要看三个方面：一是食品原料是否含有人体所需的营养成分；二是这些营养成分本身的数量达到怎样的水平；三是烹饪加工过程中是否存在由于加工方法不科学，而使食品原有的营养成分遭到破坏的问题。

3. 菜品的温度

温度是体现食品风味的最主要因素。菜品的温度是指菜肴在进食时能够达到或保持的温度。不同的菜品有不同的温度要求。同一种菜肴、点心，由于食用时的温度不同，导致口感、香气、滋味等质量指标均有明显差异。许多菜肴热吃时鲜美腴肥，汤味浓香，冷后食之，口感冷硬。带汤汁的点心热吃时汤鲜汁香，滋润可口，冷后而食，则外形瘪塌，色泽黯淡，汤汁尽失。热菜品种无温度则无质量可言，因此，温度是评价菜品质量的基本要素。所谓"一热胜三鲜"，说的就是这个道理。虽然过去人们未将其单独列项，但是温度在今天人们评价菜肴出品质量时已经成为一个不可或缺的指标。这也是人们生活水平提高和评价体系完善的重要体现。

4. 生产操作要求

烹调操作者需衣帽整洁，操作前要洗手消毒，不戴戒指，头发干净，不留长胡须，不留长指甲，有良好的个人卫生习惯。保持工作场地清洁，现场物品摆放整齐有序，做好收尾工作。操作工具用品清洁专用，品尝用专勺，原料存储、切配、调味、装饰等环节坚持生熟分开。不得使用变质的原料，不得使用国家明令禁止使用的原料，不得使用人工色素，不得用铁丝、塑料、竹木等物品进行食品支撑或装饰（果蔬雕除外）。

（二）评价标准

中国菜品传统的评价标准主要是指菜品的色泽、香气、口味、造型、质感、盛器以及操作过程中的卫生标准等方面。

1. 菜品的色泽

外观色泽是指菜点显示的颜色和光泽，它包括自然色、配色、汤色、原料色等，菜点色泽是否悦目、和谐、合理，是菜点成功与否的重要一项。

热菜的色，指主、配、调料通过烹调显示出来的色泽，以及主料、配料、调料、汤汁等相互之间的配色是否协调悦目，要求色彩明快、自然、美观。面点的色，需符合成品本身应有的颜色，应具有洁白、金黄、透明等色泽，要求色调匀称、自然、美观。

2. 菜品的香气

香气是指菜点所显示的火候运用与锅气香味，是评价菜品好坏不可忽视的一个项目。美好的香气，可产生巨大的诱惑力，好的菜点要求香气扑鼻，香气醇正。嗅觉所感受的气味，会影响人们的饮食心理和食欲。

3. 菜品的口味

味感是指菜点所显示的滋味，包括菜点原料味、芡汁味、佐汁味等，是评判菜点优劣的最重要的一项。

热菜的味，要求调味适当、口味醇正、主味突出、无邪味、煳味和腥膻味，不能过分口咸、口轻，也不能过量使用味精以致失去原料的本质原味。面点的味，要求调味适当，口味鲜美，符合成品本身应具有的咸、甜、鲜、香等口味特点，不能过分口重口轻而影响特色。

4. 菜品的造型

造型包括原料的刀工规格（如大小、厚薄、长短、粗细等）、菜点装盘造型等，即菜品成熟后的外表形态。

菜肴的造型要求形象优美自然；选料讲究，主辅料配比合理；刀工细腻，刀面光洁，规格整齐；芡汁适中；油量适度；使用餐具得体，装盘美观、协调，可以适当装饰，但不得喧宾夺主，或因摆弄而影响菜肴的质量。凡是装饰品，尽量要做到可以吃（如黄瓜、萝卜、香菜、生菜等），特殊装饰品要与菜品协调一致，并符合卫生要求。装饰时生、熟要分开，其汁水不能影响主菜。面点的造型要求大小一致，形象优美，层次与花纹清晰，装盘美观。为了陪衬面点，可以适当运用具有食用价值的、构思合理的少量点缀物，反对过分装饰、主副颠倒。

5. 菜品的质感

质感是指菜品所显示的质地，包括菜点的成熟度、爽滑度、脆嫩度、酥软度等。不同的菜点产生不同的质感，要求火候掌握得当，每一菜点都要符合各自应具有的质地特点。除特殊情况外，蔬菜一般要求爽口无生味；鱼、肉类要求断生，无邪味，不能由于火候失当，造成过火或欠火。面点品种有爽、滑、松、糯、脆、酥等不同质感。要求使用火候掌握恰当，使每一面点符合其应有的质地特点。

6. 菜品的配器

恰如其分的餐具配备可使美味可口的菜肴更添美感与吸引力。不同的菜肴配以不同的餐具，要注意菜量的多与少，形状的整与碎、大与小，色泽的明与暗，菜品的贵与贱和餐具的形状、大小、质地、价值相匹配。对于特殊餐具，如煲、砂锅、火锅、铁板、明炉等制造特定气氛和需要较长时间保温的菜肴来说，对餐具盛器的要求更高。但不管是什么样的菜肴，如果餐具本身残缺不全，不仅无美感可言，而且食品的整体质量也会受到很大影响。

 本章小结

中国菜品的审美是多方位、多角度的。本章从菜品审美的方方面面加以分析和叙述。在菜品审美中，要把握菜品制作的基本原则，特别不能偏离"食用为主"的制作方向，在色、香、味、形、器、名俱佳的情况下，尤要重视食品卫生、安全这个前提，这是菜品审美要求的关键所在。

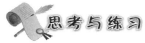 思考与练习

一、选择题

1. 烹饪色彩的运用不提倡的方法是（　　　）。

A. 食品天然色彩搭配法　　　　　　B. 色素加色法

C. 调料加色法　　　　　　　　　　D. 烹制起色法

2. 菜肴命名最好不要超过的字数是（　　　）。

A. 4 个字　　　　　B. 5 个字　　　　　C. 6 个字　　　　　D. 7 个字

3. 下列菜肴中属于"写意法"命名的是（　　　）。

A. 红扒鲍鱼　　　B. 桃仁鸭方　　　C. 霸王别姬　　　D. 东坡肉

4. 下列菜肴中属于"写实法"命名的是（　　　）。

A. 早生贵子　　　B. 宋嫂鱼羹　　　C. 金鸡唱晓　　　D. 三套鸭

5. 形成美食最基本的因素是（　　　）。

A. 色彩美　　　　B. 形状美　　　　C. 意境美　　　　D. 质地美

6. 菜品制作过程中最重要的因素是（　　　）。

A. 温度　　　　　B. 口味　　　　　C. 安全　　　　　D. 造型

7. 企业经营中对菜品的基本要求是（　　　）。

A. 精工细雕　　　B. 慢工出细活　　C. 讲究时效　　　D. 费工费时

8. 菜品盘饰的类型不包括（　　　）。

A. 围边型　　　　B. 对称型　　　　C. 间隔型　　　　D. 密集型

9. 在菜品温度方面，对热菜的要求是不低于（　　　）。

A.50℃　　　　　B.60℃　　　　　C.70℃　　　　　D.80℃

10. 对厨房生产者的个人卫生要求是（　　　）。

A. 勤洗手　　　　　　　　　　　　B. 不使用人工色素

C. 勤洗操作台　　　　　　　　　　D. 生熟分开

二、填空题

1. 在菜品审美中，食用与＿＿＿＿＿＿＿相结合，营养与＿＿＿＿＿＿＿相结合。

2. 在味觉美的技术表现中，味觉具有＿＿＿＿＿＿＿美和＿＿＿＿＿＿＿美。

3. 雕刻的形态种类主要有＿＿＿＿＿＿＿＿、＿＿＿＿＿＿＿＿、瓜盅与瓜灯雕刻、冰雕与琼脂冻糕雕。

4. 菜点命名的要求是：名实相符、便于记忆、＿＿＿＿＿＿＿、＿＿＿＿＿＿＿。

5. 香气是指菜点所显示的＿＿＿＿＿＿＿与＿＿＿＿＿＿＿。

6. 菜品的造型包括刀工规格、＿＿＿＿＿＿＿等，即菜品成熟后的外表形态。

三、名词解释

1. 味觉

2. 质感

3. 扣

4. 烹制起色法

5. 拼摆

四、问答题

1. 在菜品审美的要求中，必须把握哪些原则？食用与审美是一个怎样的关系？

2. 菜品色彩对人的饮食心理有何影响？

3. 在烹调过程中香气是怎样形成的？

4. 调味时可遵循哪些基本原则？

5. 味觉美的表现形式是怎样的？试举例说明味美的技术表现。

6. 如何进行菜品的装饰？食品卫生与盘边装饰两者之间如何协调？

7. 菜品命名的基本要求有哪些？试分别举例说明。

8. 目前在菜品命名上需注意哪几个方面？

第五章

中国烹饪风味流派

中国烹饪众多的风味流派争奇斗艳，各具特色。本章将从中国菜肴、面点两大系列出发，分别阐述全国各地方风味的形成与特点。通过学习，可以从中了解到各个省、市、自治区的烹饪特点和各具特色的地方风味菜点，寻找到中国各风味流派的制作精髓。

学习目标

通过学习本章，要实现以下目标：
- 掌握四大代表风味的主要特点
- 了解其他风味的基本特色
- 了解中国面点三大风味流派的特点
- 了解各地方风味的代表菜肴和面点品种

中国烹饪举世闻名，其重要的一点就是多种多样的风味竞放异彩。不同的地理环境与气候，提供不同的饮食资料，形成不同的饮食习惯与文化。就活动在长城之内的汉民族而言，以秦岭至淮河流域为界，黄河与长江流域不同的农业生产环境，影响了南稻北粟的主食文化的形成。战国以后，麦子的普遍生产与磨制工艺的改良，使粒食与粉食的主食文化逐渐固定，至今仍未改变。不同的主食配以不同的副食，而有南味北味之别。徐珂《清稗类钞》云："食品之有专嗜者焉，食性不同，由于习尚也。兹举其尤，则北人嗜葱蒜，滇、黔、湘、蜀人嗜辛辣品。粤人嗜淡食，苏人嗜糖。"[①] 口味的不同，形成了全国各地的不同的烹饪风味流派。

第一节　地方风味的形成原因

我国古代多用"菜帮"或"帮口"来称谓地方风味。因为在商业经营中曾流行行会，而饮食经营者为了经营之故，自然地也结成行帮，以便在经营中能够相互照应。如从事

---

① 清·徐珂.清稗类钞（第十三册）[M].北京：中华书局，1986.

山东风味菜肴制作的厨师就称为"鲁帮"师傅或"山东帮"师傅，而烹制的风味菜肴称为"鲁菜"或"山东风味菜"。历史上在大城市开办的餐馆，大多在店牌上冠以地方风味的地名，如川菜馆、江苏酒家餐馆、山东饭店等，以示餐馆经营的风味特色。现在，地方风味大多习惯以"菜系"相称，这是近五十年出现的新词。古之"帮口"，今之"菜系"，名称虽然不同，但在反映我国地方菜肴风味特色的差异这一点上却是一致的。

我国地方风味的萌芽是在先秦时期，虽然当时社会生产力比较低下，但已有了商业比较发达的都邑。朝歌牛屠，孟津市粥，宋城酤酒，燕市狗屠，鲁齐市脯，都是当时饮食业的雏形。当然，地方风味的形成原因是多方面的，既有历史的因素，又有自然的因素，既有物质条件方面的因素，又有文化方面的因素等。

一、自然的原因

在我国现存最早的医学专著《黄帝内经》中的《素问·异法方宜论》（卷四）中云："东方之域，天地之所始生也，鱼盐之地，海滨傍水，其民食鱼而嗜咸，皆安其处，美其食。……西方者，……其民陵居而多风，水土刚强，其民不衣而褐荐，其民华食而脂肥，故邪不能伤其形体……北方者，天地所闭藏之域也，其地高陵居，风寒冰冽，其民乐野处而乳食……南方者，天地之所长养，阳之所盛处也，……其民嗜酸而食胕……中央者，其地平以湿，天地所以生万物也众，其民食杂而不劳。"[①]这段远古时期的文字表明：五方之民的地理环境、气候、物产、饮食风俗是构成各地菜肴特色的物质基础。

自然地理的不同、气候水土的差异，必然形成物产的不同，食俗的不同，而这正是地方风味菜品的重要物质基础和重要先决条件。我国各地方风味特色充分说明了这一点。四川物产富饶，不仅禽兽佳蔬品种繁多，而且土特产也十分繁多。加之四川地处盆地，多雾气重湿润，故人们嗜辛辣，习以为俗，逐步形成了川菜的干烧、干煸及调味重鱼香、麻辣、怪味、椒麻等特色。广东地处岭南，夏季长，冬季暖，气温偏高，烹饪上故逐渐形成了清淡、生脆、爽口的风味特色。江苏地处长江下游，湖泊众多，江海相连，水产富足，禽蔬独特，被誉为鱼米之乡，形成了擅长烹制河鲜、喜食水产的饮食风俗。山东地处黄河下游，东部海岸漫长，盛产海鲜，鲁菜以海味取胜闻名遐迩历时几千年。湘菜以辣味和熏腊为一大特色，这是因为湖南大部分地区地势偏低、温热而潮湿，人们因而喜食辣椒，起提热祛湿祛风之功效。安徽山区较多，山泉广布，矿产丰富，人们喜用木炭、砂锅烧炖食品，汤汁浓醇，所以形成徽菜重油、重色、重火功的特色。浙江是江南著名水乡，其湖河密布、景色秀丽，在这种自然条件下，形成了浙菜鲜香滑嫩、清爽脆软的特色。福建地处我国东南沿海，海产品颇多，因此烹制海味菜出类拔萃。总之，自然条件可使地方风味带有浓厚的口味特色、习俗特色和菜肴品种特色。

二、社会的原因

（一）政治方面的原因

从历史上看，一些古城名邑曾是国家政治、经济和文化的中心，人口相对集中，商业

---

① 黄帝内经·素问［M］.北京：人民卫生出版社，1963：80.

较繁荣，加之历代统治者讲究饮食，皇宫御宴、官府宴请、商贾筵宴都刺激了当地烹饪技艺的提高和发展。另外，经济的繁荣、商业的兴旺、文化的发达、礼仪习俗的讲究，必然使这些地方的饮食向高质量、高水平、高标准发展，因此地方风味也逐渐在以政治为中心的都邑中形成和完善。

（二）经济方面的原因

生产力的发展促进经济繁荣，随之市场贸易、市肆饮食也就相应的兴旺，从而给饮食业提供了物质条件和经营对象，这是地方风味形成和发展的重要条件。例如江苏菜系中的淮扬风味的形成就是如此。扬州自古就是东南重镇，经济发展较早，隋唐后成为中国南北的交通枢纽，经济十分繁荣兴旺，富商大贾"腰缠十万贯"来扬经商，扬州成为我国重要的商埠和经济中心，故淮扬风味曾风靡全国，影响深远。但其后随着历史的变迁，今日扬州已是江苏的一个省辖市，所以其影响远不及历史上深远。

（三）文化方面的原因

我国优秀的文化传统对地方风味的形成起了重要的作用。历史上许多文学家在作品中记珍馐，写宴饮，编定饮食典章，创立烹饪理论。如江苏菜系，江苏自古繁华富庶，文人荟萃，文化不仅开发早，而且水平高，省内多文化名城，文人墨客吟诗作词使苏菜影响较远，为江苏之地留下了不少烹饪专著和风味菜点。南朝时诸葛颖写了《淮南王食经》，元代画家倪瓒著有《云林堂饮食制度集》，明代吴门韩奕著《易牙遗意》，华亭宋诩撰《宋氏养生部》，清代袁枚在南京写下了《随园食单》，李斗编撰了《扬州画舫录》，这些都为江苏风味的研究发展起到了重要作用。至于涉及或记载江苏名菜、名点、名厨、名店的历代典籍、史书、诗词更是汗牛充栋，不可胜数，它为江苏地方风味菜的形成、发展起了促进和推动作用。

（四）交通方面的原因

历史上交通发达的地区，大都人口集中，贸易繁荣。交通的发达促进了饮食的发展。如广东一直是我国南方门户，是与海外通商的重要口岸，在长期的经济交往和文化交流中，各地的烹饪技法、国外的一些烹饪技法陆续传入广东，对广东地方风味的形成和发展产生了较大的影响，从而形成了今日闻名的粤菜风味。

三、宗教的原因

在中华文化漫长的历史进程中，除中国本土教派以外，还吸纳过多种来源于异国他邦的宗教。在它们当中，尤以来源于南亚次大陆的佛教、中国本土生长的道教和北方众多民族的伊斯兰教对于中华文化的影响最为深远。

不同的宗教不仅包含着深刻的哲理思辨、人生理想、伦理道德、艺术形式，就连人们日常饮食生活中也留下了不同宗教信仰的深深印迹。事实上，在世界各民族的历史上，成熟宗教的出现，无不给该民族的社会生活带来巨大的影响。如佛教的戒律中有反对食肉、反对饮酒、反对吃五辛（葱、薤、韭、蒜、兴蕖）的条文；道教主张少食辟谷、拒食荤腥；伊斯兰教的饮食禁食猪肉、驴肉、狗肉，禁食自死的动物、血液以及未诵安拉之名而宰杀的动物，禁食无鳞鱼和凶狠食肉、性情暴躁的动物等。这些宗教信仰各异，并都拥有大批的信徒。由于各个宗教的教规教义不同，信徒的生活方式也有区别，因此不同宗教的饮食禁忌差别很大。至于食礼、食规等习俗，更是千百年来习染熏陶造成的，并有稳固的传承性。人们在宗教文化的影响下，其膳食体系形成了独特的风格，使其饮食的宗教特色更加鲜明。

知识链接

各地风味与《口味歌》

在中国各地流传着好几个版本的《口味歌》，其中有两首内容如下：

安徽浓、河北咸，福建浙江咸又甜；宁夏河南陕青甘，又辣又甜外加咸；
山西醋、山东盐，东北三省咸带酸；黔赣两湖辣子蒜，又麻又辣数四川；
广东鲜，江苏淡，少数民族不一般；因人而异多实践，巧调能如百人愿。

南味甜北味咸，东菜辣西菜酸；南爱米北喜面，沿海常食海鲜；
辣味广为接受，麻味独钟四川；劳力者重肥厚，劳心者轻咸甜；
少者香脆刺激，老者烂嫩松软；秋冬偏于浓厚，春夏偏于清淡；
悉心体察规律，尊客随机应变。

这两首《口味歌》说明，中国幅员广袤，地理环境千差万别。各地地形地貌不同，气候不同，物产不同，口味不同，这是产生和形成地方风味的最重要的原因。

第二节 中国菜肴的主要流派

一、黄河流域的山东风味

　　山东风味菜，简称鲁菜。山东素以"齐鲁之邦"著称，是中国古文化的发祥地之一。鲁菜发端于春秋战国时代的齐国和鲁国，形成于秦汉，元、明、清三代，盛名于北方，是北方菜的优秀代表。早在夏代，当地居民就已经掌握了用盐调味的方法。春秋时齐国出了一个烹饪大师——易牙，他知味并长于辨味，能用煎、熬、燔、炙等多种技法精心调味制作菜品。鲁国的孔子提出了"食不厌精，脍不厌细"的饮食观，并从烹调的火候、调味、饮食卫生、饮食礼仪等多方面提出了主张，说明当时的烹饪水平达到了相当的高度，儒家经典《礼记·内则》对鲁菜烹饪风格的形成有着极其重要的影响。秦汉以后，山东的烹饪技艺在全国已经处于领先地位，在原料选择、宰杀、洗涤、切割、烤炙、蒸煮等各方面分工精细，并出现了较大的宴饮场面。据《齐民要术》载，南北朝时期，黄河中下游地区，特别是山东地区的北方菜肴品种已达上百种，当时的烹调方法已达十几种，调味品种类较多，出现了烤乳猪、蜜煎烧鱼、炙肠等名菜。后经唐、宋、金等各代厨师的丰富和改进，在元代以后鲁菜逐渐成为北方菜的代表。明清时期，它又成了宫廷菜肴的主流，成为皇帝

和后妃们的御膳珍馐，同时占据了华北、东北、京津等地饮食行业的霸主地位，成为我国影响最大的菜系之一。

山东地处我国东部的黄河下游，气候温和，胶东半岛突出于黄海和渤海之间，海岸蜿蜒曲折，海洋渔业十分发达，海产品以其名贵而驰名中外。如海参、对虾、加吉鱼、鲍鱼、西施舌、扇贝、海螺、鱿鱼、乌鱼蛋等品种多而质量优。山东境内山川纵横，河湖交错，因而水产品也极其丰富，如黄河的鲤鱼、泰山的赤鳞鱼以及莲、藕、菰、蒲等，都是优质特产。黄河自西向东穿过，形成大片冲积平原，沃野千里，物产丰富，交通便利，因而棉油禽畜，时蔬瓜果，种类多，品种好，如胶州的大白菜、章丘的大葱、烟台的苹果、苍山的大蒜、莱芜的生姜、莱阳的梨、烟台的紫樱桃以及省内盛产的花生等，都是著名的特产。省内富饶的物产，为鲁菜的烹饪提供了取之不尽的物质资源。

山东境内地貌差异较大，东滨沿海，中部高山丘陵众多，西北部则是广阔的平原，加上物产、习俗的不同，因此在长期的发展中形成了由内陆的济南菜和沿海的胶东菜以及由自成体系、精细豪华的曲阜"孔府菜"所组成的山东菜系。其风味体系由以山珍海味为主要原料的高档菜、要求原料珍贵完整的宴席菜和经济实惠的民间便餐菜等菜式构成。鲁菜讲究调味醇正，口味偏于咸鲜，具有鲜、嫩、香、脆的风味特色，擅用葱蒜烹制菜肴，多以鲜活海味的原味和吊制清汤调味取鲜。常用的烹调技法有30种以上，尤以爆、㸆、扒技法独特而专长。"爆"法讲究急火快炒，火候掌握细致入微。"㸆"的技法为鲁菜独创，原料经腌渍或夹入馅心，再沾粉或挂糊，用油煎黄两面，再放调味，慢火㸆尽收汁。"扒"菜加工讲究，成品齐整成型，味浓质烂，汁紧稠浓。鲁菜讲究丰满实惠，这是山东人朴实的性格和好客的习俗所决定的。小吃多源于民间，以其品种多样、方法多变、技术高超、经济实惠而闻名于世。其代表名菜有：清汤燕菜、白汁裙边、绣球干贝、珊瑚蛎黄、扒鲍鱼龙须菜、炸赤鳞鱼、清蒸加吉鱼、油爆双脆、油爆海螺、锅㸆豆腐、德州扒鸡、炸蛎黄、九转大肠、烩乌鱼蛋、奶汤蒲菜、吊烧肘子、木樨蚬子、双包鱿鱼、家常熬黄花鱼、拔丝山药等。

鲁菜风味的影响遍及黄河中下游及其以北广大地区，除山东、北京外，天津、河北及东北三省也以鲁菜为主。因此，鲁菜是我国覆盖面最广的地方风味菜系。

二、长江中上游的四川风味

四川风味菜，简称川菜。四川自古有"天府之国"的雅称，四川菜是巴蜀文化的一个组成部分。据考证，早在5000年前，巴蜀地区已有早期烹饪。川菜发源于古代的巴国和蜀国，萌芽于西周至春秋时期，西汉至两晋，川菜已初具轮廓。战国时，由于都江堰排灌水利工程的修筑成功，川西平原变成了千里沃野，物富民殷，成了"天府之国"。当地丰富而独特的物产，为川地烹饪的发展奠定了雄厚的物质基础。西汉扬雄的《蜀都赋》对川菜的烹饪原料、烹调技巧和筵席情况，做过不少详细的描述。东晋史学家常璩的《华阳国志》中，首次记述了巴蜀人"尚滋味""好辛香"的饮食习俗和烹调特色。唐宋时期川菜已开始以其独特的风味赢得各地人们的赞美和称颂。当时的许多名家诗文中常见的有对"蜀味""蜀蔬""蜀品"的赞美之词。在这一时期，川菜已开始流向全国许多大城市。到宋、明两代，风格更加突出。在北宋都城的饮食市场中出现了专营四川风味菜肴的菜馆、饭店。到清代，川菜已成为一个地方风味十分浓郁的菜系。罗江人李化楠所著的《醒园录》一书，曾系统地介绍了川菜的 38 种烹饪技法，还收集了部分食谱。据《成都通览》记载，清末时四川首府成都的各种菜肴和风味小吃，已经有 1328 种之多。中华人民共和国成立后，川菜更得到充分的拓展，成为一种影响很大的风味菜系，如今川菜馆已遍及全国各地和世界许多国家、地区。

四川境内气候温湿，江河纵横，沃野千里，六畜兴旺，菜圃常青。得天独厚的自然条件和丰富的物产资源，对川菜的形成和发展，是极为重要而有利的。当地盛产粮油佳品，蔬菜瓜果四季不断，家禽家畜品种繁多，水产品也不少，如江团（长吻鲍）、肥沱（圆口铜鱼）、腊子鱼（胭脂鱼）、鲟鱼、鲶鱼、东坡墨鱼（墨头鱼）、岩鲤、雅鱼、石斑鲱等，品质优异。山珍野味有虫草、竹荪、天麻、银耳、魔芋、冬菇、石耳、地耳等，还有许多优质调味品，如自贡井盐、内江白糖、阆中保宁醋、永川豆豉、郫县豆瓣、德阳酱油、茂汶花椒、新繁泡辣椒等。

川菜由成都菜（称上河邦）、重庆菜（称下河邦）、自贡菜（称小河邦）和具有悠久历史传统的素食佛斋组成。其风味菜系由宴席菜、便餐菜、家常菜、三蒸九扣菜、风味小吃五大类构成。川菜的风味特点在相当大的程度上得益于四川山野河川的特产原料。川菜味美、味多、味浓、味厚，具浓、重、醇、厚兼及清鲜的特点，有"一菜一格，百菜百味"之美誉，并因地理、气候等因素，善用辣椒、花椒调味，家常风味以麻、辣、香著称，尤以麻辣、鱼香、怪味、家常、椒麻等味型独擅其长。常用的烹调技法有近四十种，最长于小炒、干煸、干烧等技法。小炒不过油，不换锅，急火短炒，芡汁现炒现兑，一锅成菜，嫩而不生，滚烫鲜香；干煸技法成菜，味厚而不酽，干香化渣，久嚼而不乏味；干烧菜肴系小火慢烧，用汤恰当，不用芡，自然收汁，汁浓亮油，味醇而鲜。川味小吃用料广泛，技法多样，工艺精细，调味独特，不仅随街可吃，且常配入宴席之中。其中代表菜有：一品官燕、樟茶鸭子、家常海参、干烧岩鲤、鱼香肉丝、水煮牛肉、虫草鸭子、清蒸江团、宫保鸡丁、麻婆豆腐、灯影牛肉、棒棒鸡、砂锅雅鱼、糖醋东坡墨鱼、豆瓣鲫鱼、回锅肉、毛肚火锅、竹荪肝膏汤等。

川菜风味影响及于长江中上游地区，并旁及云南、贵州和湖南、湖北、陕西部分地区。除在国内南北各城市普遍流行外，还流传到东南亚及欧美等三十多个国家和地区，是中国地方菜中辐射面很广的地方风味之一。

三、长江中下游的江苏风味

江苏风味菜，简称苏菜，又称淮扬菜。江苏自古富庶繁华，文人荟萃，商业发达，素有"鱼米之乡"美称。据史料记载，远在帝尧时代，就有名厨彭铿因制野鸡羹供尧享用而被封赏，赐封城邑。夏后时，有"淮夷贡鱼"之说，说明当时的淮鱼已是很有名气的美味佳肴。商汤时，江南佳蔬已扬名天下，并已进入了宫廷的大雅之堂。春秋时，调味圣手易牙在江苏传艺，并创制了名馔"鱼腹藏羊肉"。汉代淮南王刘安，在江苏发明豆腐。隋炀帝开辟大运河后，扬州成为南北交通枢纽和重要商埠。从隋唐到清末的 1600 多年时间里，扬州古城一直极其繁华昌盛。江苏人文荟萃，善知味者世代有之，故烹饪典籍多出此处，如南朝梁代建康人诸葛颖的《淮南王食经》，元代无锡人倪瓒的《云林堂饮食制度集》，明代吴门人韩奕的《易牙遗意》，清代袁枚的《随园食单》等，对推动江苏菜烹饪技艺的提高，促进苏菜发展，扩大苏菜影响，都起了很大的作用。明清时期，许多官僚、文人、富豪、盐商在江苏定居，盐运使设扬州，漕运使设淮阴，舟楫所经，必须碇泊，商贾云集，经济繁荣，由此带来了餐饮烹饪事业的发达，使苏菜南北沿运河、东西沿长江的发展更为迅速。其东边临海的地理交通和商业贸易等条件促进了苏菜进一步向诸方皆宜的特色发展，并扩大了江苏菜在海内外的影响。

江苏地处长江下游，东濒黄海，南临太湖，长江东西相穿，运河南北相通，境内湖泊众多，河汊密布，气候温和，土地肥沃，交通便利，动植物水产资源丰富，有各种粮油珍禽、鱼虾水产、干鲜名货、调料果品。著名海产品有南通的竹蛏、吕四的海蜇、如东的文蛤、连云港的对虾等。淡水产品有长江鲥鱼、刀鱼、鮰鱼、太湖白虾、梅鲚、银鱼、阳澄湖清水大闸蟹、南京六合的龙池鲫鱼等。一年四季芹蔬野味种类繁多，著名的有金陵野蔬芦蒿、菊花脑、荠儿菜、木杞头、矮脚黄青菜，宿迁的金针菜，泰兴白果，宜兴板栗、毛笋、无锡油面筋、小箱豆腐、茭白等。至于调料，如淮北海盐、镇江香醋、太仓糟油、泰州麻油，皆是个中佳品。丰富的物产，为江苏的繁荣奠定了坚实的物质基础。

苏菜由今淮扬（淮安、扬州）、金陵（南京）、苏锡（苏州、无锡）、徐海（徐州、连云港）四大地方风味组成。其菜式风味体系由用料讲究的船宴和船点、南朝梁武帝提倡吃素时发展起来的素食斋宴菜和主料同类的全席菜以及多种不同风格的宴席菜组成。苏菜选料不拘一格，用料物尽其用，因材施艺，制作精细，四季有别，擅用水产鱼虾。在烹调上，注重火工，并以炖、焖、煨、焐见长，重视泥煨、叉烤；调味特别注重清鲜，咸中稍甜，菜肴力求保持原汁，注重本味，并具有一物呈一味，一菜呈一味；讲究调汤，其汤清则见底，浓则乳白，浓而不腻，淡而不薄，酥烂脱骨而不失其形，滑嫩爽脆而不失其味。江苏民间菜肴广集乡土原料，具有浓厚的鱼米之乡特色。其中代表菜有：叉烤鸭、盐水鸭、香料烧鸭、五柳青鱼、凤尾虾、清炖蟹粉狮子头、拆烩鲢鱼头、鸡汁煮干丝、炒软兜、炝虎尾、水晶肴蹄、清蒸鲥鱼、松鼠鳜鱼、碧螺虾仁、鲃肺汤、干炸银鱼、酱汁排骨、虾仁锅巴、鱼皮馄饨、荷叶焗鸡、叫花子鸡、雪花蟹斗、霸王别姬等。

苏菜风味影响及于鲁西、长江中下游和东南沿海一带，除江苏外，还影响到上海、浙江、江西、安徽等广大地区。苏菜是中国地方菜中适应面很广的风味之一。

四、珠江流域的广东风味

广东风味菜，简称粤菜。粤菜发源于岭南。先秦时期，岭南尚为越族的领地，聚居于广东一带的百越族人善渔、农，尚杂食，故杂食之风甚盛。自秦始皇南定百越建立驰道以后，岭南的经济文化得到很大发展，虽然当时的饮食烹饪还较简单，但已受到中原饮食文化的影响，杂食之法更加发展、完善。三国至南北朝，中国战乱频仍，汉人纷纷南移，使粤菜再一次受到中原饮食文化促进，烹调技艺得到较大提高和发展。但粤地杂食之风一直保持，而且由于引进和采用各种新的烹饪技术，于此形成了广东岭南的饮食风格特点。西汉的《淮南子》中说："粤人得蚺蛇，以为上肴。"晋代张华的《博物志》记载："东南之人食水产"，"龟、蛤、螺、蚌为珍味"。南宋周去非的《岭外代答》一书中曾这样记载粤人："不问鸟兽虫蛇，无不食之。"汉魏以来，广州一直是中国的南大门，是与海外通商的重要口岸；当地的社会经济因此而繁荣，广东的烹调技艺也由此得以不断充实和完善，其独具的风格日益鲜明。明清时期曾大开海运，对外开放口岸，广州商市得到进一步繁荣，饮食业获得长足发展。城内酒楼林立，官绅富商筵宴不断，粤菜借此之势飞速发展，终于形成了熔南北风味于一炉，集中西烹饪于一体的独特风格，并在各大菜系中脱颖而出，名扬海内外。

广东特殊的地理条件和物产资源，对粤菜风味的形成具有极其重要的影响。广东地处东南沿海，属热带亚热带地区；珠江三角洲平原河网密集，纵横交错；岭南山区岳陵岗峦错落；沿海岛屿众多，所以物产丰富，动植物品类繁多，这些天赋条件为粤菜用料广博奇异、鸟兽蛇虫均可入馔的特殊风格奠定了物质基础。飞禽中的鹧鸪、鹌鹑、乳鸽等都列于菜谱之中；当地特产蛇、狸、猴、猫等野生、家养动物制成佳肴；取蜗牛、蚂蚁子、蚕蛹制成美馔。浩瀚的南海，为粤菜提供了许多海鲜珍品，如鳊鱼、鲈鱼、鲟鱼、鳜鱼、石斑、对虾、龙利、海蟹、海螺等。

粤菜由广州菜、潮州菜和东江菜组成，以广州菜为代表。温热的气候条件，决定了粤菜清鲜、爽滑、脆嫩的风味特点；崇尚现宰现烹现食的方法，讲究清而不淡，鲜而不俗，脆嫩不生，油而不腻。粤菜用料奇异广博，烹调技艺多样善变，形成了一些独特的烹调技法，如煲、燺、焗、泡、烤、炙等；还善于吸收和借鉴外来技法，加以改进、发展、提高。如泡、扒、爆、余是从北方菜系中移植而来的；焗、煎、炸是从西菜借鉴而来的，但它们在粤菜中都已经被改造，成为不同于原有方法的特殊技法。运用特殊调味品制作菜肴是粤菜的一大特色，如蚝油、鱼露、柱侯酱、沙茶酱、豉汁、西汁、糖醋、煎封汁、咖喱粉、柠檬汁、果汁等，这为粤菜的独特风味起到了举足轻重的作用。其中代表菜有：烤乳猪、龙虎斗、东江盐焗鸡、沙茶涮牛肉、明炉烧螺、糖醋咕咾肉、蚝油牛肉、东江瓤豆腐、大良炒鲜奶、白云猪手、佛山柱侯鸡、竹仔鸡煲翅、红烧大群翅、炊鸳鸯膏蟹、脆皮鸡、烩蛇羹等。

粤菜风格影响遍及珠江流域地区，除广东外，旁及广西、福建、海南等地区，辐射到中国台湾及南洋群岛。粤菜餐馆遍布世界各地，特别是在东南亚及欧美各国的唐人街，粤菜馆占有重要的地位。

五、五方杂处的北京风味

北京风味菜，简称京菜。北京自古为中国北方重镇和著名都城，作为全国的政治、经济、文化中心，历时将近千年。其间，"京师为首善之区，五方杂处，百货云集"，资源丰富。在这样的历史背景下，北京饮食文化高度发达、烹饪技艺博采众长。

北京很早就是中华各民族杂居相处的地方，加之其独特的地理条件，使得北京的饮食具有多种民族风格特色。其中，山东风味对北京菜影响极大。清代初叶，山东风味菜馆在京都占据了主导地位。不仅大饭店，就连一般菜馆甚至街头的小饭铺，也以鲁菜居多。在经营中，为了适应京都的饮食习惯，山东菜馆吸收了清代的宫廷菜、王公大臣的家庭菜的特点，与原来的鲁菜风味不再完全相同，由此构成了北京菜的另一个特色。在此基础上，北京菜同时也吸收了南方菜（如江苏、四川、广东、福建）的技法，再加上西菜的引进，各地著名风味和民族饮食风尚在这里相互影响、融合，逐渐形成了以宫廷菜、官府菜、清真菜和改进的山东菜为四大支柱的北京菜体系。

北京风味菜的形成，除历史的原因外，与当地所拥有的丰富繁多、品质优良的食品原料也有很大关系。北京地处华北平原的北部，临近渤海，淡水产品、海鲜产品几乎应有尽有；南部是冀鲁豫大平原，土地肥沃，盛产粮油，六畜兴旺；西北依山，盛产干鲜果品。尤其是 21 世纪以来，北京周边地区和市郊农副产品集约化种植发展很快，菜园、果圃、农田连片，四季花果蔬菜不断，为北京的发展提供了十分优越的物质条件。

京菜的主要特点是：原料广收博取，集各地原料之精品，丰富多彩；融合了汉、满、蒙、回等民族的烹调技艺，技法多样，主要有爆、烤、涮、炸、熘、烩等，尤以烤、涮最有特色；京菜汲取了全国主要地方风味，尤其是山东风味，继承了明清宫廷肴馔的精华，其口感特点已由过去讲究味厚、汁浓、肉烂、汤肥，向着近年来注重清、鲜、香、嫩、脆的方向转化，并讲究火候的掌握、形色的美观和营养的平衡。其代表菜有：北京烤鸭、涮羊肉、白煮肉、罗汉大虾、砂锅羊头、它似蜜、醋椒鱼、酱汁活鱼、烩鸭四宝、潘鱼、酱爆鸡丁、油爆肚仁、三不粘、桃花泛、糟熘三白、锅爆鲍鱼盒、炸佛手卷等。

六、国际都会的上海风味

上海风味菜，简称沪菜，又称海派菜。上海是我国重要的工商业城市，人口众多，外商云集，经济繁荣。上海本地菜在不断吸收外来饮食特色的同时，利用本地的物产资源，创制了许多具有当地风味特色的菜肴，形成了上海本帮菜。

鸦片战争以后，上海被辟为重要的商埠。大批工厂的建立，大工业的迅速发展，使上海人口陡增。同时，商业也不断发展以适应城市的需要，商业饮食店铺林立。于是，京、川、粤、扬、苏、锡、杭、甬、鲁、闽、潮、徽、湘及清真、素菜等各帮菜系相继在沪落户，同时西菜也较早地进入上海。这些外帮菜在上海经过 100 多年，逐步地入乡随俗，其成分不断发生变化，形成了上海菜的另一个部分——上海色彩的外帮菜。它在上海的饮食烹饪格局中占有绝对的优势。这就使上海菜具有了风味比较齐全、品种比较丰富的特点。

在历史的发展中，上海本地菜充分吸收外帮各菜的长处，灵活借鉴西洋的烹饪技法，融会贯通。它由海派江南风味、海派北京风味、海派四川风味、海派广东风味、海派西菜、海派点心、功德林素菜和上海点心 8 个分支构成。每一分支都具有各地菜品风味的原有特色，又带有浓郁的上海地方气息，形成兼容并蓄、广采博收、淡雅鲜醇、开拓创新的海派风格。

上海风味菜选料精细而广博，组配科学而自然，调理清楚而规范，尤其擅长红烧、生煸和糟炸，其特点可概括为：浓油赤酱，汤醇卤厚，重视本味，鲜淡适口，菜肴清新秀美，讲究层次，富有时代气息。其原料以河鲜和海鲜为多。在调味上，有辣，有酸，有浓，有多种复合味，但口感平和，质感鲜明；该酥则酥，嫩、脆、酥、烂绝不混淆，因而适应面特别宽；菜肴讲究造型，款式多样，新颖别致。其主要代表菜有：虾子大乌参、扣三丝、生煸草头、炒蟹黄油、青鱼划水、干烧冬笋、贵妃鸡、松仁鱼米、酱爆茄子、烟鲳鱼、炒素蟹粉、椒盐排骨、竹笋腌鲜、糟钵头、清炒鳝糊、红烧圈子、下巴甩水、酱油毛蟹、茉莉鱿鱼卷、灌汤虾球、红袍登殿等。

小贴士

以数字命名的菜点

一窝丝	一品酥饼	一品豆腐
二色糕	二锦馅	二龙戏珠
三和菜	三拼鸡	三龙牛头
四美羹	四宝植物	四喜丸子
五福饼	五生盘	五柳鱼
六层糕	六合猪肝	六合同春
七返膏	七色烧饼	七星螃蟹
八仙盘	八珍糕	八宝饭
九丝汤	九转大肠	九色攒盒
十味香	十景素烩	十色头羹
百味羹	百鸟朝凤	百花棋子
千层糕	千里脯	千里酥鱼

七、其他区域的地方风味

（一）浙江风味

浙江风味菜，简称浙菜。菜式小巧玲珑，菜品鲜美滑嫩、脆软清爽。传统菜历史久远，精益求精，民间菜别具风格。爆炒技法兼收北方之艺，从而形成了自己的烹饪特色，在我国地方风味中占有重要的地位。

浙江东濒东海，沿海渔场密布，舟山、嵊泗、鱼山、温州渔港繁多，海味鲜品种类齐。境内水道成网，钱塘江、富春江、曹娥江、甬江、钱湖等水域广阔，烹饪水产品资源极其丰富。西南丘陵起伏，盛产山珍野味。浙北平原广阔，土地肥沃，粮油禽畜，著名土特产不胜枚举。浙菜主要由杭州菜、宁波菜和绍兴菜组成，以杭州菜为主。近年来，温州菜已发展成为浙菜的后起之秀。浙菜的主要特点是用料精细、独特、鲜嫩，其选料一讲用本地原料来突出地方特色，二讲要精细以达高雅名贵，三讲鲜活柔嫩，保持口味醇正；烹制菜肴注重火候，常用烹调技法有30余种，烹制河鲜海鲜有独到之功；口味侧重清鲜脆嫩，突出主料本色真味；造型秀丽雅致，讲究菜品内在美与形态美的统一。名菜有：西湖醋鱼、龙井虾仁、油焖春笋、叫花童鸡、一品南乳肉、蜜汁火方、八宝童鸡、杭州酱鸭、栗子炒仔鸡、火蒙鞭笋、虾子冬笋、西湖莼菜汤、冰糖甲鱼、蕹菜拖黄鱼、糟熘鱼白、赛蟹羹、生爆鳝片、干炸响铃、东坡肉、咸笃鲜、雪菜大汤黄鱼等。

（二）福建风味

福建风味菜，简称闽菜，系南方菜系中独特的一派。它以烹制山珍海味而著称，口味偏重甜、酸和清淡，常用红糟调味是其显著特色，其鲜醇、隽永和荤香不腻的风味特色独树一帜。

闽菜的风味特色形成较早，尤以烹制海鲜、河鲜的历史最为久远。闽菜的形成和发

展，与当地富饶的物产有着极其密切的关系。福建位于我国东南沿海，负山倚海，气候温和，雨水充沛，四季如春。山区林木参天，翠竹遍野，溪流江河纵横交错，海岸线曲折漫长，浅海滩湾辽阔优良。优越的自然地理条件，蕴藏着富饶的山珍海味。盛产稻米、糖蔗、蔬菜、瓜果，荔枝、龙眼、柑橘、菠萝等佳果蜚声海内外。山林溪涧有名扬中外的闽笋、莲子、薏米、茶叶，以及麂、雉、鹧鸪、河鳗、甲鱼、石鳞等珍品。沿滩涂鱼、虾、螺、蚌、蚝等海产品常年不绝。这一切为闽菜提供了雄厚的烹饪资源。闽菜主要由福州、闽南、闽西三方风味汇合而成，以福州菜为代表。闽菜素以制作精细、色泽美观、滋味清鲜著称，并以烹制海鲜见长。精巧、细致的刀法，能使菜肴的味沁深融透；汤菜考究，闽菜长期以来形成了"一汤十变"的传统；调味奇特，善用红糟、虾油等调味品；在烹调方法上擅长炒、熘、炸、煨等技法。代表名菜有佛跳墙、淡糟鲜竹蛏、白炒鲜竹蛏、醉糟鸡、沙茶焖鸭块、太极明虾、鸡汁氽海蚌、红糟鸡丁、糟氽海蚌、鸡丝燕窝、当归牛肉、香油石鳞腿、炒西施舌、淡糟炒香螺片等。

（三）湖南风味

湖南风味菜，简称湘菜。湖南位于中南地区，气候温暖，雨量充沛，湘、沅、资、澧四水流经全省。湘西多山，盛产笋、蕈和山珍野味；湘东南为丘陵和盆地，农牧副渔兴旺；洞庭湖平原堤垸纵横、港汊交织，素称鱼米之乡。

湘菜历史悠久，地方特色浓郁，辣味菜和熏、腊制品是其主要特色。这种特色的形成既有历史的原因，也与当地气候、环境有密切的关系。湖南大部分地区地势较低、气候温暖潮湿，人们喜食辣椒已成习俗，辣味有提热祛湿、祛风之效；而食品经熏、腊后，不仅别具风味，在潮湿条件下也容易保存。在菜肴的烹制上讲究原料入味，口味偏重辣酸，烹调方法擅长煨、蒸、炒。湘菜主要有湘江流域、洞庭湖区和湘西山区三地风味流派，已成为我国著名的菜系之一。其代表名菜有：红煨鱼翅、东安鸡、腊味合蒸、麻辣仔鸡、吉首酸肉、红烧全狗、炒辣野鸭条、冰糖湘莲、清蒸水鱼、腊肉焖鳝片、清汤柴把鸡、红烧寒菌、红煨八宝鸡、八宝龟羊汤、生熘鱼片、鸳鸯鲤、龙眼海参、虎皮肘子、干炸鳅鱼、红烧猪脚、黄焖鱼等。

（四）安徽风味

安徽风味菜，简称徽菜。徽菜起源于黄山之麓的徽州（今安徽歙县），具有浓郁的地方风味特色，以烹制山珍野味、河海鱼鳖及讲究食补见长。

安徽位于华东西北腹地，长江、淮河由西向东横贯境内，与黄山、九华山、大别山、天柱山等蜿蜒的山峦将之划分成江南、江淮、淮北三个自然区域。江南山区奇峰叠翠，山峦相连；江淮之地丘陵起伏，溪湖众多；淮北平原沃野千里，良田万顷。境内气候温湿，四季分明，土地肥沃，物产富饶。山区盛产山珍果品，沿江、沿淮及巢湖等处，淡水鱼类资源丰富，平原地区盛产粮油蔬菜、鸡鸭猪羊。这些自然条件为徽菜的烹饪提供了优厚的具有地方特色的物质基础。三个自然区域，构成了徽菜的皖南、沿江、沿淮三种地方风味，皖南菜源于古徽州府，是安徽风味菜的代表。三方风味既各有特长，又有许多共同的特点：选料严谨，就地取材，并注重食补的原则；用火巧妙，工夫独到，不仅能根据各种原料的特点，充分应用大、中、小火，而且还能应用几种不同的火候烹制同一种原料，使之达到最为鲜美的境界；烹调技法多样，尤擅烧、炖、熏、蒸；咸鲜微甜，善于保持原汁原味。其代表名菜有：无为熏鸭、腌鲜鳜鱼、符离集烧鸡、黄山炖鸽、毛峰熏鲥鱼、砂锅鲫鱼、云雾肉、奶汁肥王鱼、屯溪醉蟹、徽州毛豆腐、石耳炖鸡、火腿炖甲鱼、问政山笋、红烧划水、葡萄鱼、鱼咬羊、腐乳爆肉、松子酥肉、金银蹄鸡、清炖马蹄鳖等。

（五）湖北风味

湖北风味菜，简称鄂菜，又称楚菜。我国湖北之地开发甚早，为楚文化的发祥地。早在先秦，荆楚食馔就流行于长江流域。辽阔的江汉平原是鄂菜的发源地。

湖北风味菜以荆楚之地为中心，包括荆南、襄阳、鄂州和汉沔四大流派，武汉菜广收博采，是湖北菜之代表。荆南风味活跃在荆江河曲，包括宜昌、沙市、江陵、洪湖等地，擅长烧炖野味和小水产。襄阳风味盛行于汉水流域，包括郧阳、光化、樊城、随州等地，肉禽菜品为主，精通烘扒熘炒。鄂州风味波及鄂东南丘陵，包括黄冈、浠水、咸宁等地，以加工粮豆蔬果见长，主副食结合的肴馔尤有特色。汉沔风味根植古云梦大泽，包括汉口、沔阳、天门、孝感等地，以烧烹水产和煨汤著称。此外，恩施的土家族山乡菜、五祖寺和武当山素菜也别具风味。

湖北风味菜的共同特点是：工艺精湛，擅长蒸、煨、炸、烧、炒，汁浓芡亮，口鲜味醇，注重本色；以烧烹淡水鱼鲜见长，调制禽畜野味娴熟，素馔汲取佛、道两家的精髓，菜式丰富，筵席众多；煨汤、蒸菜、肉糕、鱼圆善于用水和用火，滚、烂、醇、香、鲜、嫩六美，经济实惠，是民间喜爱的节令佳肴。著名的菜肴有：冬瓜鳖裙羹、钟祥蟠龙、瓦罐汤、红烧鮰鱼、红菜薹炒腊肉、清蒸武昌鱼、母子大会、蜜汁猕猴桃、烧春菇、鸡泥桃花鱼等。

（六）陕西风味

陕西风味菜，简称陕菜，又称秦菜。陕西历史上曾是古代经济文化的发源地。对陕西风味的形成和发展影响最大的是西汉和隋唐两个历史时期，西汉时我国出现了许多新的烹饪原料，加上国富民安，京城长安的饮食市场繁荣兴旺。隋唐的秦地不仅美味佳肴纷呈，而且长安已成为当时世界最大的都城，国际交往频繁，饮食业空前繁荣。

20世纪40年代，秦地与外地的联系加强，外帮菜被引进。秦地丰富的物产和饮食习俗逐步形成关中、陕北、汉中三种不同的风味支派。关中菜是陕西菜的代表，其特点是：取材以猪、羊肉为主，具有料重味浓、香肥酥烂和主味突出、滋味醇正的特点；陕北菜取料以羊肉为主，而以羊、猪合烹为常见，菜肴以热烫炙口的滚、酥透入味的烂著称；汉中菜口味多辛辣，菜肴一般具有辣鲜的特点，擅用胡椒助辛辣，鲜香之中兼有辛辣之味。

陕西风味菜主要有官府菜、商贾菜、市肆菜、民间菜和清真为主的少数民族菜等。官府菜以典雅见长；商贾菜以贵取胜；市肆菜品种繁多而丰富；民间菜经济实惠，富有浓厚乡土气息；少数民族菜以羊、牛制作擅长。代表的烹调方法，以烧、蒸、煨、炒、氽、炝见长；烧蒸的技法强调形状，酥烂软嫩，汁浓味香；氽炝技法长于清氽和温拌。调味上，重视菜肴内在的味和香，主料突出，口味上喜用芫荽、辣椒、陈醋、大蒜、花椒取香。著名的菜肴有：煨鱿鱼丝、带把肘子、葫芦鸡、白血海参、手抓羊肉、樊记腊汁肉、海味葫芦头、商芝肉、烩肉三鲜、炒鸭丝等。

（七）辽宁风味

辽宁风味，简称辽菜，又称关东菜、京东菜。辽宁地区在辽金时期为女真部落（满族的先祖）聚集区，活动范围主要在辽河流域，并向长白山、千山、松岭、黑山和辽西走廊拓展。在金代，北方人食俗"以羊为贵。"据《松漠纪闻》称："金人旧俗，凡宰羊但食其肉，贵人享重客间，兼皮以进曰全羊。"可见，金代已盛行全羊席。进入清代，盛京（今沈阳）已成清朝的留都，皇上多次东巡盛京，赐宴群臣。满族擅长养猪，喜食猪肉，烹制方法独具特色。

辽宁风味由清朝宫廷菜、王（官）府菜、市肆菜、民间菜组成，以沈阳为中心的奉派菜肴是辽菜的代表。特点是香鲜酥烂，口感醇浓，讲究明油亮芡；大连等沿海城市，以海鲜品为优势，讲究原汁原味，清鲜脆嫩。辽菜的主要风味特色是以咸鲜为主，甜为配，酸为辅，口味偏浓。就地选用山珍海味，筵宴华贵；注重刀工、勺功和火功，以炖、烧、熘、扒、熀见长，精于围、配、镶，菜形华美；脂滋多咸，汁宽芡亮，香鲜酥烂，海味菜功力深厚；有满族食风和辽河古文化的深厚内涵。代表菜有：红梅鱼肚、鸡锤海参、猴头飞龙、白肉火锅、松仁玉米、小鸡炖蘑菇、鸡丝拉皮、李记坛肉、红烧大马哈鱼、珍珠大虾、扒三白、小葱拌豆腐等。

（八）河南风味

河南风味，简称豫菜。河南地处中原，物产丰富，史书中较早就有许多关于烹饪饮食的记载。从商初大臣伊尹善于烹调到姜尚"屠牛于朝歌"，这些都可证明早在公元前 11 世纪，中原已有商业性饮食业的出现。北宋时，开封成为全国的政治、经济、文化中心和中外贸易枢纽，城内商业林立，酒楼饭馆鳞次栉比。《东京梦华录》称："集天下之奇珍，皆归于市；会寰区之异味，悉在庖厨。"河南风味，其原料以黄河中游盛产之鱼及中原的畜、禽、蔬、果为主。烹调方法众多，尤以烧烤、扒、抓炒见长。味型多样，以咸鲜为主，具有滋味适中、适应性强的特点。比较名优的原料主要有大别山区、桐柏山区、伏牛山区的猴头菇、竹荪、羊素肚、木耳、鹿茸菜、蘑菇等菌类，南阳的黄牛、固始的黄鸡、黄河的鲤鱼、淇县的双脊鲫鱼等都是当地的名贵烹饪原料。著名的菜肴有：糖醋软熘鲤鱼焙面、三鲜铁锅烤蛋、牡丹燕菜、炒三不粘、道口烧鸡、桂花皮丝、玉珠双珍、马豫兴桶子鸡、鸡蓉酿竹荪等。

（九）江西风味

江西风味，简称赣菜。江西的地理位置史称"吴头楚尾，粤户门庭"，早在汉代，南昌地区就"嘉蔬精稻，擅味于八方"。其菜肴在自身特点的基础上，又取八方精华，从而形成了独有的赣菜。江西气候温和，有丘陵、山脉、平原、湖泊，不同地区的烹饪原料为赣菜提供了物质基础。鄱阳湖是中国最大的淡水湖，有鱼 139 种；庐山的三石（石鸡、石鱼、石耳）以及吉安、赣州的玉兰片则是江西的山珍。江西风味，讲究味浓、油重，主料突出，注意保持原汁原味，偏重鲜香，兼有辣味，具有浓郁的地方色彩。其烹调方法最能体现特色的则是烧、焖、炖、蒸、炒。代表菜肴有：三杯鸡、红酥肉、海参眉毛肉圆、清炖武山鸡、炒石鸡、文山里脊丁、南丰鱼丝、炒鸭血等。

（十）河北风味

河北风味，简称冀菜。河北地处华北平原，西倚太行山，东临渤海。境内有山有水，有平原有海洋，不同的地形孕育了许多名特原料，如承德的蕨菜、山鸡、无角山羊、大杏仁，张家口的口蘑、白鸡，秦皇岛的对虾、梭子蟹、刺参，京东板栗，沧州金丝小枣，白洋淀的鲫鱼、甲鱼、青虾、松花蛋等。河北风味由冀中南、塞外和京东沿海三个区域菜构成，其味型以鲜咸、醇香为主，讲究咸淡适度、咸中有鲜。主要烹调技法以熘、炒、炸、爆著称。冀中南菜包括保定、石家庄、邯郸等，以保定为代表，以山货和白洋淀鱼、虾、蟹为主；塞外菜包括承德、张家口等，以承德为代表，擅烹宫廷菜和山珍野味；京东沿海菜包括唐山、秦皇岛、沧州等，以唐山为代表，以烹制鲜活水产原料见长。代表名菜有：抓炒鱼、金毛狮子鱼、油爆肚仁、烧口蘑、改刀肉、酱汁瓦块鱼、烹大虾、熘腰花、京东板栗鸡等。

（十一）天津风味

天津风味，简称津菜。天津濒河临海，自然条件优越，是我国重要的港口城市。天津风味由当地风味与外地风味组成，属多元化的饮食文化。早年山东籍人、山东籍厨师和山东籍餐馆老板在天津商界占据优势，山东风味大占风头。因此，天津的酒楼多不同程度地汲取鲁菜之长，以迎合人们的口味，致使外地风味天津化，天津风味外地化，这种大融合的结果便形成了适应性很强的天津风味菜。天津风味，在原料上以河海两鲜为主，烹调技法尤以扒、软熘、清炒、清蒸、熬见长，讲芡汁，重火候，调味以咸鲜、清淡为主，菜品注重软、嫩、脆、烂、酥。其代表菜肴有：官烧目鱼、天津熬鱼、酸沙紫蟹、熘蟹黄、海蟹羹、玛瑙鸭子等。

（十二）黑龙江风味

黑龙江风味，又称龙江菜。主要由本地传统菜、鲁菜和俄罗斯等外国风味融合组成。白山黑水地区，自古就是多民族杂处之地，其饮食风味汇聚多民族风格。据《黑龙江志稿》载："江省食品最隆重者为全羊筵席"，又载："江省入冬以来，居家者多食火锅……是时猎产所得野物若飞龙、若沙鸡、若黄羊、若山狍以及牛、羊、猪等肉经火锅烹煮，和以椒、盐、姜、葱等味，诚北方之佳品，汤之内皆作酸菜，又为北方之特品。"由于地理环境的特殊，除盛产大豆、高粱以及北方蔬菜果品外，还有丰富的山珍野味。这些特有原料赋予黑龙江风味明显的地方特色。在烹饪技法上，以传统的炙、燀、扒为主，并吸收鲁菜、西菜的某些技法如熘、爆、炒等。少数民族菜品以汤菜为主，烧、烤羊、兔等野味肉食占有一定的比重。代表菜肴有：酱白肉、余白肉、渍菜火锅、炒肉渍菜粉、什锦火锅、玉鸟银丝、金丝鳜鱼等。

（十三）吉林风味

吉林风味，简称吉菜。15 世纪，冀鲁晋豫的移民来到东北，同女真、满族交往中，中原饮食文化与松辽平原的饮食风俗逐渐交融。吉林地处东北腹地，长白山的野味、菌菇与松辽平原的蔬果、大豆特别著名，松花湖的"一鲤、二白、三花、五罗鱼"（鲤鱼、白鱼、鳖花、鳊花、鲫花、雅罗、哲罗、胡罗、法罗、铜罗），图们江的大马哈鱼等更是入馔的上品。吉林风味以长春、吉林两地菜肴为主，延续满族习俗，汲取鲁菜之长而形成。以松辽平原所产的优质食物和长白山的野味、江河湖泊的水产品为主要原料。烹饪技法以燀、扒、炖、煮见长，由于气候的特点，其口味以辣味最为普遍，油重、色浓、味咸。代表菜肴有：三鲜飞龙、人参炖乌鸡、白扒松茸蘑、李连贵熏肉、真不同酱肉、渍菜白肉火锅等。

（十四）山西风味

山西风味，简称晋菜。由晋中、晋北、晋南和上党四个流派组成。山西古代民俗淳厚，崇尚节俭，素有"千金之家，食无兼味"的说法。到了清代，随着晋商的崛起，晋菜的烹饪技术有了迅速的发展。山西全境多山，河流纵横，黄河、汾河盛产淡水鱼类，广阔的山地提供丰富的野味。山西风味具有油大色重、火强味厚、选料严格考究、调味灵活多变的特点，刀工不尚华丽而精细扎实，擅长爆、炒、熘、炸、烧等技法。山西人饮食上嗜酸，当地的老陈醋享誉全国，菜品制作讲究醇厚沉郁，酸而不涩，基本味型以咸鲜为主，甜酸为辅。代表菜肴有：酱梅肉、樱桃肉、糖醋鱼、熘鸡脯、锅烧羊肉、过油肉、羊肉罐、栗子烧大葱等。

（十五）甘肃风味

甘肃风味，简称陇菜。西汉张骞两次出使西域，开辟了古丝绸之路，在甘肃形成了一些较发达的重镇，同时引进了胡食，丰富了烹饪原料。在漫长历史的长河中，当地不断吸收外来的烹饪技法。甘肃处在三大黄土高原地带，黄河、洮河、湟水、白龙江等流域盛产丰富的水产鱼类，河西的羊羔、驼掌、蕨菜和陇西的火腿、金钱肉，兰州的百合、白兰瓜及羊肚菌、无花果、蘑菇、木耳、银耳等为甘肃风味烹饪提供了独特的原料。陇菜主要由兰州菜、敦煌菜及少数民族风味构成，以兰州菜为代表。甘肃地处高原，气候干燥凉爽，陇菜咸而味浓，适应高原的特点。常用的烹饪方法有焖、炖、蒸、炸、炒等。代表菜肴有：虎皮豆腐、临夏羊肉小炒、腐乳肉片、平凉葫芦头、天水冬瓜等。

（十六）云南风味

云南风味，简称滇菜。云南地处西南边陲，有"植物王国"和"动物王国"之称，各地烹饪原料品种极多，各种食用菌、野菜、鲜花和水产等，为当地烹饪提供了物质基础，而善于运用当地山珍野味烹制具有当地特色的菜点是滇菜最大的特点。云南是我国少数民族最多的省份，共有汉、回、白、苗等20多个民族，民族饮食文化绚丽多彩，烹饪具有浓郁的地方特色和民族特色。云南风味主要由昆明、滇东北、滇西、滇南等地方菜组成，其菜肴用料广泛，时鲜果蔬、山珍野菌、禽畜肉类均可入馔，擅长蒸、炖、卤、腌、冻、炸、烤等烹调方法，菜肴口味鲜香、清甜兼带酸辣味。代表菜肴有：汽锅鸡、火腿乳片、五香乳鸽、鸡翅羊肚菌、酸辣大头鱼、过桥米线等。

（十七）海南风味

海南风味，立足于海南的地方特产。因地处热带，四面环海，岛上多山林，因而海产鱼类和当地的农作物是其主要的食物原材料，家禽、家畜和热带植物都具有一定的独特性，如文昌鸡、嘉积鸭、东山羊、鲍鱼以及龙虾、海参、对虾、海龟等。热带植物椰子、腰果、菠萝、柠檬、胡椒等，四季皆有。海南风味以海口为中心，由文昌、临高、三亚等地风味组成，擅长蒸、炆、焗、煲、炒等烹调方法。其口味以清鲜居首，重视原汁原味，甜酸辣咸兼备，讲究清淡，烹饪风格属于粤菜支系。海南自古受中原饮食文化的影响，又结合当地热带农作物的特点，形成了独具特色的菜肴：白斩文昌鸡、火把东山羊、琼州椰子盅、海南椰奶鸡、椰液香酥鸭、椒盐焗鲜鱿、鲜炒蚬肉、油泡沙虫等。

（十八）广西风味

广西风味，简称桂菜（因广西全境有"八桂"之称）。桂菜源于我国南部地区，主要由桂林地区、南宁地区、梧州地区三大地方及少数民族风味构成，以桂林地区最具代表性。广西南临北部湾，境内山高林茂，山水秀丽，民族众多，山珍、海味、果菜等资源十分丰富，如山瑞、蛤蚧、山蛤、竹鼠、海参、鲍鱼、对虾、扇贝等应有尽有。桂菜多以山珍海味为主料，加上地方土特产为配料，如玉桂、茴香、田七、罗汉果等，菜肴风味独特。擅长烧、蒸、炒、炖、纸包等烹调方法，口味咸鲜醇厚，偏酸辣。代表菜肴有：桂乳荔芋扣肉、原味纸包鸡、挂绿爽肉果、凤球骨香鸡、七彩什锦煲、龙凤荔枝、蛤蚧炖全鸭、子姜菠萝鸭块等。

（十九）贵州风味

贵州风味，简称黔菜。贵州地处云贵高原东北部，境内多山川，少平地，有"地无三里平"之说，四季分明，气候温和湿润，物产丰富。黔菜主要由贵阳地方风味、民间风味和少数民族风味组成，在形成过程中受川菜影响较大。其中以贵阳风味最具代表，菜品制作既有北方的浓厚，也有川菜的辣香，还有当地的古朴典雅；民间风味多喜食酸和辣，少数民族菜则既汲取了汉族饮食和贵阳地区饮食之长，又保留了本民族的传统习惯。黔菜选料精细，烹调方法多样，尤擅长炒、爆、蒸、烤、煎等，口味辣香酸鲜，醇厚兼麻。其代表菜肴有：竹筒烤鱼、爆竹鱼、天麻鸳鸯鸡、阳明凤翅、宫保魔芋豆腐、酿竹荪、醋羊肉等。

（二十）青海风味

青海风味，源于青藏高原东北部地区，是融汇牧区各民族饮食习惯而形成的一种风味。青海地区为长江、黄河两大河流的发源地，一直是我国重要的牧区之一。历史上，当地农业生产水平较低，粮食不能自给，为适应高原地区寒冷的气候，人们的饮食以牛羊肉和奶制品为主，善烹高蛋白、高脂肪、高发热量的原料和当地丰富的动植物特产，如牛羊肉、牛冲、羔羊、雪鸡、黄羊、虫草、枸杞、人参果等，擅长烧、炖、炸、烤、煮等烹调方法，口味咸鲜酸辣。青海的地理和人文环境决定了青海地区饮食的多样性，加上汉、藏、回、土、撒拉、蒙古、哈萨克等民族的会聚，故饮食具有许多民族的风格特色。青海风味以西宁为中心，特别是青海的藏民和回民较多，故饮食文化受藏族风味和清真风味菜影响较大。其代表菜肴有：虫草雪鸡、筏子肉、松鼠湟鱼、香酥岩羊、猴头驼峰、蜂尔里脊等。

（二十一）内蒙古风味

内蒙古风味，简称蒙菜。蒙菜具有浓厚的游牧民族的古朴粗犷的饮食风格。内蒙古是我国面积最大的省区之一，东西的地理、气候和物产也有差别，其风味特色主要以草原蒙古风味和交通沿线大城市的市肆菜为主。诸如呼和浩特、包头、海拉尔、满洲里等城市早已多民族杂居，饮食风味已融合了蒙古、汉、满等民族的饮食习俗及鲁、晋、京等地方风味之长，形成了既具有当地特色，又具有一定蒙古族色彩的饮食；草原风味则以阴山以北最具代表性，具有蒙古游牧民族的鲜明特色。蒙菜烹饪用料丰富，以肉类居多，烹调方法擅长烤、炸、烧、煮等，口味突出咸鲜、糊辣、奶香。其代表菜肴有：烤全羊、羊五叉、手把肉、炒驼峰丝、扒驼峰、拔丝奶皮、氽飞龙汤等。

（二十二）宁夏风味

宁夏位于黄河河套西部，灌溉农业历史悠久，自古有"天下黄河富宁夏"之谓。古代的"大夏国""西夏王国"均立足于这片土地上。宁夏是我国回族人数最集中的地区，饮食文化反映了伊斯兰教的传统习俗，又吸收借鉴了汉族等其他民族的烹饪特色，形成了今日的清真菜肴。宁夏风味主要是由回族风味与银川、吴忠、固原三地方风味构成。其菜品主要利用当地特产原料烹制，菜肴选料严格，讲究卫生，严格遵守《古兰经》戒律；烹调方法多用烤、烩、爆等，口味突出酸辣浓厚，凡其他民族应用的烹调技法，清真菜基本都有应用。其代表菜肴有：手把羊肉、红烧黄河鲤鱼、清蒸鸽子鱼、手抓鸡、金钱发菜、抓炒鲤鱼片、扒驼掌、烤羊腿、烧牛蹄筋、葱爆羊肉等。

（二十三）新疆风味

新疆位于西北边陲，为多民族聚居地区。新疆风味由维吾尔族风味、其他少数民族风味和市肆饮食风味构成，体现了多民族饮食文化既有大交流，又共存共荣的特点，而以乌鲁木齐最具代表。清代纪昀的《乌鲁木齐杂诗》云："山珍入馔只寻常，处处深林是猎场。若与分明评次第，野骡风味胜黄羊。"原料使用上多用当地产的牛羊肉类和瓜果蔬菜，烹调方法擅长烤、蒸、炸、煮等，质地、味型适应气候高寒、人体需热量大的要求，具有油大、味浓、香辣兼备的特点。其代表菜肴有：烤全羊、熏马肠、烤羊肉串、手抓肉、葱爆羊肉、贝母煨牛肉、双色鸡、带泡生烧肉等。

（二十四）西藏风味

西藏位于青藏高原西南部，是我国藏族同胞最多的地区。藏族人以放牧为主，兼营农业，但高寒山区的气候特点决定了农业收成很有限。故饮食原料以牛羊肉、奶制品、青稞等为主。藏族饮食最大的特点，是适应高原高寒缺氧生活环境的高热量饮食。特殊的高原环境，使这一民族很早就形成了具有独特风格的饮食习俗。在食品原料方面，品种较少；在烹调方法上无法应用内地的许多常见的烹调技法，如"煮"制需要用高压锅烹制，否则难以煮熟食物。西藏风味，是以拉萨为中心，吸收青海、四川、甘肃等地藏族风味组成，烹调方法简单、粗放，擅长烤、炸、煮、烧等，口味咸酸甜辣兼有，其代表菜肴有：手把羊肉、烤牛肉、油松茸、虫草汽锅鸡、野鸡扣蘑菇、灌粉肠、灌血肠、蘑菇炖羊肉等。

（二十五）台湾风味

台湾位于我国东南，300多年前郑成功收复台湾后，大陆人民尤其是福建和广东沿海大量居民移居台湾。台湾菜在本地原料的基础上，大多受到闽菜、粤菜的影响。台湾岛一直有宝岛之称。环绕台湾地区的海域中海产资源极其丰富，名目繁多，仅鱼类就有500余种。台湾岛地处温带和热带之间，气候温暖，空气湿润，南部水稻一年三熟，蔬菜瓜果品种极多，禽畜产品十分丰富。台湾风味以海味为主，各种鱼类菜肴品种繁多。其烹调技法与福州、厦门多有相似之处，以焖、炒、炖、蒸等烹调法为特色。由于气候的原因，在烹调制作中求清淡新鲜，鸡鸭类菜肴多为香烂，海鲜小炒鲜咸香脆，而略带酸辣。代表菜肴有：葱油烤鱼、五味九孔、盐酥鲜虾、炒荫豉蚵、旗鱼香炸、卤盘鸭、炸八块鸡以及甜羹类菜肴等。

（二十六）香港风味

香港特别行政区位于珠江口东侧，与深圳市毗邻，包括香港岛、九龙半岛和新界三部分。香港的饮食业被人们称为"世界美食天堂"，现有饮食网点9000余家，其中3000多家是经营内地各种风味特色的菜馆，有潮州、广东、北京、上海、天津、山东、江苏、安徽、福建、浙江、湖南、湖北、四川、贵州、云南、吉林、辽宁、黑龙江、内蒙古、台湾等二三十种地方风味。还有外国风味菜馆310多家，包括英、美、法、意、俄、德、日、韩、越、印度、马来西亚等二三十个国家和地区的各种特色菜点应有尽有，而且各店都保持自己的风味特色。香港地区最多的菜品是港化的各地、各国风味菜品，其主要菜式还是以广东的东江、潮州、广州风味为主，菜肴制作的特点是主料突出，以生猛海鲜为主，烹调方法以煎、炒、灼、煲、炆、焗、烧、烤见长，口味清淡、鲜嫩、味醇。代表菜肴有：砂锅鸡鲍翅、翡翠南乳鸽、凉瓜炆排骨、砂锅大鱼头、醉猪手、百花冬瓜球、西芹带子、酥炸生蚝、蒜子瑶柱脯等。

（二十七）澳门风味

澳门特别行政区位于珠江口西南，与珠海市毗邻，包括澳门半岛和氹仔、路环两岛。澳门风味体现了文化包容的美食风格，它糅合了亚欧风味，以传统的海鲜、肉类、家禽、果蔬作为原料，加入从各地带来的香料，特别是葡萄牙菜与中餐菜肴的有机结合。澳门地区因其面积、人口均不及香港，饮食业没有香港的名气大。葡萄牙饮食文化对澳门地区的饮食业有一定的影响。在这里，粤、闽等内地菜与以葡萄牙为主的西餐菜的结合是澳门风味的主要特色。许多餐厅酒楼中西餐兼营。在澳门可以品尝到东西方风味不同的佳肴，澳门食街的食品食料五花八门，色香味俱全。代表菜肴有：烧乳猪、马介休、葡式炒蚬、咖喱蟹、烧牛尾、沙甸鱼等。

知识链接

菜肴的风格

菜肴的风格就是烹调师个人的风格。烹调师个人风格的形成，是在长期实践基础上提炼出来的，是烹饪技艺的升华。然而，并不是每个烹调师都能形成自己的风格，烹调师个人风格的形成，不仅需要娴熟的烹饪技术和功力，更需要智慧和悟性，需要自己对烹饪的独特理解。总之，烹饪风格就是烹调师在烹饪过程中创造出自己的东西，即自己的理解、处理、情趣和偏爱。这"偏爱"很重要。也许正因为炉火纯青的烹调师有时有意无意地在烹饪常规中有所偏离，或者在传统的烹饪规范中稍加进些个人的独到做法，反而会出现意想不到的效果和韵味。如将其做法继续坚持而固定下来，便形成个人风格。

（资料来源：王子辉. 饮食探幽［M］. 济南：山东画报出版社，2010.）

第三节　中国面点的主要流派

我国的面点制作，大体上可分为"南味"和"北味"两大类。具体又可分为以下几个主要流派。[1]

---

① 邵万宽. 中国面点风味流派浅识［J］. 烹饪学报，1991（3）：39-43.

一、北食荟萃的京式面点

京式面点，泛指黄河以北的大部分地区（包括山东、华北、东北等）制作的面点，以北京为代表，故称京式面点。我国北方是小麦、杂粮的盛产地，所以对以面粉、杂粮为主要原料的各种面食的制作，特别擅长，代表了我国北方面点的风格模式。

（一）京式面点的形成

京式面点最早源于山东、华北、东北地区的农村以及满、蒙、回等少数民族地区，进而在北京形成流派。北京是六朝古都，特别是元、明、清时南北方以及满、蒙等民族面点制作技术相继传入北京。如辽代渤海膳夫的"艾糕"，元明之时高丽和女真食品的"栗子糕"和"畏兀儿（维吾尔）茶饭"等。明朝时，有江浙一带的面点师在京开设的南食铺，有河北通州、保定、涿县在京开设的面点铺，还有回民清真糕点铺，清入关后，又有为朝廷"供享神祇、祭祀宗庙、内廷殿试、外番筵宴"所必需的满洲饽饽铺的开设。都城乃"五方杂处"之地，这里既集中了四面八方的美食原料，又汇集了东南西北的风味及烹制高手。居住在京城的各族人民，相互取长补短，逐渐形成了以北京为中心的京式面点体系，后发展成为中国面点的一大流派。

（二）京式面点的特色

京式面点制作技术精湛，口味爽滑、筋道，种类丰富多彩，如一品烧饼、清油饼、北京都一处烧卖、天津狗不理包子，以及清宫仿膳的肉末烧饼、千层糕、艾窝窝、豌豆黄等，都享有盛誉。在馅制品方面，京式面点的肉馅多用"水打馅"，佐以葱、姜、黄酱、味精、芝麻油等，味道鲜咸而香，柔软松嫩，风味独特。

二、南味并举的苏式面点

苏式面点，系指长江中下游江、浙、沪一带地区所制作的面点，以江苏为代表，故称苏式面点。该地域素有"鱼米之乡"的美誉，经济繁荣，物产丰富，饮食文化发达，为制作多种多样的面点创造了良好的条件。面点制品具有色、香、味、形俱佳的特点，是我国"南味"面点的正宗代表，在中国面点史上占有相当重要的地位。

（一）苏式面点的形成

江苏自古以来就是饮食文化的发达地区。据许多史料记载，苏式面点早在战国时代已颇负盛名，到唐代时，苏州点心更闻名远近，白居易、皮日休等诗人曾在诗词中多次提及苏州的"粽子""粔籹""䬪"等点心。大运河通航后，扬州市曾以"十里长街市井连"闻名全国，并有"扬一益二"之称。宋代，南京的点心制作水平技术高超，陶谷《清异录》列举的"建康七妙"中的点心如馄饨、面饼、米饭、面条、寒具等质量优异、特色分明，反映了当时南京的面点师制作水平之高。明代苏州人韩奕在《易牙遗意》中曾记述了二十余种江南名点。明代的扬州，已是"饮食华侈，市肆百品，夸视江表"。明清时期，江南点心已相当丰富多彩，淮扬美点更以选料严格、做工精细而享誉大江南北。

优越的地理位置和丰富的物产资源，为苏式面点提供了良好的条件。苏式面点最早兴盛于苏州、扬州，苏州为"今古繁华地"，襟江临湖，盛产稻米和水产，市井繁荣，商贾云集，游人如织，文人荟萃。古城扬州，则是官僚政客、巨商大贾和文人墨客的会聚之地。这些都为苏式面点的创制和发展提供了客观条件。苏式面点品种繁多、应时迭出、风味独特。《吴中食谱》记曰："苏州船菜，驰名遐迩，妙在各有其味，而尤以点心为最佳。"《随园食单》记曰："扬州发酵面最佳，手捺之不盈半寸，放松隆然而高。"南京莲花桥的"松饼"、朝天宫的"芋粉团"质量精佳。由此，我们可以看出苏式面点的制作及发展状况。

（二）苏式面点的特色

苏式面点制作精巧、讲究造型、馅心多样。随着季节的变化和群众的习俗应时更换品种。在品种繁多的面点中，尤以软松糯韧、香甜肥润的糕团见长。馅心注重掺冻，汁多肥嫩，味道鲜美，如淮安文楼汤包、镇江蟹黄汤包、扬州三丁包子、翡翠烧卖等驰名全国。苏州船点，注重造型，栩栩如生，被誉为食品中的精美的艺术品。

三、兼容并蓄的广式面点

广式面点，泛指珠江流域及南部沿海地区所制作的面点，以广东为代表，故称广式面点。岭南地区，由于地理、气候、物产等自然条件的关系，当地居民在饮食习惯上与北方中原地区存在着明显的差别，面点制作自成一格，富有浓厚的南国风味。

（一）广式面点的形成

地处一隅的岭南，由于交通不便，自古与中原地区联系困难，古代的面点及饮食比较粗糙。直至汉代，建立"驰道"，岭南地区的经济、文化才与中原相互沟通，饮食文化才有了较大的发展。汉魏以来，广州成为我国与海外通商的重要口岸。南宋京都南迁，大批中原士族南下，中原的面点制作技术融入南方面点制作之中。明清时期，广式面点广采"京都风味""姑苏风味""淮扬细点"以及西点之长，融会贯通，在我国面点中脱颖而出，扬名海内外。

广式面点，最早以岭南地区民间食品为主，原料多以大米为主料，如伦教糕、萝卜糕、炒米糕、糯米糕、年糕、油炸糖环等。在明清时期，民间的面点制作风气较盛。如明嘉靖时黄佐的《广东通志》记载："妇女以各式米面造诸样果品，极为精巧，馈送亲友，谓之送钉。"迎春时"蒸春饼，圆径尺许，厚五六寸，杂诸果品供岁。"中秋节"城市以面为大饼，名团圆饼"等。清代，南北交流增多，民间面粉制品不断增加，并出现了酥饼等面点。如乾隆二十三年（1758年）的《广州府志》中已有白饼、黄饼、鸡春酥等的记载。

（二）广式面点的特色

广式面点以广州最具代表性，长期以来，广州市一直是我国南方的政治、经济和文化中心，经济繁荣、贸易发达，外国商贾来往较多。在面点制作中，广式面点多使用油、糖、蛋，味道清淡鲜爽，营养价值较高；并且善于运用荸荠、土豆、芋头、山药及鱼虾等作为坯料，制作出多种多样的美点，如娥姐粉果、沙河粉、叉烧包、虾饺、莲蓉甘露酥、马蹄糕等面点，无不具有浓厚的南国风味。

四、其他地区的面点风味

（一）面食之乡的晋式面点

晋式面点，系指三晋地区城镇乡村所制作的面点，故称晋式面点。它是我国北方风味面点中派生的又一流派。晋式面点在三晋地区覆盖面极广，家家会做。婚丧嫁娶、祝寿贺节、生儿育女等场合更是面食的天地。晋式面点已成为三晋文化不可缺少的一个组成部分。

1. 晋式面点的形成

晋式面点最早起源于三晋地区的广大农村，继而在城镇得到了发展和提高。黄河怀抱中的三晋地区是华夏文化的发祥之地，从远古开始，当地的劳动人民在源远流长的农事活动中，经过长期的定向培育，发展了一大批适应北方水土的农作物品种：小麦、高粱、莜麦、荞麦、红豆、芸豆、玉米等，为山西面食提供了丰富的面点原料。

山西自古有"面食之乡"的称誉，流传至今的晋东名食"石头饼"，它的源流可上溯到几千年前的"石烹"——原始人用火把石头烧热，然后把生面团放在石头上使之成为熟食。早在春秋时期的晋国，就有许多石磨盘和棒等制粉工具。东汉时，就有"煮饼""水溲饼"（崔寔《四民月令》）和"汤饼"等诸多称谓。宋太宗火烧晋阳，建立太原城后，山西面食汲取汴梁（今开封）风味，有了长足发展。到了明代，面食品种已接近现代的品种，当时山西已有炸酱面、鸡丝面、萝卜面、蝴蝶面等，并进入开封府成为"都门佳品"。

2. 晋式面点的特色

晋式面点制作精细，用料广泛，有白面（小麦）、红面（高粱）、米面、豆面、荞面、莜面和玉米面。制作时，各种面或单一制作或三两混合，风味各异。如刀削面、刀拨面、掐疙瘩、饸饹、剔尖、拉面、抿圪蚪、猫耳朵等。其吃法也多种多样，煮、炒、蒸、炸、煎、焖、烩、煨都可以，或浇卤，或凉拌，或蘸佐料，有"一面百味"之誉。

（二）西北风格的秦式面点

秦式面点，泛指我国黄河中上游西北部广大地区所制作的面点，以陕西为代表，因陕西战国时期曾是秦国的辖地，又一直是西北的重要门户，故称秦式面点。它是我国北部地区的又一重要流派。陕西是华夏文化的摇篮之一，古都西安一直是西北地区的中心，又是丝绸之路的起点。汉族的古老面点与少数民族的风味点心相互交融，是秦式面点的主要特色。

1. 秦式面点的形成

秦式面点最早源于西北地区乡村的少数民族地区，在古都西安形成制作特色。秦地历史上曾是古代经济、文化的发源地，因此，秦式面点的形成和发展，与历史、地理、气候、风俗有着密切的关系。周、秦、汉、隋、唐等十一个王朝都曾在西安建都，历时达一千余年。西安（古称长安）号称世界文化古都，作为文化反映的面点制作技术，在秦地有着悠久的历史。

秦式面点是在周、秦面食制作的基础上，继承汉、唐制作技艺传统发展起来的。盛唐时期，京师长安的面点制作已经基本形成自己的体系，属于"北食"。据文献记载，当时在长安设有糕饼铺，有专业的饼师，品种除了糕、饼外，还出现了团、粽、包等。如今遍及关中各地的"石子馍"，唐时叫作"石鏊饼"，其源流可上溯到石器时代的"石烹"。民间流传的古代面食之制对秦式面点影响较大。"富平太后饼"相传是西汉文帝刘恒的御厨传入富平民间而保存下来的；三原名点"泡儿油糕"、榆林佳点"香哪"、定边"糖馓子"分别来源于唐代韦巨源"烧尾"食单中的"油浴饼（见风消）""消灾饼""酥蜜寒具"。由于唐代兄弟民族居住在长安的较多，所以秦式面点中民族饮食品较为普遍，最有代表性的是清真食品"牛羊肉泡馍"，这种食品在唐代叫作"油供末胡羊羹"，其他如"乾州三宝"之一的乾州锅盔，就是新疆维吾尔民族食品"馕"的发展和提高。

2.秦式面点的特色

西北地区有喜食牛羊肉的传统，所以面点制作的馅料、配料、浇头选料极为丰富，创造了自成一体的面食特点。这里的名点小吃多以油酥制品为主，面点食品具有韧劲、光滑的特点，口味注重咸辣鲜香，民族风味浓厚，著名的有虞姬酥饼、金丝油塔、泡儿油糕、岐山臊子面、石子馍、烩扁食等。

（三）西南天府的川式面点

川式面点，系指长江中上游川、滇、黔一带所制作的面点，以四川为代表，故称川式面点。它是我国西南地区的一个流派。西南地区，气候温和，雨量充沛，物产富饶，四川自古又有"天府之国"的美誉，其面点制作和川菜一样久负盛名。

1.川式面点的形成

川式面点，源自民间，巴蜀民众和西南各族人民自古喜食各类面点小吃。早在三国时期就有"食品馒头，本是蜀馔"之说。相传诸葛亮南征孟获，将渡泸水，"土俗杀人首祭神，亮令以羊豕代，取面画人头祭之"，晋人常璩的《华阳国志》记载，巴地"土植五谷，牲具六畜"，蜀地"山林泽鱼，园囿花果，四节代熟，靡不有焉"。品种多样的粮食和产量丰富的甜味物和水果，为川式面点制作提供了优越的物质条件。唐宋时期，川式面点有了新的发展，并逐渐形成了自己的风格特色，出现了许多特色的面点品种，如"蜜饼""胡麻饼""红棱饼"等。"胡麻饼样学京都，面脆油香新出炉"（白居易）、"小饼戏龙供玉食，今年也到浣花村"（陆游），这是诗人描绘当年四川面点制作之精细、销售场面之热闹的佳句。唐宋之间的五代时期，中原战祸频起，而蜀地却相对稳定，经济比较繁荣，面点制作继续发展，出现了一些有名的品种。至元明清各代，经几百年的发展演变，川式面点在门类、品种、规格、花样等方面，逐渐走向完备。到清末，川式面点已经具有了一定规模。清人傅崇矩曾著《成都通览》一书，其中专章介绍了成都的面点，可作为川式面点的代表。他把成都面点分为普通食品类、饼类、糕类、酥类、席点类等类别，具体列载了138个品种。一千多年来，川式面点的风味依地区、民族、气候、风俗、习惯及消费者嗜好的不同而各异。

2.川式面点的特色

川式面点用料广泛，制法多样，所用主料遍及稻、麦、豆、果、黍、蔬、薯等。既擅长面食，又喜吃米食，仅面条、面皮、面片等就有近百种。口感上注重咸、甜、麻、辣、酸等味，地方风味十分浓郁。如成都的赖汤圆、担担面、龙抄手、钟水饺、珍珠圆子、鲜花饼，重庆的山城小汤圆、鸡蛋什锦熨斗糕、提丝发糕、八宝枣糕，泸州的白糕、五香糕，宜宾的燃面等。

（四）江汉平原的鄂式面点

鄂式面点是指长江中游荆楚一带地区所制作的面点，以湖北为代表，故称鄂式面点。它是我国长江流域中部地区南味面点中的一个流派。临江倚湖的荆楚大地，地处我国中部，由于当地河网纵横交错，湖泊星罗棋布，为我国重要农作物产区，自古就有"湖广熟，天下足"之说。其主食的丰富多样，为当地的面点制作提供了良好的条件。

1. 鄂式面点的形成

鄂式面点，历史悠久。早在战国时期，屈原在《楚辞·招魂》中记述过楚王宫的筵席点心，如粔籹、饵餦、蜜饵之类，也就是甜麻花、酥馓子、蜜糖糕和油煎饼的雏形。魏晋南北朝时，湖北已有众多的节令小食。《荆楚岁时记》中有楚人立春"亲朋会宴啖春饼"和清明吃大麦粥的记载，《续齐谐志》介绍了楚地端午用彩丝缠粽子投水祭奠屈原的风俗，还有关于荆州刺史桓温常在重阳邀约同僚到龙山登高，品尝九黄饼的记载。

唐宋时，湖北面点创造出了许多流传至今的名品，如黄梅五祖寺的白莲汤和桑门香（油炸面拖桑叶），黄冈人新年祭祖的绿豆糍粑，秉承石燔法的应城砂子饼，可存放一旬的丰乐河包子，酷似荷花的荷月饼，以及"泉水麦面香油煎"的东坡饼等。明清两代，湖北面点不断充实新品种，又推出孝感糊汤米酒、黄州甜烧梅、郧阳高炉饼、光化锅盔、宜昌冰凉糕、荆州江米藕、沙市牛肉抠饺子、江陵散烩八宝饭，以及武汉的谈炎记水饺、四季美汤包和苕面窝、米粑、热干面等。湖北位于华夏腹心，九省通衢，发达的水陆交通枢纽和繁荣的物资集散中心，使荆楚之地会集天南海北之人，兼收并蓄东西南北文化，因而当地的饮食面点制作也具有较强的包容性，并通过吸收和改进，形成了本地独特的面点风格。

2. 鄂式面点的特色

鄂式面点得益于江汉平原的农作物，大米和鱼是当地居民日常饮食的重要主副食原料。其面点制作多用大米、豆制品以及面、薯、蔬、蛋、奶类为原料。米粉面团和米豆混合磨浆烫皮的制品甚多。重视多种粮食作物的配合使用，其花色品种丰富多样。湖北人早餐离不开面食小吃，武汉居民不论春夏秋冬，都习惯在小食摊上过早（吃早餐）。其米面食品质感糍糯香滑，调味咸甜分明。代表品种有武汉热干面、黄州烧卖、云梦鱼面、黄石夹板糕、老通城豆皮、四季美汤包、东坡饼等。

本章小结

由于全国各地的地理、气候、物产和经济、文化、风俗的差异，形成了各地不同的风味特色。黄河流域、长江流域、珠江流域三大水系形成了各不相同的地域风格，其菜肴、面点也显现出其制作的差异。随着社会经济的发展，大都市的菜品逐渐显示出它的影响力。本章从全国范围着眼，可使学生了解到本地和其他地区不同的风格特色。

思考与练习

一、选择题

1. 影响地方风味形成及发展的最主要原因是（　　　　）。

A. 地理与气候　　　　　　　　B. 经济与文化

C. 历史与政治　　　　　　　　D. 烹调与美学风格

2. 中国名菜"宫保鸡丁"所属的菜系是（　　　　）。

A. 山东菜系　　　　　B. 江苏菜系　　　　　C. 四川菜系　　　　　D. 广东菜系

3. 江苏菜的代表品种是（　　　　）。

A. 脆皮鸡　　　　　B. 剁椒鱼头　　　　　C. 赛蟹羹　　　　　D. 松鼠鳜鱼

4. 山东菜系在行业上比较通俗的代称是（　　　　）。

A. 江湖菜　　　　　B. 官府菜　　　　　C. 宫廷菜　　　　　D. 文人菜

5. 上海菜，受东西南北 15 个帮口和西餐的影响，人们普遍称为（　　　　）。

A. 海派菜　　　　　B. 浦东菜　　　　　C. 浦江菜　　　　　D. 综合菜

6. 中国名菜"涮羊肉"所属的菜系是（　　　　）。

A. 北京菜系　　　　　B. 浙江菜系　　　　　C. 福建菜系　　　　　D. 上海菜系

7. 湖南风味菜的代表品种是（　　　　）。

A. 脆皮鸡　　　　　B. 剁椒鱼头　　　　　C. 赛蟹羹　　　　　D. 油爆海螺

8. "干烧"的烹调方法所属的菜系是（　　　　）。

A. 山东菜系　　　　　B. 四川菜系　　　　　C. 江苏菜系　　　　　D. 广东菜系

9. 菜肴制作清淡、爽脆、嫩滑的地方风味是（　　　　）。

A. 江苏风味　　　　　B. 广东风味　　　　　C. 山东风味　　　　　D. 浙江风味

10. 广东菜代表的烹调方法是（　　　　）。

A. 焗　　　　　B. 爆　　　　　C. 干煸　　　　　D. 油焖

二、填空题

1. "一物呈一味，一菜呈一味"是＿＿＿＿＿＿菜系的烹饪特色；选料广博奇杂是＿＿＿＿＿＿菜系的烹饪特色。

2. "干煸"是＿＿＿＿＿＿菜系的烹调方法；"爆"是＿＿＿＿＿＿菜系的代表烹调方法。

3. "生爆鳝片"是＿＿＿＿＿＿菜系的风味菜肴。"腌鲜鳜鱼"是＿＿＿＿＿＿菜系的风味菜肴。

4. 上海风味菜的特点可概括为＿＿＿＿＿＿，汤醇卤厚，重视本味，鲜淡适口。

5. 广东风味菜，简称粤菜，发源于＿＿＿＿＿＿。

6. 北京风味的四大支柱是＿＿＿＿＿＿、官府菜、清真菜和＿＿＿＿＿＿菜。

7. 香港的饮食业被人们称为＿＿＿＿＿＿。

8. 澳门菜肴是＿＿＿＿＿＿与中餐菜肴的有机结合。

9. 江苏菜系的主要流派有淮扬、金陵、＿＿＿＿＿＿、徐海四个风味。

10. 我国三大面点风味流派是＿＿＿＿＿＿、＿＿＿＿＿＿、＿＿＿＿＿＿。

三、问答题

1. 为什么说自然因素是影响地方风味的主要因素？

2. 就当前饮食发展水平谈谈本地经济与饮食发展之间的关系。

3. 试分析不同宗教的饮食特色。

4. 山东风味有哪些特点？它是怎样构成的？

5. 四川风味在调味方法上有什么特点？

6. 广东风味有哪些主要特色?

7. 江苏风味是怎样构成的？其主要特色是什么？

8. 阐述北京、上海都市风味的基本特点。

9. 试分析香港地区美食风味特色。

10. 京式面点的主要特点是什么？

11. 苏式面点的主要特点是什么？

12. 广式面点的主要特点是什么？

13. 阐述晋式面点的风味特色。

14. 写出本地风味名菜 10 个。

15. 根据本地域的特点，阐述你最喜爱的家乡美食。

中国菜品及其风味特色

中国烹饪不同的风味菜品显现出不同的风格特色。都市菜品、乡村菜品、民族菜品、风味小吃以及宫廷菜、官府菜、寺院菜流过了千百年的岁月，但归根结底，乡村菜品是中国烹饪的"根"，都市菜品是中国烹饪的"魂"，民族风味、地方小吃是中国烹饪的"奇葩"。本章将带领人们领略不同烹饪风格菜品的大千世界。

学习目标

通过学习本章，要实现以下目标：
· 了解都市菜品的风格特色
· 了解乡村菜品的特色与风味
· 了解不同民族的饮食精华
· 了解宫廷、官府、寺院菜的主要风味特色

中国烹饪风味流派众多，各地方菜、民族菜以及宫廷菜、官府菜、商贾菜、寺院菜流传了千百年，但追根溯源，都离不开中国各地的村村寨寨和市井人家。就目前中国烹饪的现状而言，乡村菜品是中国烹饪的根，都市菜品是中国烹饪的魂，民族风味和地方小吃是中国烹饪的奇葩，加之不同风格特色的宫廷菜、官府菜、寺院菜等，作为中国烹饪的特色音符，展现着不同的风采。它们居于饮食文化的不同层面，呈现着不同的风格特色。自古以来，这些不同菜品之间相互影响、相互补充，在形成自己独特个性的基础上，跟随时代的步伐不断发展和完善。而今，在饮食文化大发展的时代，它们已越发显现出时代的风貌，展现出现代生活的风格特色。

第一节　引领时尚的都市菜品

这里的"都市"，主要指的是大中型城市。都市菜品，是指各大中城市酒店、餐馆经常销售的饮食菜点。中国都市菜品是中华饮食文化的重要组成部分，它以其特有的风格特色和文化内涵丰富着中国的饮食文化主体，推动着中国饮食文化的演变和发展。

一、都市饮食的发展

我国的城市和城中之市（如夜市、早市、菜市等）虽然都出现得较早，但是，到了春秋战国这个社会大变革时期，城才大量涌现，市才空前繁荣。春秋战国时期形成的市井格局和制度，一直被沿用到唐代，基本上没有大的变化。有变化的，主要是市的规模和对市的具体政策。

唐宋时期，我国都市饮食业开始发展起来，饮食文化日渐繁荣，形成了我国饮食史上的一个昌盛时期。唐宋时期饮食文化中最突出的特点，是都市饮食发展十分迅速，并在短期之内达到十分繁荣的地步。

唐代，大都市里的饮食业除日市外，还有早市、夜市。在长安，大臣上早朝，在路边、街旁很容易买到"胡饼""麻团"之类的食品，当时都市的饮食供应点的分布也是很广的。

到宋代，都市饮食业更是空前繁荣。就孟元老《东京梦华录》中提到名字的包子、馒头、肉饼、油饼、胡饼店铺就不下 10 家。其中，"得胜桥郑家油饼店，动二十余炉"，而开封"武成王庙前海州张家、皇建院前郑家，每家有五十余炉"，其经营规模空前扩大。当时在京城的街巷，酒楼、食店、饭馆、茶肆比比皆是，小食摊蜂攒蚁聚，出现了历史上空前的繁荣景象。此时餐馆业的兴盛，已成为城市繁荣的象征。

北宋著名宫廷画家张择端的《清明上河图》，以汴河为构图中心，描绘出北宋京城汴梁都市生活的一角，为我们提供和展示了宋代饮食文化的形象史料，使我们清楚地看到当时的饮食业是如何的发达兴旺。都城食市的发展，使得讲究饮食之风波及朝野上下，当时的庖厨与民间的嫁娶丧葬、酒食游饮、节日尚食紧密相连，从而使烹饪技艺在民间广为传播，为以后我国都市烹饪的进一步发展和普及打下了社会基础。

进入明清时期，以大中型都市为中心，社会上对饮食菜品的各种不同的需要相对集中，促使烹饪技术迅速发展。有关烹饪史料说明了这一点。如清代京城北京的饮食烹饪，汇集了全国看馔的精品。乾隆二十三年，潘荣陛所写的《帝京岁时纪胜》说："帝京品物，擅天下以无双"，"至若饮食佳品，五味神尽在都门……京肴北炒，仙禄居百味争夸；苏脍南羹，玉山馆三鲜占美。清平居中冷淘面，座列冠裳；太和楼上一窝丝，门填车马。聚兰斋之糖点，糕蒸桂蕊，分自松江；土地庙之香酥，饼泛鹅油，传来涮水。佳醅美酝，中山居雪煮冬涞；极品芽茶，正源号雨前春芽……关外鲟鳇长似鲸，塞边麋鹿大于牛。熊掌驼峰，麋尾酪酥槌乳饼；野猫山雉，地狸虾醢杂风羊……"[①]这一时期，都市饮食市场繁花似锦，高、中、低档饭店、食摊都有各自的食客，其菜品之多，为中国各种类别菜之最，为都市烹饪的发展开辟了广阔的道路。

二、都市菜品的特性

（一）都市菜品的包容性

都市菜品的风格特征：即是把一个地区乃至全国的各种主副食产品、烹调或制作技艺及工具、饮食风味、饮食习俗等，集中于一城乃至一店，形成具有不同特色的流派、不同

---

① 清·潘荣陛.帝京岁时纪胜［M］.北京：北京古籍出版社，1981：41-42.

风味的菜肴、糕点、小吃及其他熟食、作料等，又向各地传播，进而形成既有共同主色调，又有不同地方特色的都市饮食文化。[①]

都市菜品是各地方菜的结合体。在古代，它是宫廷菜、官府菜孕育的场所，为商贾菜提供了肥沃的土壤，为民族菜提供了有利的市场。而现在，它为仿古菜、特色菜、外来菜、养生菜、创新菜创造了有利条件。因为这里有一大批技术超群的厨师队伍。

（二）都市菜品的对流性

都市是一个交通、文化、科技等较发达的地区，它信息量大，接受能力较强，由此，就总体上说，都市菜品在地区乃至全国具有带头作用、示范作用。

其实，菜品的制作与发展、变易并不只是由城市到乡村的单向变易，而具有对流性质。但在这种对流中，由于城市是政治、经济、文化的中心，具有极大的优势。"四方"农村的乡土菜品，会流向城市，城市又对"四方"乡村的饮食风俗以自己的政治、经济和文化优势予以会聚、变易，再向"四方"传播。

同样，都市菜品的制作和风味，也并不只是城与乡之间的变易，也包括都市与都市之间的互相影响，中心城市与地域城市之间的互相影响。但是，都市与都市之间的互相影响，从根本上说，仍然是城市与乡村之间的相互影响。因为每一座城市的饮食风尚、口味嗜好的特征，从根本上说，都是这个城市所在地区（城市文化辐射圈）的代表。

都市菜品的变化潮流此起彼伏，内容广泛，但主要受都市人的生活方式和思维观念两个方面的影响。这两个方面是互相影响、互相作用的，生活方式的变化会推动思想观念的变化，思想观念的变化也会促进生活方式的变化。同时，两者也互相制约，思想观念会制约生活方式，生活方式又会制约思想观念。都市菜品的发展与变化、更新，是通过人们的思想观念和生活方式而逐渐改变的。

三、都市菜品的吸纳与特色

乡村菜是中国烹饪的根。都市菜品在汲取乡村菜精华的同时，不断与都市人的思想理念、生活方式保持一致，以满足都市人的饮食要求。

（一）都市菜品离不开乡村菜

这是一个毋庸置疑的事实。都市人的一日三餐所需的食物原料，大都是广大乡村提供的，瓜果蔬菜、禽畜肉类、水产鱼虾、粮食油料等都是来源于各地乡村，许多简易的食品加工也是从乡村开始的，不少原始调味品也都来源于乡野农村。北魏时期的重要历史文献《齐民要术》，是中国著名的古代农书，我们通过这本农书有关食物原料、食品、烹饪的记载，可以很直观地了解当时乡村饮食菜品种类之丰富。随着都市的不断繁荣，乡村的食料、食品加工方法、菜品制作流入到都市，并在都市得到了发展和利用。

（二）都市菜品是乡村菜的升华

都市是经济发达、人文汇集之所，在餐饮业拥有一大批技术较强的烹饪队伍。一旦当乡村菜被都市的厨师所吸收，他们定会在烹饪工艺上、色香味形上、器具与装饰手法上发生一些新的变化，使其更加精致和可口。如《红楼梦》中记载贾府的菜品"茄鲞"，加工

---

①　邵万宽.试论都市菜品的风格与特色［J］.中国烹饪研究，1999（4）：7-11.

精细、配料多样、工序复杂，与刘姥姥乡村的"茄肴"是有很大差别的。都市菜品常将鸡、鸭整料脱骨，填入八宝馅心，要求皮不破、形完整，也是乡村菜里烧、煮、蒸、炖所难以达到的。都市菜在餐具的选用上、服务的规格上都达到精益求精的地步，这与都市中工、商、贸等的顾客需求和接待要求是分不开的。

（三）都市菜品的融会与吸收

都市菜品的一个显著特征，还表现在各兄弟民族之间、中国和外国之间包括风味特色在内的文化交流上。就兄弟民族之间来说，汉民族的菜品特点，就是在不断吸收各兄弟民族的饮食文化成分的过程中逐渐丰富和演变的。这种吸收的表现形式是多方面的，有城市之间不同民族的影响，也有在乡村中的直接交往影响。

而今，随着都市生活的繁闹喧杂，都市人向往着回归大自然，出现了返璞归真的饮食潮流，都市菜品打破原有框框，大量借用、引用乡村风味，推崇绿色食品，开设一个个"乡村风味馆"，出现了"都市菜品乡村化"的另一种风格特色。

（四）都市菜品的风格特色

（1）重视规格、质量，迎合场景，讲究品位，是都市菜品的一大特色。在菜品制作中，讲究原料的搭配和烹调方法的变化运用，在菜品的外观和质感上，注重色、香、味、形以及器皿的选用。

（2）汇集多种烹调技法，根据宾客的口味和季节的特点注重变化是都市菜品又一大特色。都市菜品种类繁多可以充分满足不同国度、不同地域、不同阶层、不同情况下的饮宴需求。

（3）善于汲取，锐意创新，在技术上精益求精是都市菜品的第三大特色。都市菜品灵活多变，新品迭出，以满足人们不断变化的进食需求。

（4）在菜品经营上，流派众多，展现多种风味特色，并以名师、名料、名品和礼仪服务作为竞争手段，重视餐饮场所气氛的渲染，强调餐饮经营的社会效益和经济效益。

四、都市菜品的再认识

都市菜品汇集了全国各地馔肴的精品，它与乡村菜品相比较是一个大而全的风味体系。从某种意义上说，乡村菜品在保持传统特色的基础上，不断吸收都市菜的优势，品质在逐渐提高，而都市菜品（撇开风味小吃）在互相借鉴、吸收中却渐渐冲淡和掩盖了地方特色，从北京到南京，从上海到广州，从成都到拉萨，从昆明到哈尔滨，走进中高档的餐饮场所都不难发现相似的面孔，菜肴的色、形、味和装盘几乎没有太大的差别；基围虾、烤鸭、佛跳墙、松鼠鱼、炸乳鸽、葱姜膏蟹等随处都有，都市菜品已形成"饮食潮流全国通，爆、焗、烤、炖各地行"的大趋势。

（一）菜品风味多样和烹饪风格的逐渐汇合

都市是五方杂处之地，加之中外交往机会多，因此只有具备各种不同的风味特色才能适应不同的人群。外国风味、地方风味、民族风味在保持各自特色的情况下，也在淘汰一些人们不喜欢的菜品，各地、各店都在实行一种交合。这种自觉与不自觉的交合趋向，最终导致都市之间、店与店之间的相近与统一，都市食肆中的中外菜式风味多样，将会出现"国际化的食部"；各餐式烹饪风格的会聚，又将会减弱都市地区性的风味特色。

（二）食物原料的广泛使用打破地域的界限

近二十年来，我国交通业发展迅猛。航空、高速列车和高速公路把都市之间的距离拉近，整个世界成了一个地球村。在饮食方面表现尤为突出。过去在本地小范围内使用的原料，一下子走遍全国，逐渐成为大家共享的资源。各种海鲜坐上飞机，一两个小时后可到另一都市的餐桌上。特色的山菌名蔬也成为外地人常用的佳品。这不仅丰富了都市菜品的菜单，也为各地的烹饪发展奠定了坚实的基础。在调料使用上，如今的都市人不拘一格，南方人用的，北方人照常使用，外国人用的，我们也要尝试。西方人用蜗牛、象拔蚌、皇帝蟹、黄油、色拉酱、香叶等，中餐也不偏忌。占有了各式原料，都市菜品就将冲出地区，走向世界。

第二节　崇尚自然的乡村菜品

乡村菜，是指广大农村所制作的具有乡土风味的菜品。它根植于各民族、各地方的乡野民间。乡村菜具有独特的地区性，它是地方菜的源泉，是在一定区域内利用本地所特有的物产，制作成具有鲜明乡野特点的民间菜。从地域空间而论，乡村文化是一种与都市文化相对应的独特文化，因此，乡村菜品也具有与都市菜品不同的特色。[①]

乡野菜品分布在全国各地的村落。如果说，都市菜品是一种都市饮食文化的表现形式，那么，乡村菜品就是一种与之相对应的郊外饮食文化，它与都市饮食文化在中国文化中处于同一层次，却居于不同的地域空间，扮演着不同的角色。[②]

乡村菜品是乡村居民所创造的物质财富和精神财富的一种文化表现，它包括各类谷物及其加工制品、主食品以及饮料、食具等，也包括各种饮食礼俗、菜品文化的表现形式等内容。

乡村菜品的最大特色是：朴实无华，就地取材，不过于修饰，具有乡土味，在朴实中蕴藏着丰厚。

一、乡村菜品的地位与风格

中国数千年以农业为主的文化史，决定了乡村饮食文化在整个中国饮食文化中所占的重要地位，形成了中国乡村菜品所特有的风格特色。

（一）中国菜品之根

中国菜品的产生，来源于乡野菜品的滋养。居于乡村菜品之上的官府菜品、繁胜于乡村菜品的市井菜品，都是乡村菜品发展到一定阶段才出现的历史现象，都保留着乡村菜品的印记。可以这样说，乡村菜品乃是其他层次菜品包括宫廷菜品、官府菜品、市肆菜品的母体。乡村菜是各地方菜的根基，中国烹饪中千变万化的菜品，都是从这里发源而经厨师之手精心加工、发扬光大、不断成熟的。

几千年来，中国始终是一个以农业为基础的国家，乡村菜品的发展，直接影响着中国

---

① 邵万宽.乡村食文化述论［J］.扬州大学烹饪学报，2002（1）：10-13.
② 周山.村野文化［M］.沈阳：辽宁教育出版社，1993：4.

其他菜品的发展。乡村菜品虽然没有宫廷菜品、市肆菜品做工精细，但是它以其食用人口众多、覆盖面广的优势，对其他菜品包括宫廷菜品、都市菜品都起着不可抗拒的影响作用。

面条是历史久远的传统食品，面条的制作起源于乡村，而今分布在全国各地的煮面、蒸面、卤面、烩面、炒面、麻酱面、担担面、炸酱面、刀削面、拉面、过桥面、河漏面等，都是从乡村各地产生发展起来的。烙饼、煎饼、馒头、春饼、饺子、猫耳朵、鲅鱼条等传统食品，也都是从乡村大地走上全国各地的餐桌的。

（二）乡村菜品的风格特色

首先，我国是一个多民族的国家，幅员辽阔，许多乡村地区崇山大川纵横交错，自古交通不便。一山相隔，有方言之殊；一水相望，有习俗之异。这就造成了虽然同属乡村菜品，各地风格却有很大的差别，从原料的特性、加工处理、烹调方法到菜肴的风味，呈现着明显的地域差异性。

其次，乡村菜品具有浓郁的乡土特色和民族特色。各地区、各民族的乡村菜品，都以本地区所生产的经济作物为原料。因此，"靠山吃山，靠水吃水"，"就地取材，就地施烹"，成为乡村饮食文化的主要特色。乡村菜晨取午烹，夕采晚调，取材极便，鲜美异常。

最后，不同的地理环境、物产资源和气候条件，形成不同的饮食习俗，使菜品文化具有突出的民俗气息。即使社会的发展变化，也难以改变乡村这种特有的地域民俗风貌特色。

二、朴实清新的恬淡之味

乡村菜品具有质朴清新的乡土气息，这是其他菜品不可比拟的。而取之自然、不加雕琢的制作方法，又使得菜品充分保存了其鲜美本味和营养价值。

（一）淳朴乡村味的魅力

乡村恬淡之味常常激发起人们的无限情思，调动人们的饮食情趣。古今食谱中多见记载，文人著作也常有描述。陆游《蔬食戏书》中写道："贵珍讵敢杂常馔，桂炊薏米圆比珠。还吴此味那复有，日饭脱粟焚枯鱼。"杨万里在《腊肉赞》中曾写道："君家猪红腊前作，是时雪没吴山脚。公子彭生（螃蟹）初解缚，糟丘挽上凌烟阁。却将一衙配两螯，世间真有杨州鹤。"郑板桥在《笋竹》中记曰："江南鲜笋趁鲥鱼，烂煮春风三月初"，"笋菜沿江二月新，家家厨爨剥春筠"，等等。

乡村风味不仅吸引国内客人，对于外国人也颇具吸引力。例如河北省首次举办国际经济技术合作洽谈会时，在"河北宾馆"宴请外宾，宴席中包括这样几道菜品：烤白薯、老玉米、煮毛豆、咸驴肉等，外宾品尝后一致称赞。正是这种乡村风味菜品的独特风味，赢得了好评。

乡村菜根据各地的现有条件，重视原料的综合利用，尽管加工简易，风味朴实，但在不同地域、场所、季节中都能体现出不同的特色。它既不寻觅珍稀，又不追美逐奇，处处显得恬淡自然。

（二）充满活力的乡村农家味

乡村田园菜，质朴无华，却蕴藏着诱人的真味。淡淡的自然情调，浓浓的乡土气息，在乡野农村俯拾即是。田埂上采来山芋藤或南瓜藤，去茎皮，用盐略腌，配上红椒等配料，下锅煸炒至熟即是下酒的美肴；去竹地里挖上鲜嫩小山笋，加工洗净后切段，与腌菜末烹炒或烩烧，其山野清香风味浓郁，且鲜嫩异常；捉来山溪水中的螃蟹，用盐水浸了，下油锅炸酥，呈黄红色，山蟹体积小，肉肥，盖壳柔软，入口香脆，是上等的山珍美味；把鲜亮的蚕蛹，淘洗干净之后，放油锅内烹炒，浇上鸡蛋液，加鲜嫩的韭菜，搅拌炒成，上盘后相当鲜美；把煮熟的羊肉的各个部位切成小块放原汁肉汤里，加葱丝、姜末，滚几个开锅，再加香菜、米醋、胡椒粉，搅拌均匀，舀进碗里，边吃肉边喝汤，酸、辣、麻、香诸味皆有，妙不可言。

在全国各地农村，还涌现出一大批传统乡土席，如豆腐全席、三笋席、玉兰宴、全藕席、全菱席、白菜席、菠菜席、海带席、甘薯小席、茄子扁豆席等。在长期的历史发展中，各个民族也创造出本民族的乡村食品，有着本民族的制作风格、饮食习俗和饮食方法。如蒙古族的炒米、满族的饽饽、朝鲜族的打糕、维吾尔族的抓饭、傣族的竹筒米饭、壮族的花糯米饭、布依族的二合饭等，这些丰富多彩的地方、民族乡土风味食品，体现出各地方、各民族独特的饮食文化。

三、乡村菜品与其他菜品的关系

1. 菜品制作中的相互关系

在古代，乡村菜品具有十分复杂的社会阶层性，因为乡村有贵族、富豪、文人墨客和普通劳动者。尽管他们相互之间有内在的联系，但也各自表现出不同的文化特征，这些都是中国菜的源泉。其实，乡村菜品使用的都是土生土长的地方原料，利用地方特色技艺和当地人喜爱的口味而烹制出的菜肴。

首先，宫廷饮食、官府食馔财富源于民众，这已无须多言。其次，乡村在向宫廷、官府提供食源的同时，也提供了各种有关的技术和经验，如烹饪技术、储藏技术、饮食卫生技术与经验等。在封建社会，御厨、官厨大多是由民厨充任，民厨进入宫廷和官府，自然输入了许多民间烹饪技艺，这是一种自下而上的影响，体现了高层次饮食对低层次饮食的依存性。最后，乡村饮食菜品也受到上层社会的影响。宋代开辟了许多规模宏大的饮食市场，《梦粱录》中收集了南宋都城临安各大饭馆的菜单，菜式计三百余款，其中有不少菜式来自宫廷和官府。因而饮食市场的出现和繁荣，体现了乡村饮食对宫廷、都市饮食的模仿。

2. 与都市菜品的渗透、交融

乡村菜品与都市菜品，虽然所处的地方不同，但二者之间是相互沟通、相互渗透并交融的。乡村菜品不仅是都市菜品得以产生的母体，而且是都市菜品得以发展的源泉。它对于都市菜品的渗透与交融，主要体现在以下三个方面：

一是菜品所使用的原料来源于广大农村和牧区，都市人每天使用的各种动植物原料，都是从乡村源源不断地运进都市，供给着城镇市民。原料的老嫩、软韧、新陈以及品种等，都受着生产条件、采集条件的影响。都市菜品的繁荣与稳定需要以乡村食物原料作为基础。乡村的食物原料源源输入城市，对于城市菜品的发展起着较大的影响。

二是随着城镇的不断扩大，乡村之民不断流向城镇，转变为市民。他们虽然转为市民，但乡村菜品的那些加工制作、风味特点不可能彻底改变，在日常生活、社会交往中，还不时将食用乡村色彩的菜品影响其他市民，以此渗透进都市菜品，影响着都市菜品的发展。此外，还有众多的农村之民，因为种种原因，诸如走亲访友、小商品买卖、交换等，常来常往于城乡之间，这些人的饮食方式、制作菜肴的方法，也不可能不对都市菜品的发展起着一定的渗透和交融作用。

三是城镇居民不断返回到自然，到广阔的天地中去，加上一大批从乡村到城市定居的市民，每年因为探亲、访友、考察、旅游、工作的缘故经常到乡村去，他们像城乡之间架起的一座座桥梁，使两者饮食相互连接、交融。他们一方面把城市菜品带入乡村；另一方面又把乡村菜品带回城市。

四、乡村菜品的诱惑力

乡村菜朴实无华的农家风味、自然本味，由于其鲜美、味真、朴素、淡雅，令当今都市人十分向往。特别是食品工业化的发展，人们更追求健康食品，所以世界饮食潮又趋向"返璞""回归""自然"。

乡村菜品，在鲜明的乡村特点的基础上，田园风味浓郁，运用的是土原料，加工、烹制是土方法，这在今天则成了都市人追逐的时尚，人们在越吃越高级的同时，也更显现出越吃越原始。在现代酒店的餐桌上，那些烤白薯、煮玉米棒、羊肉串、老菱角、糯米藕等食品，已成为人们津津乐道、耐人寻味的美味佳肴。所谓土原料，是指乡村菜基本是就地取材，采用以传统种植、养殖方法或绿色、无公害、生态方法生产的食物原料，以及当地自然生长的食物原料，重点是无化肥，且无农药污染，生态、绿色、原汁原味。如施农家肥自然生长的绿色蔬菜，在山野敞放、喂自然饲料的土鸡、土鸭、生态猪，以及野生的河鲜、山珍等都是农家常用原料。所谓土方法，是指操作简便、朴实无华。通常而言，乡村菜在刀工处理上以大块、厚片为主，粗犷；在烹制过程中常采用简便、易操作的烹饪方法，如煮、蒸、炖、烧、炒、烤、拌等，没有严格的规定；在菜品装盘和命名上自然、质朴，如用土陶碗、砂锅、瓦罐等直接盛装菜肴，直接用原料、烹饪方法、制作地等写实的方法来命名菜肴，如小鱼锅贴、地锅鸡、十三香龙虾、大盘鸡、小鸡炖蘑菇、砂锅肥肠、臭豆腐煲等，简单明了。归根到底，乡村菜没有那些调色、调香、调味的化学添加剂，都是自然生长、简单调制、鲜香味美的农家味。

空前繁荣的都市餐饮业，对乡村菜产生了极大的诱惑力，乡村的风鸡、风鸭、腊肉、醉蟹、咸鱼、糟鱼等都成了宴席上时兴的冷碟；村民的腌菜、泡菜、酸菜、渍菜、豆酱、辣酱等成了宴席上的重要味盘；猪爪、大肠、肚肺、鸭胰、鸭肠、鸭血等成了宴席上的"常客"；咸的芋艿、盐水豆荚、花生、老红菱，配上咸鸭蛋，简单又多样；臭干、咸驴肉、窝窝头、玉米饼、葱蘸酱、野菜团子等，竟也登上了大雅之堂……这些都是为了满足现代人的"尝鲜"心理，因而能诱发起人们的食欲。人们在品尝这些乡野菜味时，闻到了乡村的清香，吃到了山野的滋味，给平常生活添进了不平常的感觉，从而将饮食文化推向一个更高的层次。

乡村菜肴的种类

乡村菜大致可分为几类：①传统乡村菜。要求注重选料、讲究刀工、科学配菜、主次分明，口味上以传统味型为主，代表菜如回锅肉、鱼香肉丝、萝卜连锅汤等。②大众乡村菜。在体现正宗风味的前提下，以配料简单、制作简便、口味寻常为特点，多是大众便餐、家常菜式。代表菜有青椒肉丝、韭黄肉丝、粉蒸肉、榨菜肉丝汤等。③风味乡村菜。要在正宗菜肴的继承上体现地方风味特色，具有独特性、系列化、适应性强的特点，品种多，自成体系。代表菜有豆花鱼、竹筒鸡等。④特色乡村菜。以各地正宗菜为基础，重在体现特色。代表菜有麻婆豆腐、烧鸡公、砂锅鱼头等。⑤新潮乡村菜。主要是流行菜和创新菜，体现一定地域、一定阶段的风格，有一定的新奇之处，其菜名也很吸引人。如凉粉鹅肠、牙签牛肉、泡椒串串兔、苦瓜鸭掌、农家鱼面、辣子鸡、桑拿河虾等。⑥原始乡村菜。这些乡村菜的制作不加任何雕琢，家中怎么做就怎么做，简单中带有原始的风格，如窝窝头、烤红薯、蒸南瓜、煮老菱、小米粥等。

乡村菜要特别重视主打营养卫生牌。制作出的菜肴要既卫生，又有营养，还有食补的功效，要用现代医学理论向客人介绍每道菜的功效，如苦瓜炒肉丝、香干马齿苋等菜，既能清凉解暑，又有防范糖尿病等药疗功效。滋补土鸡，香味可口，健身养颜。同时要严格执行《食品安全法》的要求，做到"四保证"：一要保证原料新鲜；二要保证加工过程中不得交叉污染；三要保证食物必须煮熟；四要保证在常温下不得存放超过2小时。

第三节　世代沿袭的民族菜品

我国是一个多民族的国家，在中华民族这个大家庭中，各兄弟民族创造了包括饮食文明在内的光辉灿烂的中华文化。在历史上，由于我国各民族所处的社会历史发展阶段不同，居住在不同的地区，形成了风格各异的饮食习俗。根据各民族的生产生活状况、食物来源及食物结构，从历史发展来看，可大致划分为采集、渔猎型饮食文化，游牧、畜牧型饮食文化，农耕型饮食文化等类型。

以牧业为主的民族，习惯于吃牛、羊肉，喝奶类和砖茶；以农业为主的民族，南方习惯于吃大米，北方习惯于吃面食及青稞、玉米、荞麦、洋芋等杂粮。气候寒冷地区的民族爱吃葱、蒜；气候潮湿、多雾气的川、云、贵等地的民族，偏爱酸辣。各民族所留下的宝贵的饮食文化遗产，有些完整地保留了下来，有些进行了改良。另外，随着各民族人口的移动或迁徙，民族之间的饮食文化也相互地影响与交流。事实上，人们的饮食生活是动态的，饮食文化是流动的，各民族之间的饮食文化一直处于内部和外部多元、多渠道、多层面的持续不断的渗透、吸收、流变之中。

各民族均有独特的知名食品。我国的少数民族大都散居在边远的大漠、林原、水乡或山寨。他们千方百计开辟食源，食料选用各有特点，烹调技艺各擅其长，炊具食器奇特简便，民风食俗别具一格。民族菜风味浓郁，选料、调制自成一格，菜品奇异丰满，宴客质朴真诚。

一、民族饮食文化形成的原因

不同民族之间的饮食差异是由多方面因素形成的。其中，地理、气候等自然条件是决定各民族饮食、烹饪特色的最主要因素。

首先是自然环境影响食物的种类，我国北方自古以来以种植粟和一些杂粮为主；南方以种植稻为主；草原游牧民族的肉食和海边捕鱼民族的肉食不同，这些都是自然环境使然。其次是由此而来的饮食方式和习惯。生产力水平越低，这种限制和影响越明显。

自然环境对饮食的影响还体现在制作和烹调方法的不同。青藏高原海拔高，气压低，水的沸点低，煮东西熟的程度不及正常气压下的透熟，这也就是藏族等民族多喜欢焙炒青稞碾为粉末做糌粑为食的主要原因之一。藏族如果不是居住在青藏高原，那么其饮食可能是另外一种样子。

南方众多少数民族中很少有狩猎经济占较大比重的。而北方民族尤其是东北的许多民族，因为身处气候寒冷、无霜期短的自然环境中，单纯从事农业无法保证必要的食物来源，因此渔猎和畜牧所占的经济成分比重较大，以肉食为主。

地处北方的畜牧业比较发达的蒙古族和哈萨克等民族，他们"吃肉喝奶"的饮食习惯自古流行。除此之外，饮用奶食的民族还有北方十多个民族。

而在南方的许多民族多以稻米为主食，尤其是壮侗语民族和苗瑶语民族。南方农耕民族普遍种植稻谷，糯稻成了当地许多民族不可缺少的主食，糯米饭、年糕是他们的日常食品。有的民族还保留着一种"当炊始舂"的饮食观念，即不吃隔宿粮。[①]

二、民族饮食的双向交流

在民族饮食文化的交流上，早在汉代就有胡人到内地从事餐饮业。汉代张骞出使西域，为各民族间的经济文化交流创造了有利条件。西域的苜蓿、葡萄、石榴、核桃、蚕豆、黄瓜、芝麻、葱、蒜、香菜（芫荽）、胡萝卜等特产，以及大宛、龟兹的葡萄酒，先后传入内地。魏晋南北朝时，出现了我国历史上第二次民族大融合的盛况，在这一时期，一方面，北方游牧民族的甜乳、酸乳、干酪、漉酪和酥等食品及烹调术相继传入中原；另一方面，汉族的精美肴馔和烹调术，也为兄弟民族引进。北魏《齐民要术》中谈到了许多少数民族的饮食品。从书中看，饮食的南北交流、汉族与北方少数民族之间的交流也很普遍。书中记载了一些原来只有少数民族常用的食物及其烹调方法和配料。这些食物原料和配料许多是汉代从西域引进来的，如胡麻、蒜、兰香、葡萄等。

隋唐时期，汉族和边疆各兄弟民族的饮食交流，在前代的基础上又有了新发展。唐太宗时，地处丝绸之路要冲的高昌国的马乳葡萄，不仅在皇家苑囿中种植，并用它按高昌法酿制葡萄酒，其酒色绿芳香，在国都长安深受欢迎。"葡萄美酒夜光杯，欲饮琵琶马上催"（王翰《凉州词》）的著名诗句，表达了唐人对高昌美酒的赞美之情。而汉族地区的茶叶、饺子和麻花等各式美点也通过丝绸之路传入高昌。1972年在吐鲁番唐墓中出土的饺子和各样小点心，是唐代高昌与内地饮食交流的生动例证。

宋、辽、西夏、金，是我国历史上又一次民族大融合时期。北宋与契丹族的辽国、党

---

① 李炳泽.多味的餐桌［M］.北京：北京出版社，2000：49.

项羌族的西夏，南宋与女真族的金国，都有饮食文化往来。如辽代契丹人吸收汉族饮食的同时，也向汉族输出自己的饮食文化。契丹人建国初期以肉食为主、粮食为辅，中期以后粮食在主食中所占的比重加大。同时契丹人的奶食影响了汉族，尤其是进入北宋都城，发展为"酪面"；羊肉进入汉族社会之后发展为煎羊白肠、批切羊头、汤骨头、乳炊羊等花样种类。西夏是我国西北地区党项人建立的一个多民族的王国。公元 1044 年与北宋和约后，在汉族影响下，西夏的饮食逐渐丰富多样化。其肉食品和乳制品，有肉、乳、乳渣、酪、脂、酥油茶；面食则为汤、花饼、干饼、肉饼等。其中花饼、干饼是从汉区传入的古老食品。

元代蒙古族入主中原，带来了北方游牧民族的饮食原料、饮食品、制作方法等。蒙古族的祖先原在黑龙江上游额尔古纳河流域过着游牧生活，至成吉思汗时，蒙古地区的农业逐渐产生，临近汉族地区的汪古部及弘吉剌部已"能种秫穄"，"食其粳稻"。元代太医忽思慧撰写的《饮膳正要》中的许多民族菜品流入民间，对汉族的影响颇大。在此期间，中原沿海汉族地区先进的烹调术传到了少数民族地区，少数民族特有的食汤和菜肴也传到了内地。

明代，汉族和女真、回族、畏兀儿等兄弟民族的饮食交流空前活跃。这可从刘伯温所著的《多能鄙事》一书中看出来。书中收集了唐、宋、元以来各民族的食谱，如汉族的锅烧肉、糟蟹等；北方游牧民族的干酪、乳饼等乳制品；女真的蒸羊眉突、柿糕；回族人的哈尔尾、设克儿匹剌、卷煎饼、糕糜等。兄弟民族的食品传入汉族地区以后，有不少为汉族人民所喜爱。例如，明代北京的节令食品中，正月的冷片羊肉、乳饼、奶皮、乳窝卷、炙羊肉、羊双肠、浑酒，均是兄弟民族的风味菜肴加以汉化烹制而成的。

清朝建立以后，汉族佳肴美点满族化、回族化，满、蒙、回等兄弟民族食品汉族化，是各民族饮食交流的一个特点。影响深远的满汉全席形成于清代中叶，汲取了满、汉以及蒙、回、藏等民族的饮食精华。由于它产生于官府，因而肴馔繁多精美、场面豪华、礼仪讲究。席中的熊掌、飞龙、猴头、人参、鹿尾、鹿筋等是东北满族故土的特产。在《随园食单》中记有许多民族菜点，谈到了满族人的"烧小猪"，类似今日的烤乳猪；有全羊席，也有鹿尾、鹿筋、鹿肉等菜。《调鼎集》中记载的民族食品更是琳琅满目，并分别叙述了鹿、鹿筋、酪、羊、羊头、羊脑、羊眼、羊舌、羊耳及羊各部内脏菜品，还专门有"西人面食"[①]一节，记载我国西北地区人民的各种面食，可谓蔚为大观。在清末到民国时期，许多汉族人到云南少数民族地区从事饮食贸易，如酿制蒸馏酒、做豆腐等。

饮食文化的交流带动了贸易和生产。有些农作物的传播穿越了许多民族地区，甚至漂洋过海。饮食文化的交流在很多情况下是奇异的调味植物和大宗主食植物的传播，前者如胡椒、大蒜等，后者如玉米、甘薯、洋芋等。

三、不同民族的饮食精华

21 世纪，民族菜品正以一种独特和始料未及的亲和力，成为人们餐桌上的家常。当桂林米粉的小店出现在酒店的一旁；当羊肉串及其形式走进中小餐厅的时候，你也许真正

---

① 清·佚名. 调鼎集［M］. 北京：中国商业出版社，1986：485.

意识到民族菜的真正魅力及其使用的价值。

现在，只要我们随意地留意一下，在我们的身边出现了许多民族菜餐厅，图们烧烤、朝鲜泡菜、新疆大盘鸡、回族的涮羊肉、蒙古族的烤羊腿、傣家大酒店及其各地城镇的清真菜馆，等等。与追求个性的现代人一样，民族菜大行其道的魅力就在于"独特"。

每一个民族的饮食中，总有一种或几种是特别受欢迎的。这些食品不论是主食还是副食，往往被视为这个民族的象征。某种食品与某个民族产生这样的联系有许多原因，或是地理环境的决定，或者是宗教信仰的规定。环境所决定的民族食品往往在周围的许多民族中都存在，这些民族的社会生产方式相近。另外，还包括蕴含在某种饮食中的历史、文化所积淀的心理和习俗等内涵。这是物质和精神两方面的互为补充和促进，使某种食物与某个民族的关系日益紧密，相得益彰。①

民族"风味"，正像汉语所揭示的那样，是由"风"和"味"组成的。"风"就是风俗，就是形成和支持这种饮食风俗延续下去的心理，属于意识方面的部分；而"味"就是食品散发出来的独特的味道，是实实在在的物质方面的东西，人们眼睛虽看不见，但是那"味"却逃不出鼻子的嗅觉。②

蒙古族人民自古以游牧生活为主，饮食上多食用牛、羊肉，他们的食用方法有手把肉、烤肉、炖羊肉、火锅、整羊席等；其奶制饮料和食品如奶豆腐、马奶酒、奶酥、奶茶、奶皮子等。随着社会的发展，蒙古族人民在吃法上开始注意烹调技艺和品种的多样化了。鄂伦春人长期以来生活在我国东北地区的大、小兴安岭原始森林中，以狩猎为主，采集和捕鱼为辅。因此，兽肉的加工和烹调以及食飞禽鱼类在他们饮食中占有重要地位。回族是我国人口较多、分布最广的一个少数民族，其饮食习俗受伊斯兰教的深刻影响，故饮食特点鲜明。美味实惠的回族传统小吃"牛、羊杂碎"，早在历史上就享有盛名。它是用牛、羊的内脏精心烹制而成的杂碎汤。其主要原料是牛羊肉的心、肺、肠、肝、腰子以及腮肉、肚梁子、蹄筋等。风靡全国的新疆维吾尔族烤羊肉串，烤制时，油脂便滋滋作响，散发出诱人的香味。特别是撒上辣椒面、盐和孜然，吃起来羊肉嫩香，别有一番风味。

北方的畜牧民族，对奶食充满了特殊的感情。哈萨克族人说："宁可一日无食，不可一日无茶。"又说："奶子是哈萨克的粮食。"他们把吃饭称为"喝茶"。蒙古族人把奶食品称为白食，一方面是指奶的颜色，另一方面是视其为纯洁、高贵。各种奶食和饮料丰富多彩。

风味别具的朝鲜族泡菜，布依族的血豆腐、酸辣豆，赫哲族的杀生鱼，哈萨克族的煮马肠子，彝族的砣砣肉，羌族的熏猪膘，苗族的瓦罐焖狗肉，傈僳族的烤乳猪等，以及满族的饽饽，朝鲜族的打糕、冷面，傣族的瓦甑糯米饭、竹筒米饭和青苔菜，锡伯族的南瓜饺子，毛南族的露蒸红薯，壮族的花糯米饭，布依族的二合饭、粽粑、魔芋豆腐，门巴族的石板烙饼，达斡尔族的稷子米饭，藏族的糌粑，维吾尔族的馕，等等，为我国饮食的百花园增添了灿烂的篇章。

壮族人民善于烹调，已形成"壮味"，许多菜经过大厨们的改造，登上了"星级餐厅"

---

① 邵万宽.中国境内各民族饮食交流的发展和现实［J］.饮食文化研究，2008（1）：12-20.
② 李炳泽.多味的餐桌［M］.北京：北京出版社，2000：58.

的大雅之堂。每年农历六月二十四日是壮族的火把节，在这个节日里，各家各户竞献绝技，名菜佳点层出不穷，如"巴马香猪""白切鸡""壮乡香糯骨"等。在庆祝宴上，除了家养畜禽类菜肴外，席上还必有野味，如"火把肉""皮肝糁""子姜野兔肉""白炒三七花田鸡"等。

藏族的饮食因所居地不同而各异。牧区以牛羊肉为主食；农区以青稞面做成的糌粑为主食，由炒的青稞磨面与酥油、奶渣、热茶拌匀后，用手捏成团状，手抓着吃，不仅营养丰富，而且便于携带。藏族人都喜欢喝青稞酒、酥油茶，吃糌粑，这是独具特色的藏族传统食品和饮品。

"合菜"，是土家族过年家家户户必制的民族菜，俗称"团年菜"。相传明嘉靖年间，土司出兵抗倭，为不误军机，士兵煮"合菜"提前过年。其做法是将萝卜、豆腐、白菜、火葱、猪肉、红辣椒等合成一鼎锅熬煮，即成"合菜"。这道菜除味道佳美，还别有深意：它象征五谷丰登，合家团聚，同时又反映土家人不忘先民的光荣传统。

彝族大部分地区以玉米为主，其次是荞麦、土豆、小麦、燕麦、粟米、高粱等，稻米数量较少。将这些加工成粉，与水和成面团后，煮成疙瘩；用锅贴制成粑粑；擀成条成粗面条；经发酵烤熟称泡粑粑。肉食主要有牛肉、猪肉、羊肉、鸡肉等。彝族人特别喜欢将肉切成拳头大小的块煮食，汉语称为"砣砣肉"。蜜制品是彝族人的重要食品之一，"荞粑粑蘸蜂蜜"是年节期间的美味，也是平时待客用的名点。

四、民族菜品的引用与嫁接

在现代饭店菜品制作中，不少创新菜体现在民族菜品的嫁接上，如"香脆鲜贝串"就是一款民族风味的改良组合菜。它汲取了新疆羊肉串的制作之法，改羊肉为鲜贝，变烤为炸，因鲜贝是鲜嫩味美之品，直接油炸会影响其鲜嫩和口感，故而取广东的脆皮糊，将脆皮鲜贝串后再炸，其色泽金黄、香脆鲜嫩，像一串串的糖葫芦，色、形诱人。

把民族的特色风味引进酒店，是菜品出新的一个重要方面。如借鉴源自塞外大漠的蒙古族烤肉，可在食品柜台上摆放蒙古人爱吃的羊肉片、牛肉片、猪肉片和鸡肉片，供客人随心所欲自行挑选；然后，再随意搭配西芹、芫荽等蔬菜，调上近似蒙古人口味的特制酱汁；最后把这些菜、肉由厨师烤制，以突出独特的风味特色。根据内蒙古菜肴手抓羊、羊锤而引进制作的"香炸羊锤"，是一款香味扑鼻的美味菜品。如今，此菜已在全国许多城市的大宾馆的宴会上出现。此菜取料独特，许多饭店都是从内蒙古直接进货，以保证羊肉的口感和风味。将小羊锤腌渍入味，入高温油锅炸至酥松，捞出沥油，撒上孜然粉等调料，手抓食之，羊肉酥，肉质嫩，香味浓，口感诱人，极具民族特色。

地处我国西南边陲的云南省，是我国众多民族聚集的地方。此地山高水长，林茂竹修，山林多野味，单说闻名天下的鸡枞、松茸等菌类，以及蕨菜、山药、竹笋、竹荪等就可以做出多种美味。近年来，云南红土地的山珍——野生菌，成为内地各大酒店的特色菜品，配菜、煲汤都为菜中上品。丽江和中甸是云南松茸的主要产地，纳西族创制的"酿松茸"和藏族创制的"油松茸"，便是两道高原名馔，成为内地酒店的仿效之品。

云南居住在亚热带山林、河谷的少数民族极喜吃酸，因酸能和胃、解乏、祛暑气，使人心畅眼亮。其中，苗家调制的酸汤，是一种民间调味品，用冬青菜、马蹄菜、嫩玉米心、米汤、清水混合入缸沤制，在常温下发酵 24 小时即成。滗出汤液，用以煮鲜活的鲫鱼，酸味醇正，汤汁乳白，鱼肉格外鲜嫩。酸菜蒸鲫鱼，用酸腌菜做底料，将鲫鱼剖洗干净置于其上，浇以杂骨汤少许，上笼蒸 30 分钟即可。鱼肉咸鲜滋嫩、酸甜爽口。

在我国的西南地区，傣家的竹楼都依竹、依树、依水而造，在他们的寨子里，四周竹林环绕，远眺傣家村寨，仿佛生活在一片青山绿水之间。他们取用当地的香竹，按竹节砍断，再把米装进竹节里，距筒口约 10 厘米，然后将水装满，待米泡上一段时间后，便用洗净的竹叶把筒塞紧，再放火上烧烤。竹筒表层被烧焦的时候，竹筒米饭也就熟了。这一具有民族特色的食品，现在被许多地方饭店引用。特别是利用竹筒、竹节盛装菜品已在全国十分盛行，这种民族盛具的运用，取得了很好的食用与观赏效果。

有些饭店推出西双版纳傣族食品"香茅草烤鱼"，以特有的香茅草缠绕鲜鱼，配以滇味作料，烧烤而成，外酥里嫩；竹筒、土坛、椰子、汽锅等，都能体现出地道的云南少数民族的乡土风味。傣族的另一道传统菜品"叶包蒸鸡"，肉嫩鲜美，香辣可口。将整鸡洗净用刀背轻捶，然后放上葱、芫荽、野花椒、盐等作料，腌制半小时，再利用芭蕉叶包裹，放到木甑里蒸熟。此蕉叶、粽叶包制之法，在南方地区应用十分广泛。

如今西藏的虫草、藏红花成了全国餐饮行业十分看好的原料，许多大小饭店、餐馆纷纷推出虫草菜、红花汁制作的菜品，如虫草炖鸭、虫草焖鸭、红花凤脯、红花鲍脯等菜。虫草具有补肺益肾的功能，藏红花有安神、调血压等功能，是滋补身体的优良食物原料。西藏传统菜"拉萨土豆球"，是以土豆泥为主，稍加面粉、青稞粉用水调成面团，另外用牦牛肉、冬菇、冬笋一起炒制成三鲜馅，然后用面坯包馅制成椭圆形球，入油锅炸至外酥内软。目前，有些地区利用西藏的青稞原料制作菜品，如青稞炒鸡丁、青稞蔬菜汤、枣泥青稞饼等，都别具风味。

火锅的发明是对饮食烹饪的一大贡献。从边炉火锅到双味火锅再到各客火锅，不仅扩展了火锅的内涵和食用的方法，而且给企业增加了新的服务项目。当火锅不断影响中国餐饮市场的时候，许多新的品牌逐渐兴起。如内蒙古的小肥羊、小尾羊等品牌正是利用火锅的特点而不断地发展起来的。应该说，民族之间的交流无所不在。[①]

中华民族大家庭

中国是一个统一的多民族国家，56 个民族及其祖先共同创造了光辉灿烂的中华文明。各民族大杂居、小聚居地交错分布，促进了各民族间经济文化的密切交流。全国 56 个民族中，汉族人口占 93%，其他 55 个少数民族占人口 6.7%。少数民族中人口在 100 万以上的有 15 个民族，其中人口最多的是壮族，有 1500 多万，而人口最少的民族只有 1000 多人，有 8 个民族的人口在 1 万以下。在民族分布方面，人口众多的汉族密布于东部沿海以及华北、华中的沿江平原地区；少数民族则多分布在边疆各省区草原、山地和丘陵地区，少数在内地则与汉族杂居。从面积来说，少数民族分布地区约占全国面积的 60%，

这种分布的局面，也是历史发展而形成的。汉族人口众多，分布面广，自然条件较为优越，以及先进的政治、经济、文化和对少数民族的影响，使其自然地成为中华民族构成的主体。

第四节　气息浓郁的风味小吃

中国各地的风味小吃灿若繁星，五彩斑斓，那蕴含其中的浓郁的乡土韵味，那古色古香的格调，那美丽的传说，那市井的、乡村的传奇故事，无处不在散发着古老民族的淳厚的生活气息。

一、根深叶茂，润泽天下

中国风味小吃根深叶茂，见诸文字记载的小吃品种，可以上溯到距今三千年左右。

在我国早期先秦古籍中，已能隐约看到有关小吃的记载。古代陶制炊具和青铜炊具的相继问世，为我国小吃制作开辟了广阔的道路。《周礼·天官·笾人》中所记的饵、糍为一种饼，也有人认为是一种类似糕的小吃。《楚辞·招魂》中则记有加蜜的甜食小吃。

汉代是中国小吃早期发展阶段。农作物的普遍种植，肉食品种的广泛应用，饮食市场已是"熟食遍列"，粉、面食品也开始形成体系，崔寔的《四民月令》中，记载的农家小吃，有蒸饼、煮饼、水溲饼、酒溲饼、枣糒等。在副食小吃方面的著名品种有：烂煮羔羊、腌羊酱鸡、白切狗肉、煎鱼切肝、烧雁羹、马奶子酒、甜味豆浆、甜瓠子等，真是主副杂陈，应有尽有。

唐代长安、北宋汴京、南宋临安、元大都均有许多小吃店，并且已很有规模。小吃经营者有行坊、店肆、摊贩，也有推车、肩挑叫卖的沿街兜售小贩；还有售某种食物的专卖小吃店。这些小吃店铺，大都会里有，中小城市里也有。宋代小吃店铺甚多，品种数以百计，令人眼花缭乱。

唐宋小吃业的繁荣还表现在不同营业时间的品种变化上，如，据《梦粱录》载："早间卖煎二陈汤，饭了提瓶点茶，饭前有卖撒子、小蒸糕，日午卖糖粥、烧饼、炙焦馒头。"在描写宋代经营小吃的盛况时写道："每日交四更，诸山寺观已鸣钟……御街铺店，闻钟而起，卖早市点心，如煎白肠、羊鹅事件、糕、粥、血脏羹、羊血粉羹之类……有卖烧饼、蒸饼、糍糕、雪糕等点心者，以赶早市直至饭前方罢。"[①]仅早点小吃就有如此繁多的品种，其时全貌可见一斑。

元明清时期是中国小吃发展成熟时期，这时期少数民族与汉族小吃相互交融，制作技术不断丰富和提高，小吃新品种不断涌现。据明朝万历年间黄正一辑《事物绀珠》记载，当时有不少民族小吃食馔，都是很精美的佳味。如回族小吃有"设克儿匹剌"（蜜面为皮、胡核肉为馅的面饼）、"卷煎饼"（百果做馅的油炸食品）、"糕糜"（煮烂羊头皮肉加米粉及蜜制成）；女真族食品有"栗糕""柿糕"等；蒙古族食品有"不朵"（蒙古粥食）、"兀都麻"（烧饼）、"罗撒"（汤面）、"口涅"（馒头）等。富有特色的小吃还有朝鲜族的打糕、

---

① 宋·吴自牧.梦粱录［M］.杭州：浙江人民出版社，1980：122、118.

满族的萨其马、回族的馓子和羊肉饺、蒙古族的肉饼、藏族的糌粑、壮族的荷叶包饭、维吾尔族的馕、白族的米线等。

二、主副兼备，雅俗共赏

我国各地风味独特、品种繁多的小吃扎根民间，素以选料严谨、制作精细、造型讲究、味别多变和注重色、香、味、形的配合著称，其品干稀皆有、荤素兼备、料味俱佳、风味各异，深受广大人民群众喜爱。

小吃，按习俗一般多用于早点、茶食、夜宵与宴席的配餐，也可作正餐，它的某些品种还是佐酒佳肴。从小吃的食用原料来看，有粮食、粉料制作的主食小吃和可充当佐酒下饭精美菜肴的副食小吃。自古以来，中国小吃两大类型在历史发展长河中并驾齐驱，它们一方面沿着自己的制作轨迹发展，另一方面主副之间兼而在之，并开发出主副原料合为一体的小吃品种。

主食小吃：糖粥、窝窝头、阳春面、油大饼、黄桥烧饼等。

副食小吃：茶叶蛋、羊肉串、炸臭干、鸭血汤、炸鹌鹑等。

主副小吃：羊肉泡馍、糯米鸡、熏肉大饼、牛肉面、米粉羊肉汤等。

在小吃制作中，以宴席小吃的要求最高。宴席小吃讲究味形精美，粗料细作，注重美食美色。大众化小吃，品种繁多，口味鲜香，一般以蒸制式、水煮式、煎贴式、焙烙式、烩焖式、烘烤式、炒爆式、炸氽式、凝冻式较多。蒸制式小吃，多用不同的面团和馅心制成，还有一些糕、卷之类，如南翔馒头、灌汤包、蚝油叉烧包、整米切糕、蜂糖糕、金银腊肠卷、叶儿粑等。熬煮式小吃，如八宝莲子粥、豆汁、刀削面、桂花糖芋艿、猫耳朵、汤圆、臊子面等。烩焖式小吃，如羊肉泡馍、焖伊府面、烩扁食、米粉羊肉汤、沙罐煨面等。焙烙类小吃，如糖火烧、麻酱烧饼、熏肉大饼、枣泥锅饼、枣锅盔等。烘烤式小吃，以白皮或酥皮较多，如萝卜丝饼、叉烧酥、缸炉椒盐饼、鸡仔饼、虾肉月饼等。煎贴式小吃，如山东煎饼、鸡蛋煎饼果子、韭菜烙盒、锅贴、蚝仔煎等。炒爆类小吃，如炒疙瘩、油炒面、三合泥、虾爆鳝面、甜肉糕等。炸氽类小吃，如焦圈、脆麻花、黄米面炸糕、油条、春卷、玫瑰锅炸等。凝冻式小吃，如豌豆黄、水晶糕、马蹄糕、凉粉、凉冻菠萝酪、杏仁豆腐等。

我国小吃应时应节，不同的时令有不同的小吃品种。中国小吃的这一特点，古代已有体现。据明代刘若愚的《酌中志》载，那时人们正月吃年糕、元宵、双羊肠、枣泥卷；二月吃黍面枣糕、煎饼；三月吃糯米面凉饼；五月吃粽子；十月吃奶皮、酥糖；十一月吃羊肉包、扁食、馄饨……应时应典、当令宜时的特点十分鲜明。厨师们根据地方风俗习惯和季节的更替，采用时令新鲜蔬菜和荤食，配上不同的原料，制成各式时令小吃。在烟花三月、鸟语花香的春季，春卷、韭菜饼、青团是人们喜爱的食品；盛夏酷暑，马蹄糕、绿豆糕、西瓜冻、水果冻之类的清凉小吃，助人消暑解渴；秋季天气转凉，正值蟹肥菊黄、莲藕入市，人们便采藕制饼，取蟹制包；冬季气候寒冷，人们吃些热气腾腾而又能起滋补作用的小食品，故有八宝甜糯饭、冰糖银耳、五香牛肉汤、砂锅粉丝等。还有许多小吃是应节令而生的，如正月的元宵、清明的青团、端午的粽子、中秋的月饼、重阳的花糕、春节的年糕等。中国小吃是我国人民创造的物质和文化财富。从文化角度讲，它们寓情于吃，使人们的饮食生活洋溢着健康向上的情趣。

三、特色鲜明，风味多样

小吃为人们所喜爱，除了在色、香、味、形及营养方面各有千秋外，还由于它们的大多数品种都具有食用方便、乡土味浓、易于存放、便于携带的特点，既能代替正餐，又可充当点心。因此，长期以来，古老的品种盛传不衰，新颖花色层出不穷，各地小吃的制作也是八仙过海，各有独特之处。

地域广阔的中华民族，自古以来，在食品制作上就有地域性的特色，在制作技艺上、饮食习惯上也逐渐体现出各自的乡土风格特色。客观存在的物质基础，为我国百花齐放的小吃风格提供了条件。经过几千年的发展演变和广大人民、特别是广大小吃制作者的辛勤劳动，而今，在我国小吃的百花园中，多种多样的风味特色竞相开放：有传统的宫廷小吃，有各具特色的地方小吃，有众多的少数民族小吃，也有色彩斑斓的宴会小吃和小吃宴；有精工细作的高档次小吃，也有普通的面食杂粮小吃品。它们各有所长，各显技艺，形态美观，味美可口，成为我国食苑中一束鲜艳而独特的奇葩。

在我国丰富的小吃群中，各个品种都具有自己的独特风格。古代，人们就讲究小吃制作的工艺水平，从晋人束皙《饼赋》中便可见一斑："笼无迸肉，饼无流面。姝媮咧敫，薄而不绽。嶲嶲和和，臁色外见。柔如春绵，白若秋练。气勃郁以扬布，香飞散而远偏。"[①] 清代袁枚《随园食单》中的"小馒头小馄饨"：作馒头如胡桃大，就蒸笼食之，每箸可夹一双，扬州物也。扬州发酵最佳，手捺之不盈半寸，放松仍隆然而高。小馄饨小如龙眼，用鸡汤下之。古代的小吃制作已达到相当高的水平。

而如今扬州名点"三丁大包"虽说是一般大包，但其制作风味的特色轰动香港，风靡日本。它取用鸡肉、猪肉和笋肉等并按一定比例搭配而成。在刀工上，要求鸡丁大于肉丁，笋丁小于肉丁，并用鸡汤烩制，素有"荸荠鼓形鲫鱼嘴，三十二纹折味道鲜"之赞。其特点是馅心多，包子大，鸡肉鲜，冬笋嫩，猪肉香，油而不腻，甜咸可口。北方的"龙须面"和清宫小吃"银丝面"，虽然主料不过是水和面，但制作要求却十分复杂，需经过七八道工序，通过反复抻扣拉扯，一块面团可以抻变成细如发丝的面条，且不断不乱、互不粘连，令世人叹为观止。

历史悠久的博望锅盔，不但保留着古老的风貌，然其制作工艺更加精湛，风味也更加独特，经慢火烤烙后，皮焦脆、瓤韧软，饼面呈焦白而非焦黄，盛夏时节，长途携带而不变质。广州的传统小吃虾饺，个头比拇指稍大，呈弯梳形，皮薄而半透明，其中馅料虾肉呈嫣红色，隐约可见，外形美观，爽滑，营养丰富，美味可口而不腻。

北京是中国小吃文化的重要之所，这里既集中了四面八方的小吃原料，又汇集了东西南北的风味小吃及烹制高手。典型的北京风味小吃"豆汁"，它那酸溜溜、甜丝丝、热乎乎、辣酥酥、香喷喷的滋味，曾使多少代北京的老者流连，幼者忘返。

长江下游的扬州、南京小吃，自古饮食文化发达，李斗《扬州画舫录》记载清代扬州"茶肆甲于天下，城市外，小茶肆，皆面馆小食，每旦络绎不绝"。南京夫子庙小吃，

---

① 邵万宽.中国面点文化［M］.南京：东南大学出版社，2014：56.

早在南北朝时期就有一定的规模，茶坊酒肆小吃摊点比比皆是，其品种琳琅满目，历久不衰。

岭南小吃，花色繁多，做工精细，各种粥品不仅风味别具，而且注重营养和滋补功能。它以民间食品为主体，不断吸收外来小吃制作之长，如沙河粉、肠粉、叉烧包、虾饺、马蹄糕等，无不具有浓厚的南国风味。

除上述介绍之外，我国各地、各民族都有自己独特风味的小吃佳品，并且都影响一方，为广大群众所喜爱。

四、誉满神州，香飘四海

1. 传统小吃的制作与派生

中国的小吃品种之多，是举世无双的。在我国辽阔的疆土上，全国各地、各民族人民在饮食上自古就形成了以本地土特产原料为基础而制成的小吃食品，在中国食品制作史上，稻米是江南人自古以来最主要的粮食，酿酒、制醋、炊饭、熬粥、做糕点和小吃等都离不开它。对于江北人来说，情况与江南很不相同：明朝时一般平民以大麦、小米或杂粮为主，饭桌上最常见的是馒头、蒸饼、窝窝头、烧饼、烙饼或面条等食品和小吃。

由于各地的地理气候、风土物产、饮食技艺的不同，全国广大人民都一直以本地所乐于享用的风味在制作、派生和发展着。客观存在的物质基础，为我国小吃食品百花齐放的风格提供了条件，经过几千年的发展演变和广大人民、特别是小吃食品制作者的辛勤劳动，而今，在我国小吃食品的百花园中，多种多样的风格特色竞相开放，无论是大中城市，还是小的村镇，被各地人们所钟爱的小吃俯拾即是，并在那里生根、开花、结果、催新发芽，并吸收外地小吃食品的精华，为己所用。全国各地许多名小吃早已深入人心，如宫廷御点、天津三绝、淮扬细点、苏州糕团、秦淮八绝、城隍庙食品、广州早茶、北方面食、民族糕点……这些在国内均享有较高声誉，在国外也颇有影响，受到了国际友人和海外侨胞的一致好评。

2. 小吃文化的开发与利用

小吃，不仅是我国人民饮食的国粹，而且它也为现代地方经济的发展和为世界人民服务做出了较大贡献。

南京夫子庙秦淮风味小吃，在20世纪80年代中期，当地政府十分重视这类传统小吃的挖掘工作，通过努力，夫子庙地区七家点心店制作了8种套点，经市、区饮食业专家鉴定，南京秦淮区风味小吃研究会于1987年9月将秦淮风味名点小吃正式命名为"秦淮八绝"。具体品种为五香茶叶蛋、五香豆、雨花茶；开洋干丝、蟹壳黄烧饼；麻油干丝、鸭油酥烧饼；豆腐涝、葱油饼；什锦素菜包、鸡丝面；牛肉汤、牛肉锅贴；薄皮包饺、红汤爆鱼面；桂花夹心小元宵、五色糕团。以夫子庙为中心的具有明清风格、庙市街景合一的文化、旅游、商业、服务等多功能相结合的秦淮风光景区，荟萃了具有秦淮特色的饮食文化和风味小吃，秦淮区政府以此为契机，大力发展秦淮旅游和营造夫子庙小吃佳境，使夫子庙成为小吃食品的天堂。

西北地区的西安市，几十年来一直注重开发本地区的民间特色小吃，20世纪80年代开发的"饺子宴"成为闻名华夏的"特色宴"。而今，西安饭庄以大俗大雅的陕西小吃文化为特征，以极尽展现陕西浓郁的乡村风情而创制的"陕西风味小吃宴"，从全省数百种小吃中精选出省内特色名品组成宴席，而且分析每一品种的原料组成、配料标准、火候程度、营养成分等，并对来自民间的小吃进行创新改良，多次在海外的美食活动中成为外国宾客追逐的热点。它为推动企业效益的提高，促进地方餐饮业的发展和活跃市场经济方面发挥了积极的作用。

在福建一个只有二三十万人口的山区小县——沙县，居然有130多样小吃，而且走出山坳，闯入大中城市，销售状况火爆。近年来，打着"沙县小吃"旗号的小吃店，在福州市有1000多家，厦门市有600多家，泉州、漳州、南平、三明、龙岩等市也到处可见，扩散到广东、江西、浙江等省，进入了北京、上海、深圳等地，最远已到达新疆乌鲁木齐市。

立足小吃做大文章，是值得人们去思考的。创立于1996年的常州市大娘水饺餐饮有限公司，以小吃快餐为立足点，在水饺上做文章，20多年来其产品已风靡全国，走向海外。1998年"大娘水饺"走出常州，先在苏州、南京、上海等沪宁线连续开了多家连锁店，且生意特别火爆，现在已开遍全国主要城市，并跨出国门。"大娘水饺"目前拥有的水饺品种有60多个，每日上市供应的品种达20余种，小小的水饺做出了大的规模、谱写了新的乐章。"大娘水饺"拿来了洋快餐的管理，立足于民族传统小吃，创造了中式快餐生产制作的标准化，得宠于寻常百姓，独秀于小吃之林，为弘扬民族小吃摇旗呐喊，为服务百姓大众不断创新。

3. 中国小吃香飘海外

近百年来，中国小吃食品随着华人及其中国餐馆在海外的不断增多，而不断地流入海外市场，并越来越多地引起世界各国人民的关注和重视。海外华人杂货店、食品商场、各式中餐馆、中式快餐店等，随处都可发现那些风味浓郁的传统的中国小吃品种。

"春卷"是流传海外销路最广、且最令外国人叫绝的风味食品。从美洲到澳大利亚，从东南亚到欧洲，其酥脆油香的特色，无不令当地人所叹服。早有传闻，在美国的华人中有专卖"春卷"而发大财的。在欧洲，时常可见人们坐在路边的太阳伞下喝着啤酒、嚼着春卷，或在大街上一边行走，一边品尝。在海外，几乎每家中餐馆都有春卷出售，其品种也在不断增多，有大卷、小卷的；有肉馅、素馅、甜馅的，等等。

精致小巧、特色分明的中国小吃深受海外广大人士的普遍欢迎，许多华商们瞄准市场，并开始利用机器大批量生产制作烧卖、虾饺、蟹钳、水饺、馄饨等速冻食品，以满足海外华人、中餐馆、外国各地人民的需要。这些小巧玲珑、品种丰富的小吃品种，现已成为中国传统食品的代表作，在海外广为流行。

纵观海外的食品市场，在中国食品中，岭南小吃是唱了主角的，这是东南亚地区及岭南商人的主要贡献。19世纪末至20世纪30年代，不少海外华侨就将中国的食品带到外国去，并兴办中国式餐馆，加上广州毗邻香港、澳门，接近新加坡、马来西亚，因此，包括饼食小吃在内的中国饮食，以前所未有的规模传到海外，而岭南小吃充当了排头兵。

岭南小吃以其小巧雅致、款式新颖、口味丰美的特色名扬中外，其品种丰富繁多，特色分明，许多品牌在欧洲、美洲、东南亚等地已经扎根，特别是那些以小吃为主要特色的中餐馆，其经营的小吃品种有几十种之多，诸如虾饺、肠粉、荷叶饭、糯米鸡、沙河粉、荔浦芋角、马蹄糕、干蒸烧卖、凤眼饺、莲蓉包、蚝油叉烧包、水晶包、椰蓉软糍、麻枣、咸水角、江南百花饺、广式月饼等。这些中餐馆和国内一样，早餐（早茶）从上午卖到中午，还兼卖各式菜肴，食客络绎不绝，并吸引着方圆几十里甚至上百公里的老华侨们和外国当地人。

"月饼""粽子"也是海外华人世界里十分旺销的中国小吃品种，在华人食品店一年四季常年供应。华人们已经打破季节食品的习惯，传统小吃成为许多华人家庭不可缺少的消闲食品，多种多样的馅料风味，也不同程度地吸引着海外各国人民。

中国的小吃食品在海外的影响范围已越来越广泛，特别是现代化生产的各类速冻食品，已不局限于中国杂货店，许多食品商场里都大量供应。中国式的水饺皮、馄饨皮、春卷皮，质量好，规格全，可满足各类餐馆、家庭制作中国式的小吃。中国餐馆里各套餐（头盘）、点菜单、自助餐等，都少不了各式中餐风味小吃。中国的风味小吃与中国的菜肴一起已深入世界各地，并带着浓郁的民族特色在海外各国长久飘香。[①]

第五节　历史传承的特色菜品

一、宫廷菜

宫廷菜是指我国历代封建帝王、皇（王）后、皇（王）妃等用膳的菜肴。宫廷中有专司皇室饮食的御膳机构，皇帝吃饭叫进膳，开饭叫传膳，负责烹调的厨师叫御厨。身居皇宫中的帝王，不仅在政治上拥有至高无上的权力，在饮食上也享受着人间最珍贵最精美的膳食。御厨利用王室的优越条件，取精用宏，精烹细做，使宫廷菜具有了传奇和神秘的色彩。

（一）宫廷菜的历史传承

自商周始至清朝末，历代宫廷中都设有专司饮食的机构。商周时设置"膳夫"，有天官管理皇宫中的饮食；秦代设少府，有太官主管膳食，汤官主管饼饵，导管主管择米，庖人主管宰割。以后厨房的烹饪生产官职分工更加明确精细：汉代设尚食，有大官负责宫廷饮食；隋朝设祠部，初由侍郎掌管，炀帝时有直长；唐代设膳部、司膳等，由郎中、膳大夫等管理皇宫膳食；南宋有光禄寺；明代设尚食局，有宦官掌管饮膳；明清两代由光禄寺负责赐宴，清代宫中饮膳，设御膳房负责皇上膳事，下设荤局、素局、饭局、点心局、包哈局（挂炉局）。

有关历代宫廷菜肴的记载颇多。吕不韦编撰的《吕氏春秋·本味》收载了商汤时宫廷中的天下美食和烹饪技艺的原则及菜肴质量要求。《周礼》中记述了宫廷司膳的分工。《礼记》中的内则、曲礼诸篇，比较具体地记载了宫廷美味和烹饪制作原理，如周代著名的"八珍"美馔。屈原《楚辞·招魂》中的食单，洋洋洒洒，菜品众多。隋朝谢讽的《食经》、唐代韦巨原的《烧尾宴食单》、宋代的《玉食批》《武林旧事》《东京梦华录》《梦粱录》《都城纪胜》等书都记叙了御宴的食单。尤其是元代忽思慧所著的《饮膳正要》，是

---

① 邵万宽.中国小吃，香飘海外［J］.国际食品，1997（3）：12-13.

我国古代收集最广泛、内容最详细的宫廷食谱。与现今留传下来的宫廷菜联系最密切的是现存清代的"内务府档案"，它保存了18世纪乾隆朝至20世纪光绪朝寿膳房、御膳房的食单，都是我们研究宫廷菜的珍贵资料。

（二）宫廷菜的风味特点

我国宫廷风味，主要是以几大古都为代表的风味，有南味、北味之分。南味以金陵、益都、临安为代表，北味以长安、洛阳、开封、北京、沈阳为代表。留传至现在的宫廷菜主要是元、明、清三代的宫廷风味。尤其是清代的宫廷菜，是今天宫廷菜的主体。

清代的宫廷风味，主要由三种风味组成。一是山东风味，明朝统治者将京城迁至北京时，宫廷御厨大都来自山东，因此，到了清代，宫中饮食仍然沿袭了山东风味。二是满族风味，清朝统治者是满族人，满族地区历来过着游牧生活，饮食上以牛、羊、鸟等肉类为主，在菜肴制作上形成了满族口味特色的满族风味。三是苏杭风味，乾隆皇帝前后六次出巡江南，对苏杭菜点十分赞赏，于是宫中编制菜单时，仿制并请苏杭厨师制作苏杭菜点，充实宫中饮食。从此，清代宫廷饮食便以这三种风味为基础逐步提高发展起来，成为今日宫廷菜之风味。

宫廷菜华贵珍奇，原料多数来自各地贡品，比较罕见而难得。菜肴典式有一定的规格，十分豪华精致，造型秀美而多变，菜名吉祥而富贵，筵席规格高，掌故传闻多，餐具华贵而独有。宫廷菜实际上集中了我国传统烹饪技艺的精华，它始终保持着中国菜共有的基本特点和属性。同时，由于历史的原因，它也有自身所独有的特色和内涵。

1. 烹饪用料广泛珍贵

宫廷菜的制作原料得天独厚，它不仅有民间时鲜优质的普通原料，也有性质特异的地方土特产品，有博天下之万物精选的稀世之珍，更有数不尽的山珍海味、罕见的干鲜果品，这些烹饪原料从四面八方向宫中汇集。如长江中镇江的鲥鱼，阳澄湖的大闸蟹，四川会同的银耳，东北的鹿茸、鹿尾、鹿鞭、鹿脯等，南海的鱼翅，海南的燕窝，山东的鲍鱼、海参，这些稀世之珍源源不断地从水陆运到宫中。

2. 菜肴制作技术精湛

宫廷菜制作精细，厨师技艺高超，而突出的一点是制作上尤其注重规格。据溥杰先生的夫人爱新觉罗·浩所著《食在宫廷》一书记载，宫廷菜在配制上不得任意配合，如八宝菜，只限八个规定品种，不得任意更换代用。在调味上，"主次关系严格区分，如做鸡时，无论使用哪种调料、材料，必须保持鸡的本来味道"。在制作的刀法上，宫廷菜制作有严格刀法要求，如红烧鱼制成"让指刀"，干烧鱼制成"兰草刀"，酱汁鱼制成"棋盘刀"，清蒸鱼制成"箭头刀"。不同的烹调方法，要求不同的刀法，不仅在加工主料时表现出来，就是在加工配料时也严格区别。[①]

为了使菜肴美观，操作讲究量材下刀。造型上主要用围、配、镶、酿的工艺手法，使菜肴外形整齐、饱满。加之宫廷对烹饪的程序有严格的分工和管理，如内务府和光禄寺就是清宫御膳庞大而健全的管理机构，对菜肴形式与内容、选料与加工、造型与拼摆、口感与器皿等，均加以严格限定和管理，使得宫廷饮食的加工技艺精湛而高超。

① 唐克明.宫廷菜与传说［M］.沈阳：辽宁科学技术出版社，1983：17.

3. 重视保健，寓意吉祥

封建统治者为了祈求益寿延年，万寿无疆，除了要求菜肴琳琅满目、奇异珍贵、显示尊严外，还要求菜肴有滋补养生的功用。为此，历代御膳机构中还专门设有"食医"等指导御厨进行菜肴的烹制，并由此形成一定的理论，"食物相克""食物禁忌"等就是一例。自元代宫廷饮膳太医忽思慧《饮膳正要》一书刊刻问世后，"食疗"不仅在宫中更加盛行，而且从宫中流向社会，影响后世。

宫廷菜是为宫廷皇上所享用的，于是，宫中的达官贵人、司膳、太监为了迎合皇帝的欢心，挖空心思给菜肴冠以象征性的名称，宴席冠以敬祝的席名。诸如菜肴有龙凤呈祥、宫门献鱼、嫦娥知情等，点心有五福寿桃，宴席有万寿无疆席、江山万代席、福禄寿禧席等，都具有吉祥、富贵、美好的寓意。

宫廷菜的技艺特色反映了我国传统的烹饪文化的宫廷风格，虽然随着历史的变迁，钟鸣鼎食的帝王们已被历史所埋葬，但历代御厨们所创造的宫廷菜，今天仍在烹坛上放射出夺目的光彩。

二、官府菜

我国历代封建王朝的许多高官极其讲究饮食，不惜重金网罗名厨为其服务，创造了许多别有特色的名菜名点。这些官府菜有些已融入了地方菜系，但影响深远的官府菜，仍然以其独特的风味保留至今，有的经过系统地发掘整理、继承和发扬，重新绽放出光彩。

历代官宦的门第特点，在饮食中求享乐、重应酬，追求饮食的高品位必然也重视饮食；还有人用珍馐作敲门砖，谋求升迁，故而官府肴馔历来精细。官府菜亦称"公馆菜"，多以乡土风味为旗帜，注重摄生，讲究清洁，工艺上常有独到之处，不少家传美馔，闻名遐迩。如山东孔府菜、北京谭家菜、南京随园菜、河南梁（启超）家菜、湖北东坡菜、川黔宫保（丁宝桢）菜、安徽李公（鸿章）菜、东北帅府（张作霖）菜，都是其中的佼佼者，至今仍有魅力。

（一）孔府菜

孔府菜名馔丰盛、规格严谨、风味独具。这与孔子有关饮食卫生和养生之道的饮食观是分不开的。孔子十分讲究饮食科学，如"食不厌精，脍不厌细"，"失饪不食，不时不食，割不正不食，不得其酱不食"。其次，孔子对饮食卫生也特别强调，如"食饐而餲，鱼馁而肉败不食，色恶不食，臭恶不食"，"不撤姜食，不多食"等，就是孔子强调饮食卫生的深刻阐述。另外，孔子还重视饮食的量与度，讲究饮食时的礼节等。这些饮食要求对后世的孔府菜烹饪和饮食观有极其重要的影响，也是今日孔府菜风格的根本起源。

孔府菜形成王公官府气派、圣人之家的风度和礼仪等级，与历代封建帝王尊孔是分不开的。封建帝王为了维持自身的统治，不仅尊崇孔子，而且十分优礼孔子的嫡系后裔，使他们生活优越，声势显赫。孔府在每年与帝王、贵族的交往中，必须要进行各种宴请，这在客观上促进了烹饪技艺的发展，逐步形成了孔府菜的规格和礼仪。当然，创造孔府菜技艺的不是统治者，而是历代专业烹饪的厨师们，他们是孔府菜的真正创造者。孔府菜在长期的发展中形成了自己独有的特色，主要体现在以下几个方面：

第一，原料取料广泛。上至山珍海味，有燕、翅、参、骨、鲍、贝等名贵原料；下至瓜果、菜蔬、山林野菜，皆可入菜。

第二，烹调精细，讲究盛器，技法全面。孔府菜做工精细，许多菜肴需多道工序完成，风味清淡鲜嫩、软烂香醇、原汁原味。孔府菜历来讲究盛器，银、铜、锡、漆、瓷、玛瑙等各质具备，鹿、鱼、鸭、果、方、圆、瓜、元宝、八卦等各形俱全，使菜肴形象完美，按席配套，既雅致端庄又富丽堂皇。孔府菜素有众多的烹调技法，尤以烧、炒、煨、爆、炸、扒见长。

第三，菜名寓意深远，古朴典雅。家常菜多沿用传统名称，宴席菜多富含诗意或赞颂祝语。如"阳关三叠""白玉无瑕""合家平安""吉祥如意"等。

第四，宴席菜礼仪庄重，等级分明。

孔府菜在历代劳动人民和专务其事的厨师的创造下，代代相传，沿袭至今，并且日益丰富，它是我国官府菜中的佼佼者。

孔府菜主要名菜有：燕菜四大件、诗礼银杏、八仙过海闹罗汉、玛瑙海参、神仙鸭子、合家平安、鸾凤同巢、一卵孵双凤、一品锅、锅爆凤脯等。[①]

（二）谭家菜

谭家菜是清末封建官僚谭宗浚的家庭菜肴，流传至今已有百余年的历史。谭宗浚在清同治年间中榜眼，以后入翰林，成为清朝的官僚阶层。他热衷于在同僚中相互宴请，以满足口腹之欲。菜肴制作讲究精美，在同僚中名声大噪。他不惜重金礼聘名厨，吸南北风味为一体，精益求精，独创一派。

第一，烹调讲究原汁原味。如鸡要有鸡味，鱼要有鱼鲜，以至于受到许多食客的赞赏。

第二，菜肴口味有甜咸适口、南北皆宜的特点。在烹调中往往是糖、盐各半，以甜提鲜，以咸提香，菜肴具有口味适中、鲜美可口、南北均宜的特色。

第三，以制作海味菜最为擅长，其中以燕窝、鱼翅的烹制最为有名。鱼翅菜肴有十多种，其中黄焖鱼翅最负盛名，它用料实惠而珍贵，制作复杂，菜肴汁浓味厚，柔软糯烂，极为鲜醇。"清汤燕菜"也是海味佳肴中的代表作。

谭家菜为了达到以上的菜肴特色，在烹调上选料讲究质量，原料都由烹饪厨师亲自选购采办，从不马虎。首先，调料上下料狠。提鲜多用清汤，在制作上除用老母鸡、整鸭、猪肘子外，还加入金华火腿、干贝提鲜，这样用汤辅助制作的菜肴味浓而鲜美。其次，谭家菜的多数菜肴火候足、质软烂。如烹制鱼翅，要在火上爆6~7小时。谭家菜最常用的烹调方法是烧、爆、烩、焖、蒸、扒、煎、烤以及羹汤，而绝少用爆炒技法。总之，谭家菜在烹调上的特色是选料精、火候足、下料狠、重口味。[②]

谭家菜作为北京清末的官府家庭菜，现仍保留在北京饭店。谭家菜主要名菜有：黄焖鱼翅、清汤燕窝、红烧鲍鱼、扒大乌参、柴把鸭子、口蘑蒸鸡、葵花鸭子、银耳素烩、杏仁茶等。

---

① 赵建民.孔府美食［M］.北京：中国轻工业出版社，1992.
② 彭长海.北京饭店的谭家菜［M］.北京：经济日报出版社，1988：9.

（三）随园菜

随园菜是根据清代袁枚《随园食单》这部烹饪著作总结和研制而成的，随园菜也因《随园食单》而得名。该书主要总结了历代烹饪技术的经验和教训，收集了苏、浙、皖等地尤其是官府家的名馔和风味点心三百余种。关于该书的成书过程，用袁枚自己的话说，"每食于某氏而饱，必使家厨往彼灶觚，执弟子之礼，四十年来，颇集众美"，"余都问其方略，集而存之"。[①]随园菜堪称是我国古代官府菜的典范。随园菜在烹调上的主要特色是：

第一，十分讲究原料的选择。猪肉选用皮薄无腥臊的，鲫鱼选用身扁白肚的，鳗鱼选用湖溪游泳的，鸭用谷喂之鸭，鸡选用骟嫩不可老稚，笋用蓬土之笋等。主料是这样，对调料的选用也是如此，酱用伏酱，先尝甘否；油用香油，须审生熟；酒用酒酿，应去糟粕，醋有陈新之殊，不可丝毫差错；葱椒姜桂糖盐虽用不多，俱选用上品。在对原料时令的要求上，有过时而不用的，如过时萝卜、山笋、刀鲚等，认为精华已竭。此外还注意原料的部位差异而引起质量的不同，炒肉用后臀，肉圆用前夹，煨肉用短肋；鸡用雌，鸭用雄，莼菜用头，芹韭用根。随园菜遵循这样的选料原则，达到近乎"苛刻"的要求。

第二，加工、烹调精细而卫生。加工中随园菜要求："切葱之刀不可切笋，捣椒之臼不可捣粉"，"肉有筋瓣，剔之则酥。鸭有肾臊削之则净。鱼胆破，而全盘皆苦。鳗涎存，而满碗多腥。若要鱼好吃，洗得白筋出"。烹调中尤其重火候，如蒸鱼要色白如玉，凝而不散。烧肉火候要恰到好处，迟则色黑，屡开锅盖，则多沫而少香，火息再烧，则走油而味失。在卫生上要求制菜多换抹布，多刮砧板，多洗手，再做菜，菜肴不能有丝毫的不净。

第三，讲究色香味形器。随园菜的制作要求色不可用糖色，求香不可用香料，菜肴的色要净如秋云、鲜似琥珀，香味不要舌尝就知。味要求浓厚而不可油腻，味清鲜不可淡薄。盛器要求：贵物用器宜大；煎炒用盘，汤羹宜碗；宜盘则盘，宜碗则碗，宜大则大，宜小则小，参错其间。

第四，注重筵席的制作艺术。随园菜的宴席，一是不搞耳餐、目餐，多盘叠碗，而是注重美味待客，用擅长制作的风味菜肴待客。二是菜肴讲究鲜味，现杀现烹，现熟现吃，不把菜做好一齐搬出。三是注重上菜先后，咸者宜先，淡者宜后；浓者宜先，薄者宜后；无汤宜先，有汤宜后。度客食饱，则脾困矣，用辛辣以振动之；虑客酒多，则胃疲矣，需用酸甘以提醒之。

随园菜在烹调上有这些严格而科学的要求，因此，随园菜的特色是：一物各献一性，一碗各成一味，菜肴呈原汁原味是基本的口味特色；菜肴根据时节的不同，原料的选择、烹调的方法、调味的火候也随之变化；制作中戒过度制作而失去物性和自然形态，菜肴色香味形器讲究顺其自然和巧妙的搭配；烹调方法以江、浙地区的技法为主。

随园菜的品种繁多，已研制成功的有四十多种，如素燕鱼翅、鲅鱼炖鸭、鲅鱼豆腐、白玉虾圆、八宝豆腐、鸡松、鸡粥、瓜姜水鸡、雪梨鸡片、台鲞烧肉、酒煨水鱼、黄芪蒸鸡、叉烤山鸡、竹蛏豆腐、芥末菜心、白汁鸡圆、糟鸡翅、鱼脯、素烧鹅、烧鸭、栗子烧

---

① 清·袁枚.随园食单［M］.北京：中华书局，2010：2.

鸡、酒煨鳗鱼、灼八块、醉虾等。[①]

《红楼梦》饮食与茄鲞

文学名著《红楼梦》中的食品可以说是千姿百态、林林总总，贾府是贵族世家，与之相对应，其饮食方式自然也是名目辈出。书中大量描写了贾府中享尽荣华富贵的老祖宗史太君，她参与的大大小小的多次宴饮，丰盛的肴馔，富丽的环境，优雅的气氛，丫鬟媳妇的周到服侍，孙儿孙女的殷勤趋奉，以及行令猜谜，听书看戏，说笑逗趣等，这一切不仅让"老祖宗"的感官得到充分的满足，也使其心理受到莫大慰藉。大观园食器从碗、盘、碟，到茶酒用的壶、瓶、杯、盏、斗，夹食用的牙箸、木箸，盛点心的食盒、笼屉，都因食而异，有漱盂、餐巾、镶金牙筷子等。在贾府的餐桌上，有凤姐招待火腿炖肘子、刘姥姥贾府吃茄鲞、史湘云摆设螃蟹宴、芳官喜逢胭脂鹅、贾元春赐出琼酥和酥酪、贾府常吃"红稻米"和"御田胭脂米"等。

在第41回写贾母在宴席上让王熙凤喂刘姥姥吃"茄鲞"一段。书中记曰：凤姐说："你们天天吃茄子，也尝尝我们茄子弄的可口不可口。"刘姥姥笑道："别哄我了，茄子跑出这个味儿来了，我们也不用种粮食，只种茄子了。"凤姐告诉她："这也不难，你把才下来的茄子把皮削了，只要净肉，切成碎钉子，用鸡油炸了，再用鸡脯子并香菌、新笋、蘑菇、五香腐干、各式果子，俱切成钉子，用鸡汤炒的鸡爪一拌就是。"刘姥姥摇头吐舌说道："我的佛祖！倒得十来只鸡来配它，怪道这个味儿！"

三、寺院菜

寺院菜，一般指佛教、道教寺观中制作的素菜，又名斋菜、释菜或香食，是我国素菜的特异分支。第一，它受佛教的影响较大，随佛教的兴旺、寺庙的增多、香火的旺盛而兴旺。第二，寺院素菜仅在许多名山胜地的寺院、道观中流行，并有一定的影响，有特定的区域范围。第三，在使用的烹饪原料上，除不用动物性的原料外，对植物类食物也有一定的限制。如佛家还禁用"五辛"，即大蒜、小蒜、兴蕖、慈葱、茖葱；道家还禁用"五荤"，即韭、薤、蒜、芸薹、胡荽。

我国的膳食结构自古便是谷蔬为主；佛教传入和道教兴起后，善男信女甚多，大多数掌门弟子不嗜荤腥，饮食崇奉清素，久之便形成斋食。寺院菜，用料多系三菇、六耳、果蔬和谷豆制品，制作考究，品种繁多，四季分明，调味清淡，素净香滑，疗疾健身，在国内外具有较高评价。

（一）佛教寺院素菜的兴起

佛教的寺院素菜起源于我国佛教，佛教传入我国最早的历史记载是距今近2000年的西汉哀帝元寿元年，即公元前2年。据佛经记载，当时佛教教规并没有吃荤食素的规定，僧徒托钵求食，遇荤吃荤，遇素食素。东汉明帝时朝廷崇尚佛教，至南北朝与隋唐时期，

---

① 薛文龙.随园食单演绎［M］.南京：南京出版社，1991.

佛教大盛。兴佛主要是广度僧尼，广建寺庙。据称北朝时，北齐境内僧尼近 300 万；南朝梁武帝时，建康有佛寺 700 所；唐代武宗时，全国大小寺庙约 5 万处。佛教由于朝廷的提倡，僧尼增多，乞食的习俗已难以实行，加之寺庙的扩建，遂形成以寺院为居地的自制自食的寺院伙食，称为"香积厨"，取"香积佛及香饭"之义[①]。当时的寺院菜并不是寺院素菜，寺院食素脱俗的寺院素菜是从南北朝的梁朝伊始的，以后逐渐发展和盛行。我国佛教协会前会长赵朴初曾说过："我国大乘经典中有反对食肉的条文，我国汉族僧人乃至很多居士都不吃肉。从历史上来看，汉族佛教徒吃素的风习，是由梁武帝的提倡而普遍起来的。"在梁武帝提倡终身吃素、佛教"戒杀放生""不结恶果，先种善因"的影响下，寺院素菜开始诞生，并得以不断地发展。因信佛而朝山进香的施主、香客逐步增多，有的还需招待，为了适应这种发展，于是，"香积厨"就扩大并兼营寺食，这就是寺院素菜的起因和由来。

（二）帝王的影响与传播

素菜经皇帝的提倡，便带上了鲜明的政治色彩和浓厚的宗教色彩。梁武帝萧衍以帝王之尊，崇奉佛教，素食终身。据记载，萧衍曾四次舍身佛门，南朝时期，大臣花了大量钱财才把他赎出来。[②]在他的倡导下，佛教兴盛，僧尼之多，状况空前。"都下佛寺五百余所，穷极宏丽；僧尼十余万，资产丰沃。所在郡县，不可胜言。"（《南史·循吏传》卷七）南朝时几近天下人口之半的僧尼饮食并非严格划一的素食。在这种情况下，梁武帝首先在宫里受戒，自太子以下跟着受戒的达 4800 余人。

在梁武帝的影响下，南朝的僧徒和香客大增，这使寺院有必要制作出素餐系列，以便自给自足，佛教素食由此发展起来，并向制作精美的方向发展，出现了许多精通素馔的僧厨。据《梁书·贺琛传》载，当时建业寺中的一个僧厨，能掌握"变一瓜为数十种，食一菜为数十味"的技艺。其后许多寺庙庵观的素馔，不断有所创新，著名的"罗汉斋"为佛门名斋，取名自十八罗汉聚集一堂之义，成为素馔中之名菜而流传至今。

唐代，佛教寺院素菜的制作达到了鼎盛时期，共有佛教寺院 4 万多所，僧尼 30 万人。经过汉唐数百年的发展，由佛教信仰而产生的食俗，已成为一种独特的文化现象。

清代寺院素菜又出现了以果子为肴者，其法始于僧尼，颇有风味，如炒苹果、炒藕丝、炒山药、炒栗片以及油煎白果、酱炒核桃、盐水落花生之类，不胜枚举。

寺院素菜历经各代僧厨的不断改进和提高，不仅素菜品种增多，技艺逐步完善，而且形成了寺院素菜清香飘拂的独特风味，对后世影响深远。

本章小结

本章从不同的角度系统地阐述了都市菜品、乡村菜品、民族菜品、风味小吃与宫廷菜、官府菜、寺院菜的历史发展和风味特色，以及在不同时期的相互影响。这些独特的烹饪风味菜品，特色鲜明，各有千秋，与各地方风味一起构成了完整的中国烹饪文化体系。

---

① 王仁兴.中国饮食谈古［M］.北京：中国轻工业出版社，1985：44.

② 姚伟钧.中国传统饮食礼俗研究［M］.武汉：华中师范大学出版社，1999：137.

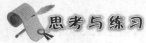 思考与练习

一、选择题

1. 乡村菜具有的特点是（   ）。

A. 对流性   B. 地域性   C. 包容性   D. 普遍性

2. 都市菜具有的特点是（   ）。

A. 包容性   B. 民族性   C. 乡土性   D. 便利性

3. 中国烹饪的根在（   ）。

A. 城市   B. 市井   C. 乡村   D. 宫廷

4. 以下属于主副兼备的小吃是（   ）。

A. 茶叶蛋   B. 羊肉串   C. 葱油饼   D. 羊肉泡馍

5. 小吃品种"糖火烧"的加工方法属于（   ）。

A. 煎贴式   B. 烘烤式   C. 烩焖式   D. 焙烙式

6. 以下属于凝冻式的小吃是（   ）。

A. 马蹄糕   B. 绿豆糕   C. 凉面   D. 冰镇八宝粥

7. 藏族人最喜爱的食品是（   ）。

A. 火把肉   B. 糌粑   C. 砣砣肉   D. 馕

8. 菜品特点寓意深远、古朴典雅指的是（   ）。

A. 民间菜   B. 随园菜   C. 孔府菜   D. 都市菜

9. 官府特色菜肴"八宝豆腐"来源于（   ）。

A. 随园菜   B. 贾府菜   C. 谭家菜   D. 孔府菜

10. 寺院中的厨师称为（   ）。

A. 僧厨   B. 香积厨   C. 佛厨   D. 僧尼师

二、填空题

1. 都市菜是中国烹饪的＿＿＿＿＿＿，乡村菜是中国烹饪的＿＿＿＿＿＿。

2. 都市菜具有的基本特征是＿＿＿＿＿＿、＿＿＿＿＿＿。

3. "靠山吃山，靠水吃水"体现了乡村菜的＿＿＿＿＿＿特色。

4. 孔子讲究饮食，他提出的8字理论是＿＿＿＿＿＿。

5. 谭家菜是清末封建官僚＿＿＿＿＿＿的家庭菜肴。

6. 随园菜是根据＿＿＿＿＿＿的内容而总结和研制的。

7. 寺院菜在南朝＿＿＿＿＿＿的影响下而不断地发展起来。

8. 风味小吃具有三种形式，一是＿＿＿＿＿＿小吃，二是＿＿＿＿＿＿小吃，三是＿＿＿＿＿＿小吃。

9. 菜名讲究喜庆祝语、吉祥寓意特色集中体现在＿＿＿＿＿＿菜。

10. 以牧业为主的民族，习惯于喝＿＿＿＿＿＿和砖茶；合菜是＿＿＿＿＿＿族家家户户必制的菜肴；竹筒米饭是＿＿＿＿＿＿族风味米饭。

三、名词解释

1. 都市菜

2. 乡村菜

3. 宫廷菜

4. 官府菜

5. 寺院菜

四、问答题

1. 阐述都市菜与乡村菜之间的关系。

2. 都市菜品有哪些特性和基本特色？

3. 为什么说乡村菜品具有更大的诱惑力？

4. 谈谈如何利用民族烹饪文化资源进行嫁接创新？

5. 试分析风味小吃的构成形式。

6. 列举中国小吃主副兼备的特色及代表品种。

7. 宫廷菜的特色和内涵是什么？

8. 孔府菜的主要特点是什么？

9. 分析谭家菜的风味特色及代表菜肴。

10. 寺院菜的主要特点是什么？

中国筵宴菜品

中国筵宴是中国烹饪文化与技术成果的集中表现，其菜单的设计是一门学问，有高深的技艺。本章从古今菜单的对照出发，系统分析了筵宴菜单的设计与配制艺术，以及当今主题菜单的设计与特色及其发展方向。

通过学习本章，要实现以下目标：

· 了解筵宴菜单的传承与发展
· 掌握筵宴菜品的组合艺术
· 了解主题宴会菜单的设计和类型

在人类社会交往过程中，出于习俗或社交礼仪需要而举行的宴饮聚会称为筵宴。筵宴是具有一定规格质量的由一整套菜点组成的多人聚餐的一种饮食方式。筵宴菜点设计的好坏，菜点制作质量如何，是筵宴活动的关键一环。应该说，筵宴设计与菜点质量是烹饪艺术高度集中的表现。筵宴设计是专门的学问，有高深的技艺，值得我们去研究、开拓和创新。

第一节 筵宴菜单的传承与发展

在我国，筵宴的历史由来已久。对于菜点的安排即菜单的设计，随着社会的发展，总的来说，其变化是由简到繁，又由繁趋简。

一、古代筵宴菜单的演变

殷朝时并无菜单之制，仅用牛的头数来表示宴会规格，到了西周时期，才有一定的制度，特别是春秋时期更有许多讲究，菜点的多少表示了森严的等级身份的差别。诸如："天子之豆二十有六，诸公十有六，诸侯十有二，上大夫八，下大夫六。"（见《礼记·礼器》）一个诸侯请下大夫吃一顿饭要有 45 种馔肴，其中不仅有 33 件"正馔"（这是规定的），又有临时增添的 12 件"加馔"（它也有规定）（见《仪礼·公食大夫礼》）。这就是后世每次宴会必须制定菜单的来历。墨子说："美食方丈，目不能遍视，手不能遍操，口不能遍味。"战国时期，屈原在《招魂》中所描述的一个菜单，前后总共有 14 种馔肴，两样主食，两样点心，十个菜肴，比之春秋以前简化多了。

知识链接

筵 席

筵席，又叫燕饮、会饮、筵宴、酒宴、宴席、酒席、宴会和酒会。它是人们为着某种社交目的的需要，根据接待规格和礼仪程序而精心编排的一整套菜品。

筵席萌芽于虞舜时代，距今有四千多年。经过夏、商、周三代的孕育，到春秋战国时期，就已初具规模了。

古人席地而坐，登堂必先脱鞋。那时的席大小不一，有的可坐数人，有的仅坐一人。一般人家短席为多，所以先民置宴最早为一人一席，也是取决于起居条件。除席之外，古时还有筵。《周礼》说："设筵之法，先设者皆言筵，后加者曰席。"《周礼》注疏说："铺陈曰筵，藉之曰席。"由此观之，筵与席是同义词。两者区别是：筵长席短，筵粗席细，席铺筵上。时间长了，筵席两字便合二为一。究其本义，乃是最早的坐垫。

（资料来源：陈光新，王智元.中国筵席八百例［M］.武汉：湖北科学技术出版社，1987.）

两汉时期的筵宴不亚于先秦时期的排场，并且所食用的肴品更精美得多。长沙马王堆汉轪侯墓一个食物的单子（竹简），共计有品类 100 多种（见中国科学院考古所《长沙马王堆一号汉墓》上册）。文字记载则有士大夫们列五鼎而食的说法。三、五、七、九鼎列而食之，其他的馔肴无数（多为双数）。这大概是根据《礼记》中所说的"鼎俎奇（单数），笾豆偶（双数）"的说法而来。

唐宋时期筵宴之风得到了进一步的发展，最具代表性的是韦巨源招待唐天子的"烧尾宴"，奇特的菜点就有 58 道。当时，各种丰富的食物原料和一些先进的饮食器具，大大地促进了我国各地烹饪技艺的发展。据史料记载，隋唐以来，奢侈之风盛行于世，宫廷宴席的豪华已达到"四海之内，水陆之珍，靡不毕备"的程度。宋代人对饮食生活也是相当讲究的。当时的宴会酒席有繁有简，各式不一。北宋时期百官给天子、皇后上寿，皇帝设筵席招待，用酒只有 9 杯，除看盘、果子之外，前后总共只有 20 种左右（见《东京梦华录》）。但是到了南宋，"天基圣节"之日则是：3 盏之后再赐宴，上寿 13 盏，初坐 10 盏，再坐 20 盏，总共 46 盏，这桌酒席计算起来，要用百十件馔肴了，看盘、果子还不计算在内。今天所能看到的文字记载，南宋时期最大的一个菜单，要算绍兴二十一年（1151 年）清河郡王张俊在家中宴请宋高宗赵构所供奉的"御宴"了，从"绣花高钉"到 15 盏"下酒"（每盏 2 件菜肴），从"插食"到"对食"，共计有 250 件馔肴。[①]

---

① （宋）四水潜夫.武林旧事（卷 9）［M］.北京：中华书局，2007：231-235.

清朝的筵宴和酒席是集历代之大成。就其御膳房"光禄寺"而言，它在各代御用膳馐的基础上，又加入了满、蒙、回、藏族的各种食品，成为一个混合的大厨房。它所办的"燕筵"（宴会请客所用）称为"满洲席"，又称"满洲筵桌""饽饽桌子"。这种筵宴以点心为主（以用面粉的多少来分等级），共分六等，菜肴多用汉菜。每一个等级都有一定的"菜单"。其第一等，用面120斤，红白馓枝3盘，饼饵20盘又2碗，干鲜果品18盘，熟鹅1只，共计有44件（见《大清会典》）。

至于当时市面上的酒楼饭店，多数是承办民间的筵宴酒席，从光绪十五年（1889年）以后，官府之间的请客宴会也进入了酒楼饭店，酒席宴会有了新的发展。仅其菜单的名称就多种多样，举不胜举。有依一桌之主要菜品而称的，诸如，烧烤席、燕菜席、鱼翅席、鱼唇席、海参席、三丝席、广肚席等。有用一种原材料做成一桌酒席的全羊席、全鳝席（兴起于同治、光绪年间淮安地区）、豚蹄席等。还有依盘、碗、碟的多少而命名的，诸如十六碟八大八小，十二碟六大六小，八碟四大四小，十大件，八大吃，十大菜，八大碗。（以上种种多在同治光绪年间兴起，见《清稗类钞》。）在所有这些筵宴菜单中，最大的要算"满汉全席"了，号称108样。后来虽然偶尔用之，但已不多见。当时在社会上使用最多的还是酒楼饭庄中所制定的菜单。

中国古代筵宴菜点铺张之风愈演愈烈，清宫的满汉大席、千叟宴已达到了登峰造极的地步。中国古代饮宴，从商纣王的"以酒为池，悬肉为林"开始，开创了糜烂生活的先河。以后历代剥削阶级穷奢极欲，荒淫无耻，令人惊愕，不胜枚举。明清两代，其筵宴规模之盛大、品类之繁多、珍馐之丰美达到了奢侈的高峰。

（一）古代宴席的类别

我国古代宴飨、祭祀都有严格的等级制度，其用器和饮食，在不同的时代都有较明确的规定。如鼎，在古代既是炊器、盛器，又是礼器，最能代表人的身份和地位。《公羊传》桓公二年何休注说："礼祭天子九鼎，诸侯七，卿夫五，士三也。"虽然我国古代宴席纷纭复杂，名目繁多，但从整体上说，古代宴席可分为宫廷宴、官府宴和民间宴三大类。

1. 宫廷宴

宫廷宴，即朝廷皇帝举办的宴席，是我国古代最高级别的一类宴席。历朝皇宫在诸如庆祝圣寿、封官加冕、赐宴诸侯、宴请使节、庆功祝捷、婚丧之礼、祭祀之礼、养老之礼等时，都会大摆宴席，其宴席上菜点的精美和丰盛程度都是堪称一流的。如清代宴席场面最大、规模最盛、耗资最巨的千叟宴、满汉全席，都是有名的宫廷宴。

2. 官府宴

官府宴，即地方官府、达官权贵举办的宴席。官府宴与官阶品位一样，其等级差别很大，高级的有为皇帝出巡而设的接驾宴，此外还有为升官而供奉皇帝的谢恩宴、为新官上任而举办的迎新宴、为同僚举办的应酬宴、为科举考毕而宴请主考官的酬谢宴、为节日玩赏而举办的游宴等。低级的官府宴就是一般低品位官僚间的应酬宴。高级的官府宴的菜点品质可与宫廷宴媲美，如最有代表性、影响最大、独具风格的"孔府宴"，即属于高级官府宴之列。

3. 民间宴

民间宴，即豪绅、富商、诗人墨客及庶民百姓举办的宴席。这种宴席没有官方的权力象征，但根据举办宴会者的身份和社会地位，宴席的等级区别也较大，高至豪富商人和名流绅士大摆阔气的聚会宴，低至一般百姓的红白喜宴。民间宴包括较多大众风味菜肴，是家常乡土名菜、小吃的摇篮，全国的许多名菜名点都是从民间宴中逐步登上大雅之堂的。因此，全国各地的民间宴对丰富和发展我国的烹饪技艺有着十分重要和积极的作用。

（二）古代历史名宴

在我国几千年饮宴的发展史上，各种筵宴，品类繁多，不同时代产生了不同风格的筵宴名品。这里介绍历史上最为著名的、影响较深的筵宴名品。

1. 烧尾宴

唐代是我国历史上的鼎盛时期，也是中华饮食文化新的辉煌时期。盛世带来了君臣上下的美酒欢宴。"烧尾宴"就是这个时期的美食风尚。唐初的"烧尾宴"一般都是新官上任时的宴会，或大臣进献皇帝，或新官宴请同僚的宴会。宋代陶谷所撰《清异录》中，记载了韦巨源拜尚书令左仆射时设"烧尾宴"所留下的一份不完全的食单，使我们得以领略这种盛宴的概貌。食单共列菜点 58 种，其中除"御黄王母饭""长生粥"外，共有单笼金乳酥（酥油饼）、贵妃红（红酥饼）、曼陀样夹饼（炉烤饼）、巨胜奴（芝麻点心）、婆罗门轻高面（笼蒸饼）、生进二十四气馄饨（二十四种馅料馄饨）等糕饼点心 20 余种，其用料之考究、制作之精细，令人叹为观止。

筵席上有一种工艺菜，主要用作装饰和观赏，名叫"看菜"。这张食单上的"看菜"，用素菜和蒸面做成一群蓬莱仙子般的歌伶舞女，共有 70 件，可以想见其华丽与壮观的情景。食单中的菜肴有 32 种。从原材料来看，有北方的熊、鹿、驴，南方的狸、虾、蟹、蛙、鳖，还有鸡、鱼、鸭、鹅、鹌鹑、猪、牛、羊、兔等，真是山珍海味，异彩纷呈。其烹调技艺的新奇别致，更是别出心裁。

"烧尾宴"是一种极其奢靡的宴会。这正是唐朝达官贵人、富商巨贾的豪华奢侈生活的写照。但是"烧尾宴"对饮食烹饪事业的发展却具有极大的推进意义。"烧尾宴"是这个时期丰富的饮食资源和高超的烹调技艺的集中表现，是初唐饮食文化艺苑中的一朵奇葩。[①]

2. 曲江宴

曲江宴是唐代著名的筵宴之一。因在古都长安的曲江园林举行而得名。曲江，又称曲江池，是当时京城长安最著名的风景名胜区，因其水曲折得名。这里风景秀丽，烟水明媚，其南是皇家园林——紫云楼、芙蓉园。这里成为长安城风景最优美的半开放式游赏、宴饮胜地，当时人们把在这里举行的各种宴会通称为"曲江宴"。

其内容具体又分为三种：一是上巳节这天，皇帝通常要在曲江园林大宴群臣，凡在京城的官员都有资格参加，而且允许他们携妻姜子女前来；作为一种惯例，连绵不下百年，特别是开元、天宝年间，每年都要举行。此宴规模巨大，有万人参加。上巳节曲江大宴之日，长安城中所有民间乐舞班社齐集曲江，宫中内教坊和左右教坊的乐舞人员也都来曲江演出助兴。这一天的曲江园林，香车宝马，摩肩接踵，万众云集，盛况空前。从皇家的紫云楼到池中彩舟画舫、绿树掩映的楼台亭阁、沿岸花间草地，处处是宴会，处处是乐舞。

① 张科.老饕赋［M］.杭州：杭州出版社，2005：61.

二是浪漫的文化盛宴，为新科进士举行的宴会。新进士及第，皇帝例行要在曲江举行盛大的筵宴，以示鼓励。曲江新进士游宴，实际上是京城长安的一次规模盛大的游乐活动。整个曲江园林，人流如潮，乐声动地，觥筹交错，为乐未央，弥漫着狂欢、奢靡的气息。三是京城仕女春日游曲江时举行的宴会。此宴最风韵，长安仕女多盛装出行，并常常以草地为席，四面插上竹竿，然后将亮丽的红裙连接起来挂于竹竿之上作宴幄，肴馔味美形佳，人人兴致盎然，这便成了临时饮宴的幕帐，称之为"裙幄宴"。

3. 诈马宴

诈马宴是元代宫廷或亲王在行使重大政事活动时所举行的宴会，又名诈马筵、质孙宴或着衣宴。"诈马"是波斯语"外衣"的音译，"质孙"是蒙古语"颜色"的音译，质孙服是穆斯林工匠织造的织金锦缎缝制的衣服，由皇帝按照其权位、功劳等加以赏赐，有严格的等级区分。赴宴者穿的"质孙服"每年都由工匠专制，皇帝颁赐，一日一换，颜色一致。据史料记载，凡是新皇即位、皇帝寿诞、册立皇后或太子、元旦、祭祀、诸王朝会等都要举行这种大宴。这种大宴展出蒙古王公重武备、重衣饰、重宴飨的习俗，一般欢宴三日，不醉不休。筵宴地点常常是可以容纳6000余人的大殿内外，菜品主要是羊，以烤全羊为主，还有醍醐、野驼蹄、鹿唇和各种奶制品，用酒很多，且是烈性酒，用特大型酒海盛装。大宴上，皇帝还常给大臣赏赐，有时也商议军国大事，此活动带有浓厚的政治色彩。一种筵宴同时用波斯语、阿拉伯语、蒙古语、汉语命名，并流传下来，这在中国筵宴史上是绝无仅有的。

4. 千叟宴

千叟宴又称千秋宴，是清代专为各地老臣和贤达老人举办的宫廷盛宴，因赴宴者多在千人以上，故名。由于其规模最为盛大，后人又称为历史大宴。据史料考证，清代历史上共举行过四次千叟宴，其中康熙年间两次，乾隆年间两次。据清宫有关资料记载，乾隆五十年的千叟宴，共设800桌，计消耗主副食物约略如下：

白面375公斤，白糖18公斤，澄沙15公斤，香油5公斤，鸡蛋50公斤，甜酱5公斤，白盐2.5公斤，山药1.25公斤，江米80公斤，核桃3.5公斤，干枣5公斤，猪肉850公斤，菜鸭850只，菜鸡850只，肘子1700个，玉泉酒200公斤。为举办千叟宴用烧柴1924公斤，炭206公斤，煤150公斤等。[①]

千叟宴的礼仪环节特别多，所有参加千叟宴的人员，皆由皇帝钦定然后交由有关衙门分别行文通知，于封印前抵京，保证准时入宴。由于其规模盛大，场面豪华，宴前需要大量的物资准备。开宴之前，在外膳房总管大人的指挥下，依照入宴者老品位的高低，预先摆设了千叟宴桌席，按照严格的封建等级制度，分一等桌张和次等桌张两级设摆，餐具和膳品也有明显的区别。席间，众臣都要行跪、叩之礼。宴赏之后，由管宴大臣颁赐群臣耆老赏赠礼物。王公大臣可当即跪领赏物，并行三跪九叩礼谢天恩；三品至九品官员以及兵丁士农等耆老则被引至午门外行礼后按名单发给礼品。

5. 满汉全席

满汉全席也称"满汉席""满汉大席"，是清代中叶兴起的一种规模盛大、程序复杂、

---

① 周光武.中国烹饪史简编［M］.广州：科学普及出版社（广州分社），1984：226.

由满族和汉族饮食精粹组成的宴席。其中包括红白烧烤、各类冷热菜肴、点心、蜜饯、瓜果以及茶酒等，入席品种最多时有 200 余品。"满席""汉席"最初是清帝国朝廷的礼食制度，定制于康熙二十三年（1684 年），之后，"满席—汉席"很快便成为官场迎送的礼宾之食，并一直延续到道光（1821—1850 年）中叶，于是出现了合璧的"满汉席"。① "满汉全席"到清代末期日益奢侈豪华，风靡一时。各地也因京官赴任，使"满汉席"的格局广为流传，并逐渐融合一些当地的风味菜肴而形成各具特色的"满汉席"。满汉全席是中国古代烹饪文化的一项宝贵遗产，是在整个中华民族文化全面交流融合的总体运动和系统过程中逐步实现的。

满汉全席兼用满汉两族的风味肴馔，用料上多取汉食的山珍海味，重满食的面点；其程式烦琐，礼仪隆重，有的菜品服务人员要屈膝献于首座贵客，待贵客举箸，其余与宴者方可下箸；菜品丰富多彩，常常分多次进餐，有的需数天分数次吃完；并以名贵大菜带出相应的配套菜品，席面多是按大席套小席的模式设计，有席席相连的排场，既有主从，又有统一的风格。

6. 孔府宴

孔府宴是山东曲阜孔府中所举办的各种宴席的总称。孔府是我国历史最久、也是最大的一个世袭家族，受到历代封建王朝的赐封。到明、清王朝，孔府又世袭"当朝一品官"，有极大的特权，是名副其实的"公侯府第"。在漫长的历史过程中，孔府经常都要举办各种宴席，来迎接钦差大臣、皇亲国戚或进行祭祀、喜庆活动，并逐步形成制度。孔府宴具有严谨庄重、讲究礼仪的风格，分常宴席、迎宫宴席和接驾宴席三类，最豪华的是接待皇帝的"满汉宴"，至今孔府还保存有一套清代制作的银质满汉餐具，计 404 件，可上 196 道菜点。

孔府宴的菜点丰富多彩，选料广泛，技法全面，具有独特风味。高级宴席为显示主人"当朝一品官"的高贵，菜肴常以一品命名。孔府菜用料考究，注重保持原形、原味、原色，质味多变，成菜精巧，充分体现了孔子"食不厌精"的古训。

知识链接

夫礼之初，始诸饮食

礼是由传统和习俗形成的行为规范。从人类早期的生活实际，以及儒家经典《礼记》中的有关论述来看，人们认为，最早的礼仪，可以从原始人们的饮食行为中找到一些线索。

《礼记·礼运》中说："夫礼之初，始诸饮食。其燔黍捭豚，污尊而抔饮，蒉桴而土鼓，犹若可以致其敬于鬼神。"这就是说，礼，最初产生于人们的饮食活动。中国先民把黍米放在火上烧熟，把小猪放在火上烤熟，在地上挖个坑当作酒壶，用双手当酒杯捧着水来喝，用草扎成的槌子敲打地面当作鼓乐，好像用这种简陋的生活方式便可以向鬼神表示敬意，从而得到神的庇护和赐福。这样，最原始的祭礼也就由此产生了。

---

① 赵荣光.中国饮食文化史［M］.上海：上海人民出版社，2006：109.

专家分析称，礼的"始诸饮食"不外乎有两个方面，一是把鬼神看作活人一样，给以饮食，在此时，讲究尊敬的方式，这就产生了祭礼。一是在聚餐和宴会中讲究对长老和宾客尊敬的方式，乡饮酒礼该即由此产生。《盐铁论·散不足》说："古者，燔黍食稗，而捭豚以相飨，其后乡人饮酒，老者重豆，少者立食，一酱一肉，旅饮而已。""乡人饮酒"之礼，确是从原始氏族制社会中人们的"相飨"发展形成的。

（资料来源：姚伟钧.中国传统饮食礼俗研究［M］.武汉：华中师范大学出版社，1999.）

二、中华人民共和国成立以后筵宴菜单特点

中华人民共和国成立以后，我国筵宴菜单的安排已发生了翻天覆地的变化，除保持一定的传统特色外，很多筵席被淘汰。许多规格、程序已作了很大的精简。过去统治阶级、富有阶级奢侈浪费，以多为贵（表示等级），以奇为尚，以豪华为荣的做法已经被摒弃。而今，各地安排菜点时，既注重礼遇，展示高超的烹饪技术，又要经济实惠，适合各类宾客的口味。

（一）菜单的组成

菜单的组成，就近代而言，一般来说有冷盘、热菜、头菜、甜菜、饭菜点心和汤菜、水果等基本内容。就近几十年的菜单开列状况来看，宴会菜单的编排模式基本相近，大多都借鉴传统，取长补短，体现本地的风味特色。其基本构成内容及上菜程序一般为：

1. 冷菜

常用的冷菜格式主要有主盘和围碟。主盘，是冷菜中最主要的一盘菜馔，用中盘或大盘盛装，冷菜量比较大。围碟一般为6~10个单盘（碟），用不同荤、素原料制成不同口味、不同色泽的冷菜用单盘摆放。主盘一般与围碟配合上席，也有许多筵宴不设主盘的，直接用单盘。

2. 热菜

热菜是筵宴的主要内容，由热炒、大菜、素菜、汤菜组成。热炒一般排在冷菜后、大菜前，起承上启下的过渡作用。大菜，又称主菜，是筵宴中的重点菜品，通常由头菜、热荤大菜组成。素菜多选用时令蔬菜、菌类、豆类原料，通常配2~3道，上菜的顺序多偏后，要注重不同原料的搭配，尽量取用原料的精华部分。汤菜分首汤和尾汤。首汤（羹）多在南方使用，一般将汤或羹安排在冷菜之后；尾汤又称座汤、主汤，是大菜中最后上的一道热菜，应具有一定的规格，给热菜一个完美的收尾。

3. 点心

一般安排2~4道，随大菜、汤品一起编入菜单，要求口味、烹调方法多样。筵宴点心注重款式和档次，讲究造型和配器，要求玲珑精巧。上点心的顺序一般穿插于大菜之间上席，配制席点要求少而精。

4. 甜菜与水果

甜菜包括甜汤、甜羹在内，指筵宴中甜味菜品。品种有干稀、冷热、荤素等，具有改善营养、调剂口味、增加滋味、解酒醒目的作用。水果选用新鲜品质好的，在筵宴的最后要上2~4种水果，其用量不要太多。

（二）传统地方风味名宴

1. 四川风味宴

冷菜：主盘：川味双拼

单碟：灯影牛肉　　红油鸡片　　葱油鱼条

椒麻肚丝　　糖醋菜卷　　鱼香凤尾

正菜：头菜：红烧鲍脯　　烤菜：叉烧酥方

二汤：推纱望月　　热荤：干烧岩鲤

热荤：鲜熘鸡丝　　素菜：奶汤菜头

甜菜：冰汁银耳　　座汤：虫草蒸鸭

饭菜：素菜：素炒豆尖　　鱼香紫菜

跳水豆芽　　胭脂萝卜

水果：　　江津广柑

2. 江苏风味宴

冷菜：主盘：金陵烤鸭

单碟：白嫩油鸡　　盐水河虾　　金珠口蘑　　红皮糟鹅

水晶肴蹄　　鸡油白菜　　蓑衣黄瓜　　挂霜莲米

热菜：热炒：清炒虾仁　　三丝鱼卷　　鸡油双冬　　银芽金丝

大菜：虾子海参　　烧马鞍桥　　兰花鸽蛋　　松鼠鳜鱼

蟹粉狮子头

点心：　　三丁包子　　黄桥烧饼　　千层油糕　　苏式汤圆

饭菜：　　砂锅菜核

甜羹：　　冰糖银耳

水果：　　陵园西瓜

三、20世纪后期筵宴菜单

随着对外开放和我国加入世贸组织，经济和交通的飞速发展，使我国餐饮水平又发生了翻天覆地的变化，人们的饮食水平和原料的利用与以前相比从内容到形式都发生了一系列的变化，许多人从家庭的餐桌走到了饭店、宾馆。而各饭店在经济发展的大潮中遵循市场规律，出现了优胜劣汰、适者生存的局面。商业的竞争，使各企业都以自己的特色和质量吸引着四面八方宾客。20世纪后期，筵宴菜单的设计也呈现出许多新的内容，以实用为主体，各企业为了迎合当今人们的饮食需求，无论是在菜点制作还是菜单编排上都出现了一些新的特点，特别是一些旅游饭店，菜品数量因人而异，热菜一般5~8道，而且开拓出风格各异的筵宴菜单形式。

（一）筵宴菜品数量适当调整

如今的筵宴菜单，菜品数量根据顾客的需求有了适当调整，如：

A	B
鸿运大拼盘	八味精美碟
生炊大龙虾	菜胆扒鲍脯

贝蓉南瓜羹	虾仁嘉橘篮
百果炒鸽脯	酥皮焗海鲜
面兜酿鸭柳	明珠柱侯鸭
一品海参盅	鲍片灵芝菇
时蔬双味拼	四喜时令蔬
酸菜鸭方汤	时令烧鲅鱼
苏广三味点	江南四美点
锦绣水果盘	三色水果盘

我国分别于 2001 年和 2014 年两次举办亚太经合组织（APEC）领导人非正式会议，两次会议的晚宴菜单按照国宴的一贯方式，讲究科学、节俭。

A	B
迎宾冷盘	各客冷拼
鸡汁松茸汤	上汤响螺
清柠明虾	翡翠龙虾
中式牛排	柠汁雪花牛
荷花时蔬	栗子菜心
申城美点	北京烤鸭
硕果满堂	京城美点

A 套菜单，为 2001 年上海国际会议中心酒店设计的晚宴菜单，一道冷盘、一道汤、三道热菜和两道点心，为贵宾们提供的饮料包括葡萄酒、啤酒、橙汁、可乐、雪碧、矿泉水等。主桌添了中国的名贵白酒——茅台酒和五粮液。

B 套菜单，为 2014 年北京水立方举行盛大的欢迎晚宴菜单，先是一道冷盘，随后是"四菜一汤"，之后是点心、水果、冰激凌、咖啡、茶。而为 21 个经济体贵宾提供的酒水则是长城干红 2006 和长城干白 2011，产地均为中国河北。

（二）菜肴配置的变化

随着社会发展及人们生活水平的提高，国民的饮食思维开始发生变化，理性消费逐渐开始形成。开放大潮不断深入，不少外国的菜点走进了我们的市场，国内各地方的菜点都在今天的市场大潮中涌现出来。传统的以地方风味为主体的宴会风格体系逐渐向多元化方面发展，中外合璧的成分越来越多，许多特色菜、新潮菜随着宾客的要求不断地呈现在人们面前，使得宴会菜品组配的内容更为丰富。如中西合璧宴、湘鄂风情宴、绿色食品宴、海鲜火锅宴、美容保健宴、粤闽海味宴、乡土风味宴、扬子江鲜宴、特色花卉宴、生态食品宴。

（三）筵宴名目增多

宴会名目在继承传统精华的基础上，又出现了许多新的内容，如：

（1）原料宴：黑色宴、海鲜宴、菌菇宴、螃蟹宴、茶肴宴；
（2）地域宴：运河宴、太湖宴、长江宴、长白宴、珠江宴；
（3）功用宴：长寿宴、美容宴、食疗宴、健脑宴、滋阴宴；
（4）仿古宴：三国宴、六朝宴、东坡宴、红楼宴、乾隆宴。

（四）筵宴菜单的不断更新

1. 数量由铺张趋向适中

我国传统宴席比较追求原料的名贵，崇尚奢华，往往菜点的数量多多益善，没有科学根据，而是根据传统习惯来安排，菜点数量少则十几道，多则几十道，往往使宴会剩菜很多，甚至有的菜没有动筷就原样送回，这不仅造成食物资源的浪费，而且还使客人暴饮暴食，有损于身体健康。

筵宴设计要讲究实惠，力戒追求排场，要本着去繁就简、多样统一、不尚虚华、节约时间、量少精作的几条原则来制定宴会的菜单，菜单太繁，不仅浪费金钱，而且也浪费时间。筵宴菜单设计只要能注意原料的合理搭配、讲究口味的变化，同时考虑宾客食量的需要，就一定能够使宾客称心满意。

宴会菜单举例如下：

四味喜庆拼、冬蓉香味羹、豉汁蒸生蚝、沙茶鳜鱼卷、香槟/雪糕、蒜香焗青龙、红酒烹鸽脯、蚝油双时蔬、四喜腊味饭。

2. 营养由失衡趋向均衡

我国人民自古以来就有热情好客的传统，款待嘉宾时，其宴会都讲究形式隆重，菜肴多样，以表达对宾客的情谊。每次宴会往往使就餐者进食多量的食物，冷菜、热菜、大菜、点心等一摆就是一大桌，各式荤菜占90%以上，脂肪与蛋白质含量过高，影响人的正常消化、吸收，很不符合膳食平衡、合理营养的科学饮食原则。这样长此以往，会导致人的身体疾患，造成营养缺乏症、冠心病、高血压等，所以有必要改革传统宴会某种营养过量的旧习惯，提倡根据就餐人数实际需要来设计宴会，并适当增加素菜在筵宴中的比例，特别要设法搭配有色蔬菜，以保证有足够数量的膳食纤维来维持肠道的蠕动，这样做既可调剂口味，使清淡与油腻相结合，又能使宴会达到营养较合理的地步。

宴会菜单举例如下：

龙虾色拉、翡翠蓉羹、酥炸蟹盒、生煎鳕鱼、片皮大鸭、双味美点、时鲜果盅。

3. 卫生习惯由集餐趋向分餐

团聚会餐，同饮共食，这是我国遗传下来的传统筵宴方式。长期以来，我国人民的吃饭方式普遍采用集餐方式。如迎宾宴会、节日聚餐、会议包餐、喜寿宴饮等场合，以至千千万万个家庭用餐都普遍使用这种集餐方式，且一直被人们认为是一种"传统习惯"。对此，科学的回答是否定的。从卫生角度来看，这种集餐方式极易传染疾病，是一种不良的进餐习惯，必须加以改革。

两千多年前，我国就提倡"食不共器"，唐代以前，我国都是各客分餐的。唐宋以后，随着高桌大椅的盛行，人们趋向会餐共食。目前，许多饭店企业已注意到这个方面，提倡"单上式""分餐式"和"自选式"，许多高档宴会的上菜基本都是分餐各客制，既卫生又高雅。但这种方式还不够普遍和深入，特别是民间的宴饮还存在着大量集餐的现象。

分餐宴会菜单举例如下：

美味六拼盘（各客）、上汤海鲜盅（各客）、雀巢带子虾（每人一小巢）、鸭掌扒鲍脯（各客）、黑椒牛肉卷（各客）、虾酱炖胖鱼（餐厅分菜）、猴头烩双蔬（各客）、鸡火鸭舌汤（各客）、苏扬三美点（各客）、雪糕水果盘（各客）。

第二节 筵宴菜品的组合艺术

将各种菜肴、点心等遵照一定的原则，进行排列组合、编制成筵宴菜单的工作称为筵宴组合。它是制作筵宴和上菜顺序的依据，通过菜点可以体现筵宴的全部内容，也体现出烹调师技术水平的高低。筵宴菜品开列得科学合理，可以使与宴者得到完美的精神享受和物质享受。

一、筵宴菜品设计的合理性

筵宴菜品的设计要充分考虑筵宴的目的和主旨。由于筵宴的种类不同、要求不同、主题不同、规格不同、对象不同、价格不同，因此对于筵宴菜品来说，要根据这些不同做出相应的设计和安排，精心编排菜单，一切都要围绕筵宴的目的和主旨，使之成为一个有机的、完整的统一体。

1. 因人配菜

在设计筵宴菜单前，首先应对客源做一番了解，如国籍、民族、宗教信仰、饮食嗜好、体质等；还要考虑客人的职业、年龄、职位等情况；客人对什么样的菜肴感兴趣，不喜欢什么口味和菜肴，有没有忌口等。并依此确定品种，重点保证主宾，同时兼顾其他。不同的国家、民族有着不同的饮食习惯，要充分尊重客人的饮食习惯。如日本人偏爱清淡、爽脆的菜肴；俄罗斯人偏爱肥浓香辣的菜肴。回族信奉伊斯兰教，禁食猪肉、驴肉、动物血、茴香等；蒙古族信奉喇嘛教，禁食鱼虾，不吃糖醋菜。不同的年龄性别对菜肴也有不同的要求，如老年人较偏爱酥烂、软嫩、清淡的菜肴，而青年人则偏爱香脆酥松的菜肴。男士较喜欢辣香咸的菜肴，女士则较喜欢酸甜菜肴及甜品。我国人民的食俗还有"南甜、北咸、东辣、西酸"之特色。了解宾客个性，配菜时"投其所好，避其所忌"，才能使宾客满意。如果忽视这一点，那么就会事与愿违，甚至造成不良影响。

制定菜单还必须根据宾客的具体要求（如设宴目的、饮宴要求、用餐环境），进行合理地设计，只有这样，才能真正满足宾客的需要。在宴会人数上，如果人多菜件少，应盘大量足；而人少菜件多，应味美质精。要根据客人不同的需要而合理设宴配菜。

大型宴会，特别要照顾到各个方面，要考虑到有的客人因身体原因不吃某种食物，要考虑到个别客人的特殊需要，也可单独为其上菜。只有了解了这些情况以后，才能分析总结客人的总体共性需求，以设计出受客人欢迎的菜品。特别是一些高档的筵宴，应了解客人更详细的情况，即主要客人的个性需求，从而更有针对性地设计筵宴菜品，这样会得到主要客人和主宾的赞赏，使菜单设计的效果更为理想和满意。

2. 因时配菜

筵宴菜点要突出季节的特点，力求将时令佳肴搬上餐桌，突出时令风格，这里包含三个意义：一要按季节精选原料，起用鲜活原料，达到丰美爽口的特点；二要按时令调配口味，酸苦辣咸，四时各宜。原则上是春夏偏重于清淡爽脆、色泽要求淡雅，冬令偏重于味醇浓厚、色彩要深一些；三要考虑到食医结合的关系，根据季节的不同，适当配置滋补肴馔，摄生养体。

从时令特点来看，不同季节，即使同样的原料其品质也是不一样的。因为原料都有生长期、成熟期和衰老期，只有成熟期上市的原料口味才鲜美、质地最细嫩、营养最丰富。许多原料过了它的最佳季节就失去了一定的滋味。如长江刀鱼过了清明节，骨头就变硬，肉质就不够鲜美，市场价格的差别也很大。只要我们掌握了这些规律，选用时令原料设计配菜，其菜肴的品质就会大有提高。在配置筵宴菜肴时，应与采供人员密切配合，选质优鲜嫩的动植物原料来制作宴上佳肴，才能保证筵宴的成功。

另外，气候不同，人们的口味也有差异，在配菜方面应选择适当的烹调方法和菜品，夏季气候炎热，应较多地选用蔬菜、海鲜等味道清淡的菜点，少用油腻菜肴；冬季气候寒冷，则可配置一些味道浓厚的菜点，可配砂锅、明炉、石锅、煲类等保温性较好的菜肴和器皿等。

3. 因价配菜

筵宴的档次以其价格而定。它的分类一般以用料价值的高低、选料精粗、烹制工艺的难易程度、菜肴的贵贱及席面摆设来区分。据此划分有高、中、普通三级。与宴会相适应的菜肴也相应分高、中、普通三个档次，可以从用料的贵贱、制作的繁简、造型的精粗几方面来划分。高级筵宴的菜品特点是：用料精良，制作精细、造型别致、风味独特；筵宴组配要求以精、巧、雅、优等菜品制作为主导，菜点的件数不能过多，但质量要精。中级筵宴的菜品特点是：用料较高级，口味醇正，成形精巧，调味多变；筵宴组配以美味、营养、可口、实惠为主导，菜点的件数、质量比较适中。普通筵宴的菜品特点是：用料普通，制作一般，具有简单造型，经济实惠，口味丰富；筵宴组配以实惠、经济、可口、量足为主导，菜点的件数不能过少，又要实惠和丰满。

不同的筵宴价格对美食、美境的要求不同，价位高的宴会，比较讲究形式的典雅、比较考虑进餐的环境因素和愉悦情绪，比较重视餐室、布置、接待礼节、娱乐雅兴和服务用语。对菜品的要求一般比较高，讲究菜品的口味和装饰。对于中低档的筵宴，比较注重的是大家和乐的气氛，不在乎过于繁文缛节的形式，比较随便、自由，没有任何拘束感，要的是一种气氛和毫无顾忌的交融。在菜品方面不讲究精雅，而在于实惠、吃饱与可口。四五星级饭店的高档宴会菜肴讲究的是分餐制，一人一碟，一菜一撤盘，而中低档宴会常常是大鱼大肉盘叠盘，吃不了带着走。宴会的组配从头到尾都有许多差别，只有对症下药，才能起到好的"疗效"。

筵宴菜单的编制，要遵循"按质论价"的原则，防止菜品组配不合理。在按照中式筵宴布置格局时，要做好冷菜、热菜、点心、水果之间成本的分配，以确定菜点的选用范围。

4. 因地配菜

筵宴肴馔的设置，离不开本地、本店的特色，充分体现本地、本店的特色也是菜肴制作的一个重要特点，与众不同的地方风味和本店菜肴，具有带来回头客的重要意义。筵宴菜品应尽量利用当地的名特原料，充分显示当地的饮食习惯和风土人情，施展本地、本店的技术专长，运用独创技法，力求新颖别致，显现风格。不要一味地去模仿他人或其他地方的菜肴，要提倡吸取其精华，创出自己的特色。要充分发挥本店厨房设备及厨师的技术力量，制定独特个性的品牌菜肴和创新菜肴。

因地配菜，就要发挥地域菜品所长，要亮出名店、名师、名菜、名点和特色菜的旗帜，施展本地、本店的技术专长，避开劣势，充分选用名特物料，运用独创技法，力求新颖别致，亮人耳目，使人一朝品食，终生难忘。筵宴要突出风格，川味宴就得有正宗的川味，苏味宴应当有水乡的风情。若称运河宴，不能把东北马哈鱼、新疆的羊肉串抓来"顶差"；要叫佛门全素斋，必须杜绝五荤、五辛、蛋奶以及"素质荤形"的工艺菜。因地而异，就要突出本地筵宴风格的个性特征，既不能貌合神离，张冠李戴，也不能面目全非、毫无个性。

5. 因艺配菜

筵宴菜品就是一整套的艺术作品，设计时都要有自己的风格，风格不鲜明，作品就不生动。筵宴的格局，虽然是统一的，但在菜品的组合上，就需要显示各个地方、各个民族、各个饭店、各个厨师自己的风格。风格的独特性，可以让人眼前一亮，具有吸引人的魅力，自然是抢人眼球，受人欢迎。

一个企业的筵宴设计水平高低，往往体现了这个企业的菜品制作水准。许多企业往往把技艺较高的大师安排在筵宴制作的岗位上。筵宴的设计者和制作者应始终不忘展示着烹饪大师的技艺风采和制作特点，应踏踏实实从菜品的品质上去努力，从技艺的特色上下功夫，能够给顾客带来一些菜品风格的亮点，它不是故弄玄虚、华而不实的摆噱头，而是真正地极力发挥自身的优势，结合本地区、本餐厅自身的技术特长组合菜肴、制作菜肴，彰显出与众不同的个性，使就餐客人有耳目一新、味养兼美、身心满足的效果。

二、筵宴菜品组合的多样性

应该说，一桌丰盛的筵宴，其构成形式是丰富多彩的。它主要表现在原料的使用、调味的变化、加工形态的多样、色彩的搭配、烹调的区别、质感的差异、器皿的交错、品类的衔接等几方面，只有这样，宴会才会有节奏感和动态美，既灵活多样、充满生气，又增加美感、促进食欲，这是筵宴菜获得成功的基本保证，也是宴会菜品设计开发的一个较好途径。

1. 用料多样

筵宴是以丰盛精美的菜点招待客人，一般都以山珍海味、鸡、鸭、鱼、肉为主体，兼顾了豆类、薯类、蔬菜、水果的多样配搭。设计宴会菜点时，在保持传统筵宴风味特色的基础上，注意菜点原料的多样化，既要有富含蛋白质、脂肪的肉类食品，又要配备多维生素的蔬菜、水果，适当配一些豆类、薯类、笋类、菌类的菜品，以达到营养比较全面的目的。

因此，在设计整桌的筵宴菜单时，不能只考虑菜肴本身的美味，而要兼顾到原料与原料之间有可能产生的结构功能。在筵宴的整体结构中，原料应该是多样的，多样才能多彩，才能有变化。

选用原料既要考虑到本地的特产，也要兼顾到各地的特色原料，甚至引进国外的特色原材料，如北欧深海鱼类、澳大利亚龙虾与羊肉、美国的牛排及各种西式蔬菜等。在有限的菜肴中尽量考虑到原料的多样性，这样可提升筵宴的档次和不同的风味。

2. 烹调多样

不论何种筵宴，都应在烹调技法方面有所变化。在制定菜单时，须要注意风格的统一，又应避免菜式的单调和工艺的雷同，努力体现变化的美。如果一桌菜肴中相继出现炒鸡丝、爆鸡花、黄焖鸡、炖鸡汤，或连上三道菜都是炸菜，就会使客人感到重复、乏味、单一，甚至使人厌食。所以筵宴菜品贵在一个“变”字，应当是“远处观花花相似，近处看花花不同”。因此，在制定宴会菜肴时，要防止烹调方法单调的现象，使得每一道菜品方法变化，风格多样，如拌、炝、爆、炒、熘、炸、烧、蒸、烩、烤、煎、炖等体现出变化之美，使菜单中所有的菜点做法不重复、不呆板、不僵化，让顾客真正体验到方法的多样、工艺的变化、准备得精心、设计得用心、享用得舒心。

3. 口味多样

在调味技艺上也要体现丰富变化的风格。人们对筵宴菜品的要求，关键一点是对菜品口味的品评要求。烹饪艺术美常常体现在筵宴上，最终落实在味觉审美上。一桌菜肴，口味单调无奇，也激不起宾客的兴趣，而清鲜浓淡跌宕起伏，才能使客人留下深刻的印象。现代保健医学认为，多吃油荤和过咸的食品会引起高血压、冠心病、肥胖症等病症，所以世界饮食潮流是“三低”“两高”（即低脂肪、低盐、低热量、高蛋白质、高纤维素）。对于宴会菜肴的配置来说，更要特别注意，特别是高级宴会，都不能重油大荤，而要清淡味鲜。在菜品味型的组配上，以清鲜为主，但也要做好各种复合味型的变化，酸、甜、苦、辣、咸、香、鲜和复合味的不同组合，绘制出一幅多彩多姿味美图。筵宴菜品的美味，既要突出本地特色，又要不同菜品之间口味的转换、变化有高潮，食用后味中有味，回味无穷。在筵宴的这些美味中，最终讲究“淡而不薄、肥而不腻、甘而不哝，酸而不涩”，“醲不鞔胃，淡不槁舌，出以食客，往往称善”（《易牙遗意·序》），只有浓淡相宜的菜肴，才能真正受到宾客的好评。

4. 形状多样

在筵宴菜品的设计中，要注重每道菜的形状变化和设计技巧，在外形和用器方面给人以艺术的享受和视觉的满足。

在原料的加工处理方面，尽量做到每个菜的刀切外形的差异，形态有丝、条、块、片、丁、球或整只；还可以剞成花刀，制作成各种象形的形态，如菊花形、麦穗形、玉米形、松鼠形、麻花形等。

在菜品装盘方面也应多种多样，应显现出菜品整体的艺术效果，无论是冷菜、热菜还是点心，都应在不影响口味、温度、卫生方面达到形状的优美化，使不同的菜品产生错落有致、形美质优的特点。菜品的几何形、动物形、植物形等都能恰到好处、动静结合、一张一弛，产生美妙的效果。在筵宴的大氛围环境下，使得不同的造型菜品能够和乐场景、渲染气氛，增进食欲，使人们在品尝美味佳肴的同时得到一种艺术的享受。

在菜品的配器方面，能够利用不同的盛器装点不同的菜肴，产生和谐之美、变化之美。陶、瓷、石板、玻璃、金属、竹木、象形餐具等，盘、碗、碟、盅、杯、钵、锅的不同运用，合理选用、合理配置不同品质和形状的盛器，都将对菜品起到锦上添花的作用。

5. 质感多样

菜品质感的好坏直接关系到顾客的食欲和触觉的感受。一份好的菜品不仅要考虑到色、香、味、形俱佳，而且也要兼顾到菜品质感的丰富多彩。因此，在设计菜单时，要根据饮食者的需求，选用不同的烹调方法，使菜肴的质感富有变化，能满足不同消费者的欲望，如软、嫩、酥、脆、爽、糯、肥、滑等多种特点，以满足顾客口腔的享受。另外，应根据不同年龄层的状况，设计不同质感的菜肴。但由于每个人的饮食习惯不一样，对菜肴质感的偏爱也不尽相同，所以在设计菜单时，应尽量了解不同客人的饮食爱好，有针对性地考虑菜肴的质感，去满足广大消费者的饮食需求。

6. 营养平衡

如果只注重菜点的调味和美观，而忽视了合理营养、平衡膳食的原则，是得不偿失的。传统筵宴菜点的配备与现代营养学的要求还存在一些不足之处，主要体现在动物性原料偏多等方面。

随着人民生活水平的提高，人们对饮食的要求有了新的认识。人类从吃饱、吃好，走向吃得健康。社会的发展使人们对健康的要求更强烈，更加关注其合理配膳。我们吃饭的目的，是为了获得健康，从食物中获得六大营养素，即蛋白质、脂肪、糖类、矿物质、维生素、水。通过消化、吸收和新陈代谢作用而补充人体需要的营养成分，以供给能量，保证身体的正常发育和健康。营养学是吃的科学。它的原理是平衡膳食。合理营养，要求饮食种类要齐全，食物必须多样化，各种营养素的比例要适当，以解决营养素的不足或过多。

在平衡膳食中，菜肴的烹制不要太油腻、不要太咸，不要过多的动物性食物和油炸、烟熏菜品，应养成吃少盐、清淡的膳食菜品，以保障人体的健康。

7. 整体协调

不论何种筵宴，都应根据不同需要灵活排好菜单。一桌筵宴菜单就像一曲美妙的乐章，由序曲到尾声，应富有节奏和旋律。在制定菜单时，既须注意风格的统一，又应避免菜式的单调和工艺的雷同，努力体现变化的美。一桌筵宴菜肴，从冷菜到热菜通常由多道菜组成，菜品越多，越应显示各自不同的个性。冷菜通常以造型美丽、小巧玲珑的"单碟"为开场菜，它就像乐章的"前奏曲"将食者吸引入宴，可起到先声夺人的作用。热菜用丰富多彩的美馔佳肴，是显示筵宴最精彩的部分，就像乐章的"主题歌"，引人入胜，使人感到喜悦和回味无穷。筵宴的效果如何，关键就在于菜肴的组配。我们知道，音乐必须有抑扬顿挫的节拍才悦耳，绘画必须有虚实浓淡的画面才优美感人，筵宴菜品的组配也必须富于变化，有节奏感，在菜与菜之间的配合上，要注意荤素、咸甜、浓淡、酥软、干稀之间的和谐、协调，相辅相成，浑然一体。

一桌筵宴组配，菜肴是红花，点心是绿叶，菜点之间互相配合尤为重要。菜点都要顺应宴会的主体风格，菜肴与点心在口味、烹调方法上要达到和谐统一，"全席"宴的配置也要风格协调。根据宴会的不同档次，菜精点心细，菜粗点心大，宴会有春、夏、秋、冬之差别，菜肴如此，面点亦然，配置宴会菜点要始终体现整体风格的一致性。

第三节　筵宴菜品的配制技巧

筵宴菜单的制定，主要是合理配备菜肴和面点，而菜肴是整个宴会中最主要的部分。筵宴菜肴的质量、特色决定着整个筵宴活动的成败，同时也影响到一个饭店的声誉。

一、筵宴设计中的店随客便

筵宴菜单设计涉及的内容十分广泛，需要考虑的因素很多，但其核心就是以顾客的需求为中心，尽最大努力满足顾客的饮食要求，准确把握客人特征，这是筵宴菜点设计工作的基础，也是首先要考虑的因素。因此，菜品的设计要以筵宴主题和参加筵宴的客人的具体情况为依据，充分考虑筵宴的各种因素，使整个筵宴达到理想境界，即参加筵宴的客人都能得到最佳的物质和精神享受。

筵宴菜单设计人员接到筵宴预订单后，在充分了解客人情况并加以分析的基础上，再结合本宴会厅具体情况设计出适合客人需求的筵宴菜单。

在餐饮生产和厨房工作中，筵宴菜单设计好后需用文字的形式下达，以便工作人员具体实施。筵宴菜单编制通常有两种形式：一是菜名编排式，这种方式比较简单，只要列出菜名就行。它比较适合有丰富经验的烹调师使用，这也是社会上较为流行的形式。另一种是表格式，除了菜名，还需列出烹饪原料、烹制方法、味型、特点、品质要求等，分门别类列出，适合于烹饪初学者，一般新开业大型酒店以及在外地企业举办美食节等采用此方法。

1. 分清主次，选择特色菜点

必用菜点的选择，应以筵宴菜单编制原则为前提，还要分清主次详情。通常采用下列步骤：

（1）要考虑地方饮食习俗，在选用菜点上尽量显示当地风味；

（2）要充分发挥酒店烹饪特色，推出厨师特选菜，突出本店名菜点；

（3）要充分考虑能显示筵宴主题的菜点，展示筵宴的特色；

（4）要考虑当时节令的特色菜点，选择富有特色的地方原料；

（5）要考虑烹饪原料的供应情况，适当安排一些价廉物美的菜点，便于合理调配筵宴成本。

2. 围绕主菜，确定其他菜点

筵宴的主要菜点是整桌筵宴的主角，对于主要菜点，各地区餐饮业一般以头菜（即主要菜品）作为整桌筵宴的“核心”。因此，首先要选择好头菜，在用料、口味、技法、装盘、点缀等方面，要按标准来配菜和烹制。头菜确定以后，其他菜点选择都要围绕头菜来组配，在质量和规格上要与头菜相适应，力求起到衬托头菜、突出主题的作用。

3. 筵宴菜单，开具附加说明

送至厨房的筵宴菜单需开列附加说明，作为筵宴菜单的补充和完善以增加菜单的实用性，特别是开列的一些创新菜、特色菜，为防止操作人员不清晰、不明白，需作具体的说明，以充分发挥菜单的指导作用。筵宴菜单的附加说明通常包括以下内容：

（1）筵宴的风味特色、适用季节和就餐者要求；

（2）说明筵宴规格、筵宴主题和办筵宴的目的；

（3）列齐所用烹饪原料（包括特殊用料）和餐具；

（4）写清筵宴菜单出处和掌握的有关具体信息；

（5）介绍重点菜点的制作要求和整桌筵宴的具体要求。

二、筵宴设计中的形式出新

不同的时代，不同的地区，筵宴组配的风格也是不同的。古代与当今筵宴的配膳不同，城市与乡村筵宴的派菜风格不同。古代的贵族阶层，讲究"食前方丈""钟鸣鼎食"，筵宴菜品种讲究越丰盛越好，致使菜品出现了一百多道的清宫"满汉全席"。中华人民共和国成立以后，我国的筵宴菜品由繁多向适量方面转化，特别是人们的素质提高，讲究营养、卫生、健康，筵宴菜品的配置出现了一些新的风格并成为当今人们乐于接受的筵宴组配方式：

1. 自选式

近十多年来，自选式饮食风气在许多饭店餐厅流行，如自助餐、冷餐酒会、鸡尾酒会等。在餐台上配置冷菜、热菜、点心、甜菜、水果等，品种多样，展示在客人面前，餐台上备有刀叉、筷子、餐盘，让客人自取餐盘，按自己的喜好选用菜点，吃多少、取多少，菜品丰富而不浪费。

2. 公筷式

在筵宴中，每一盘菜点，都配上公筷或公勺，餐桌上也配有公筷、公勺。档次高的宴会，由服务人员将每盘菜平均分配给客人，一般的筵宴，宾客可用公筷、公勺盛取食品。这样既保持了中国筵宴的风格特色，又符合卫生要求。目前，许多地区和饭店广泛采用双筷制，在餐位上摆放不同颜色的两双筷子，外部的筷子取菜，内面的筷子食用。

3. 分餐式

这是中餐西吃的方式，整桌菜点都是由厨房或餐厅人员分配好，每客一份，就如同西餐上菜一样，菜用盘，汤用盅，按筵宴的顺序，由服务人员一道一道送上餐桌。这种形式，多流行于国宴或高级宴会，现在许多宴会和聚餐方式都开始应用。

三、筵宴设计中的主题出新

筵宴菜点的设计如同绘画的构图，要分宾主虚实，突出主题，把观赏者吸引到重点上去。不然就会杂乱无章，平淡无味。同样的道理，设计一桌宴会菜，也要分清主次，突出重点，绝不可宾主不分，或喧宾夺主。高明的烹调大师，决不会把一桌筵宴菜点安排成无章法、无个性、无层次的"大杂烩"，而是遵循时代特点，根据人们的生活需求和饮食规律而进行组合菜点。20世纪90年代以前，全国各地推崇的"全席"结构，以头菜为主中之主，是全席的核心，或者算是重点。设计宴会菜首先要选好头菜，其他的菜肴、点心都要围绕着头菜的规格来组合，客体菜要多样而有变化，在质地上既不能高于头菜，也不能不辨妍媸，比头菜太差。只有做到恰当配合，才能起到衬托主体和突出主题的作用，这在美学上叫"多样的统一"。

一桌筵宴，都有其重点的主菜，即使社会经济的发展，膳食更重视平衡，也还是有其主菜。虚实相间、主次分明的菜肴风格都将长久地保持下去。许多宴会主题突出，其筵宴的菜肴与制作都要与之相联系。如寿庆宴、儿童生日宴、新婚宴、庆典宴等。许多菜肴设计命名都与饮宴主题相结合，就会形成一种独特的风格。

1. 南京青奥会菜单

2014年8月16日晚，南京紫金山庄酒店迎来了参加南京青奥会的各国和各地政要及国际组织的尊贵客人。欢迎宴会菜单上包括五菜一汤、一份茶点、一份水果和一份冰激凌，都是市民餐桌上常见的菜品，主要体现江南风味的温润婉约。欢迎宴会菜单在选材上注重荤素搭配，口味上讲究轻重调和，还要照顾到不同国家地区的饮食习惯。

整个国宴是温馨和谐的，宴会期间江苏省演艺集团的演奏家们还奉献了很多经典曲目，比如花好月圆、茉莉花、杨柳青、拔根芦柴花等，很有江苏特色。其设计的菜单为：

汤羹：金陵四宝汤

热菜：雀巢爆羊柳　香炸大明虾

黑椒煎牛排　香烤银鳕鱼

白灼翠芥蓝

甜品：水果　冰激凌

酒水：国产干红葡萄酒

2.“水果宴”菜单

随着交通的发达，国内各地的水果已打破地域的界限，水果市场越来越丰富。作者曾在江苏无锡管理过饭店，担任饭店的总厨师长，在首届美食月活动中，针对无锡人独特的口味特点，推出了“时令水果宴”，共用 12 种不同的水果组成冷菜、热菜、面点。其菜单如下：

冷菜：雪梨双脆　橙汁鱼片　柠檬软鸡　橘香牛肉

酸辣白菜　樱桃晶虾　果味香芹　三丝泡藕

热菜：橘盅虾仁　芙蓉瓜羹　裙边苹果　红烛荔鸽

鳜鱼瓜条　菠萝鸭块　四色蔬果

面点：枇杷香果　鲜美柿团

汤品：龙眼鸡汤

甜品：猕猴西米　拔丝香蕉

3.“全鱼宴”菜单

“全鱼宴”是国内很多地区都可制作的全席宴。原料易得，加工方便，老少皆宜。这里选取一组菜单，其中多个菜肴是综合利用鱼不同部位的材料甚至是下脚料进行配制的。

冷菜：吉士鱼鳞　怪味鱼骨　凉拌鱼皮

红烧鱼子　芦蒿鱼丝　蝴蝶鱼片

热菜：鱼米之乡　菊花青鱼　干烧鲤鱼

扇形划水　鱼酥四宝　鱼脯豆腐　清汤鱼圆

点心：鲤鱼小包　三鲜鱼面　鱼馅饺子

四、筵宴设计中的菜肴变化

筵宴菜品的设计，单个菜肴的成功不等同于筵宴的成功。筵宴必须在整体上给人留下美感。这种整体美表现在：一是以菜点的美为主体，形成包括食材、技艺、本地特色、菜肴创新、餐具配伍、菜品装饰等在内的综合性美感；二是由筵宴菜单构成的菜点之间的有机统一形成的变化美，这是人们衡量筵宴质量的最重要标准。

（一）食材的搭配与出新

筵宴菜品的设计，可利用特色原料制作新菜，是菜品设计的较好途径。苦苣、小海带、萝卜苗、花生芽，各式新鲜蔬菜接二连三的不断面世，食物原料的培植与运用，外来原料不断接纳与引进，这对制作者、食用者来说无疑是一大好事。从经营创新的角度看，需要人们不断发现新的原材料，并加以综合利用，以满足广大消费者。而创新菜品的原料利用是多方面的，如一物多用，综合利用等。

一种动植物原料，可以制成多种多样的菜品。同一种食物原料也可以根据不同的部位制成各不相同的菜品。就淡水鳙鱼（花莲、胖头鱼）而言，其头，可做砂锅鱼头、拆烩鲢鱼头、鱼头炖豆腐等；其身，可制成油浸鱼片、脆皮鱼条、瓜姜鱼丝、咸鱼烧肉等；其鳔，可制成碧影红裙、口袋鱼鳔、虾蟹鱼鳔等；鱼尾，可制成群鱼献花、葱烧活尾等；鱼皮，可做成水晶鱼糕、凉拌琥珀；鱼脊骨上的鱼肉可制成酸辣鱼羹等，不仅风味多样，而且食物原料得到了综合利用。

猪、牛、羊等家畜，更是可以一物多用。从头到尾，从皮肉到内脏，样样可用。正因为一物多用，才出现了以某一原料为主的"全席宴"，如全羊席、百鸡宴、菌菇宴等。一物多用的关键，就是要善于利用和巧用，即具有利用原材料的创新意识。而中国烹饪的技法，恰恰表现出人们利用原材料的高超水平。

在我国古代，人们是善于创新、善于发现原料的。譬如黄豆这个品种，作为烹饪原料，创新出可以认为是成"家族"的食品和菜肴。如加水浸泡、磨浆、过滤、煮沸而成豆浆；点卤、盛框、压制、除泔而成豆腐；再压榨、晾干则成豆腐干；又加香料把豆腐干入卤，则又因香料的不同而成各式各样的卤豆干、五香豆干；或将豆腐盐腌、蒸熟、密盖、酶化，就成豆腐乳了；黄豆可依法生长为无土培育的黄豆芽；依方可制成豆腐皮、千张、百页、腐竹；也可做成豆花、豆腐脑、豆腐粉、豆油、豆酱之类。古代人善于制作、发现、认识原材料；今天，我们有很好的设备和条件，只要去动脑筋，将一些原料经简易加工，或许可以制作出某种新的食品原料，那么，创制菜品也就更有捷径了。

在食物原料的开发利用上，需要注重环保意识和持续发展观念，广泛利用农、林、牧、副、渔各业生物工程技术、无公害栽培管理技术、天然及保健生产技术开发和生产的田园美食、森林美食和海洋美食等，为优质菜品的创新提供服务和支持。

利用异地原料来开发菜肴，这是一个十分省事的办法。只要便于拿来、合理而巧妙的组合，就可以产生一定的效果。如云南的野菌、淮南的豆腐、胶东的海产、东北的猴头、扬州的白干、淮安的鳝鱼、四川的花椒等。这些原材料在本地看来是比较普通的，但一到外地，即身价倍增。当它异地烹制开发、销售，其效益将难以估量。如今交通发达，开发异地原材料并不困难，创新菜肴也必将有其广阔的市场。

（二）特色菜品设计创新取向

筵宴菜品设计与开发从搜集各种素材开始，并将这些素材进行取舍经过构思、设想通过各种烹调技法转变为市场上人们所需要的菜品为止的前后连续的过程。构思是设计创新菜品研发过程的第一步，实际上就是寻求创意的过程，是日后菜品开发能否顺利进行的重要环节。所以，在美食菜品设计研发之初，就要把握市场的需求，切中顾客的喜好，追求与众不同，不落俗套。在餐饮经营与制作中，美食设计的制作思路可以从多方面去考虑。[①]

1. 以精湛的技术取胜

中国烹饪技术博大精深，各地都有自己独特的烹调技法，利用设计者自己的技术特长

---

① 邵万宽.中国美食设计与创新［M］.北京：中国轻工业出版社，2020：33-38.

展现独有的风格特色，可以为菜品设计与创新提供最好的新产品。利用技术精湛的功夫，保证菜品质量过硬，一定是会得到广大顾客所青睐所赞许的。即使普通的鱼丝、腰花，如果制作者能够刀工整齐划一，剖花深浅均匀，就是一款设计优秀的作品。

2. 以奇巧的造型取胜

在菜品美味的基础上，菜品的设计能否打动人心，这就需要有敏锐的眼光和独特的审美，使菜品的外观与众不同，以达到出奇制胜的效果。即使较普通的菜品如"蛋炒饭"，你可以用小碗扣装，也可以用模具盛装，可以千变万化，产生不一样的效果。

3. 以独特的构思取胜

菜品设计需要有独特的眼光，甚至是让别人难以想象，构思巧妙而独特，就会给人以惊喜。或将两者本来毫不相干的内容有机地结合在一起，以及运用逆向思维来设计创新，就如反弹琵琶一样，使其出奇制胜。如广东的"大良炒鲜奶"，香港的"火烧冰激凌"等。

4. 以组合的变化取胜

就菜品的设计创新而言，组合就是创新，让不同的原料、不同的技法、不同口味有机的组合在一起，就会产生意想不到的效果。在菜品设计中，可以是菜肴和点心的组合，也可以是中西菜点的结合，还可以是不同地域菜品之间的组合，都可以产生不同寻常的效果。

5. 以地域的特色取胜

不同地区有不同的特色、不同的风格，利用本地区特色的原材料、特色的技法既可以嫁接到传统菜式上，也可以创制出新颖的菜品来。往往越是地域风格浓郁的菜品就越是具有影响力的产品。运用当地的土原料、土方法、土调味、土餐具，或许就能制作出特色的菜品来。

6. 以特有的味感取胜

顾客对菜品的真正取舍大多是以口味而决定的，好吃不好吃，成为许多人选择餐厅的主要依据。当我们在设计菜品时，想不出好的造型时，何不在口味上动脑筋？味是菜品的灵魂，利用好的食材，调配出有个性配方的调味汁，制作出别人难以模仿的菜品口味，就可以无往不胜。

本地特色菜品的制作与创新，不仅可以丰富本地、本店菜肴，而且也是地域美食文化的传播；不仅可以丰富筵宴餐桌的品种，而且也可以弘扬本地的饮食文化。

第四节 主题宴会菜单的特色

宴会经营的最大卖点是赋予一般的餐饮营销活动以某种主题，围绕既定的主题来营造宴会的气氛。宴会中所有的菜品、色彩、造型、服务以及活动都为主题服务，使宴会主题成为客人识别的特征和菜品消费行为的刺激物。只有不断创设鲜明、独特的宴会主题活动，才能在餐饮经营中树立自己的品牌特色、获得最佳的经济效益。[①]

---

① 邵万宽.主题宴会菜单的研究与策划［J］.饮食文化研究，2006（3）：70-76.

一、主题宴会的设计分析

（一）可供选择的主题众多

美食主题是餐饮所有活动所要表达的中心思想，因此，只要能体现出美食的主题都可以策划，只是要考虑到目标顾客的感兴趣程度，脱离需求的理想化主题或许能实现标新立异的目的，但因其缺乏深厚的客源基础而无法在市场上站稳脚跟。基于此，在确定宴会主题文化时，应进行扎实的需求调研。一般来说，可供选择的宴会主题大体上可以分为以下几类：

地域、民族类的主题，如地方风味主题活动：运河宴、长江宴、长白宴、岭南宴、巴蜀宴、蒙古族风味、维吾尔族风味以及外国风味等主题。

人文、史料类的主题，如乾隆宴、大千宴、东坡宴、梅兰宴等以及红楼宴、金瓶宴、三国宴、水浒宴、随园宴、仿明宴、宫廷宴、射雕宴等。

原料、食品类的主题，如安吉百笋宴、云南百虫宴、西安饺子宴、海南椰子宴、东莞荔枝宴、漳州柚子宴等。

节日、庆典类的主题，如春节、元宵节、情人节、儿童节、中秋节、重阳节以及饭店挂牌、周年店庆等。

娱乐、休闲类的主题，如歌舞晚宴、时装晚宴、魔术晚宴、影视美食、运动美食等。

营养、养生类的主题，如健康美食、美容食品、药膳食品、长寿美食、绿色食品等。

（二）强调宴会主题的单一性与个性化

主题宴会的明显特点就是主题的单一性，一个宴会只应有一个主题，只突出一种文化特色。否则，主题不明确，容易产生混乱，场景布置也不伦不类。从原料的选用、制作方法、造型特色等方面强化某一主题的内涵，不需要面面俱到，添置些毫不相干的东西。

主题宴会的设计一方面要适应时代，另一方面要体现自己的经营特色。假如一味地模仿别人、跟在别人后面走，而不顾自己的情况，就难以形成特色，产生魅力。宴会主题的设计与策划，就是在个性化与差异化之间寻找自己的东西，树立自己的"特色"。其差异性越大，就越有优势。这种差异是全方位的，菜品、原料、风味、服务、环境、服饰、设施、宣传、营销等有形与无形的差异都行，只要有适宜的特色和差异，就能引来绝佳的市场人气。

 知识链接

黑色宴

现代人们生活水平的提高，消费者到餐厅消费除了讲究美味可口以外，还对菜品的营养保健功能提出了要求。上海某宾馆餐饮部顺应这一新的美食消费潮流，适时推出了"黑色宴"。他们花时间、查资料、请教专家学者及餐饮界的老前辈，首先选取了市场上能买得到的所有黑色食品原料，像黑木耳、黑芝麻、黑蚂蚁、蝎子、乌鸡、黑鱼、乌参、泥鳅、花菇、发菜等，然后反复斟酌，精心调配，列出了一系列黑色宴会菜谱，其菜品主要有：

蚂蚁拌芦笋、椒盐泥鳅、芝麻虾、金蝎凤尾虾、葱烤海参、虾子大乌参、蟹粉黑豆腐、灵芝炖甲鱼、黑枣扒猪手、黑豆凤爪汤、黑枣汤酒酿圆子、黑米蛋炒饭等。

二、主题宴会开发的要求

宴会主题的设计与营造在我国由来已久，在设计策划宴会过程中，首先应明确一个独特而切合经营实际的活动主题，这是设计的前提条件。否则，不着边际，想到哪里干到哪里，就会造成经营无序或缺乏特色。在保证菜品质量、服务质量的前提下，设计和运用独特的宴会主题活动，就有可能在行业上独树一帜。

（一）从文化的角度加深主题宴会的内涵

主题宴会是当今从经营的角度出发而不断兴旺发达的。但餐饮经营并不仅仅只是一个商业销售的经济活动，实际上，餐饮经营的全过程始终贯穿着文化的特性。在策划宴会主题时，更是离不开"文化"二字。每一个宴会主题，都应有文化内涵。如地方特色餐饮的地方文化渲染，不同地区有不同的地域文化和民俗特色。如以某一类原料为主题的餐饮活动，应有某一类原料的个性特点，从原料的使用、知识的介绍，到原料食品的装饰、古今中外菜品烹制特点等，进行"原料"文化的展示。北京西城区的湖广会馆饭庄将饮食文化与戏曲结合起来，推出了戏曲趣味菜，如贵妃醉酒、出水芙蓉、火烧赤壁、盗仙草、凤还巢、蝶恋花、打龙袍等，这一创举使每一个菜肴都与文化紧密相连。在戏曲趣味宴中，年轻的服务员在端上每一道戏曲菜时，都会恰到好处地说出该道菜戏曲曲目的剧情梗概，给客人增加不少雅兴。

主题宴的设计，如仅是粗浅地玩"特色"是不可能收到理想的效果的。在确定主题后，经营策划者要围绕主题挖掘文化内涵、寻找主题特色、设计文化方案、制作文化产品和服务，这是最重要、最具体、最花精力的重要一环。

（二）宴会菜单设计紧紧围绕主题文化

1.菜单的核心内容反映文化主题的内涵和特征

菜单的核心内容，即菜式品种的特色、品质必须反映文化主题的内涵和特征。这是主题菜单的根本，否则菜单就没有鲜明的主题特色。如苏州的"菊花蟹宴"，以原料为主题，围绕螃蟹这个主题，宴席中汇集了清蒸大蟹、透味醉蟹、子姜蟹钳、蛋衣蟹肉、鸳鸯蟹玉、菊花蟹汁、口蘑蟹圆、蟹黄豆腐、四喜蟹饺、蟹黄小笼包、南松蟹酥、蟹肉方糕等菜点，可谓"食蟹大全"。浙江湖州的"百鱼宴"，围绕"鱼"来做文章，糅合了四面八方、中西内外各派的风味。"普天同庆宴"以欢庆为主题，整个菜单围绕欢聚、同乐、吉祥、兴旺，渲染庆祝之气氛。

2.菜单、菜名及技术围绕文化主题中心展开

可根据不同的主题确定不同风格的菜单，设计时考虑整个菜名的文化性、主题性，使客人从每一个菜中都能见到主题的影子，这样可使整个宴会场面气氛和谐、热烈，使客人产生美好的联想。

设计主题菜单时应考虑主题文化强烈的差异性，突出个性，而不是模仿抄袭。主题菜单只考虑一个独特的主题，菜单的制定必须具有特有的风格。菜单越是独特，就越是吸引人，越是能产生意想不到的效果。

（三）对主题宴会就餐环境的要求

宴会主题文化确定以后，除了进行菜单的制定以外，还要借助餐厅的环境表现出来，尤其应重视场景、氛围、员工服饰等方面的装饰，以形成一种浓厚的主题文化。在服务的过程、服务的形式、服务的细节、服务标准的设计以及活动项目的组织上，均应有鲜明的主题贯穿。主题宴会应突破传统宴会仅提供零散菜品这一概念，而提供一种"经历服务"，把自己培植的主题文化产品奉献给每一位就餐的客人，为他们带来一种特殊的文化、特殊的菜品、特殊的环境、特殊的享受。餐厅在不同时候推出不同风格的主题宴会，会使得企业的餐饮经营有声有色，风格迥异，并常常给客人带来新的、有个性的东西。

三、主题宴会的常用类型

现代餐饮在跨入买方市场的今天，"主题特色"已越来越被经营者所看重。"特色化"的主题宴会也是餐饮创设优势的利器。餐饮在实施主题销售战略时，可根据不同的顾客、消费行为、活动主题，选择相对应的主题，开设拥有个性特色的"主题宴会"，以博取就餐消费者的欢心，满足顾客的特别心情，刺激顾客的购买欲望。这种主题，可以是地域的、民族的，也可以是民俗的、人文的，还可以是特产原料的。实际上，只要确定一个主题，然后根据主题收集整理资料，人们便会依照主题特色去设计菜单。

1. 以地域文化为主题

利用本地区的特色原料、风味和独特的烹调方法，以及本地区的人文特点开发地域风味浓郁的主题宴会，不仅影响深远，而且对地方饮食文化的传扬起到很重要的作用。近年来，全国很多地区从本土文化出发，创作出许多闻名全国的主题宴席，如敦煌宴、运河宴、长白宴、太湖宴、珠江宴、虎踞龙盘宴等。这些都体现了不同地区特色的地域饮食文化风格。

2. 以特产原料为主题

以特色、特产原料作为宴会主题，自古以来在餐饮业运用较为广泛。一般来说，主要原料确定以后，厨师们就能围绕主题设计出主题菜单。在设计创意中，每个菜都与主要原料有关系，或炒、或烹、或煎、或炸、或蒸、或煮，口味变化，造型变化，色彩变化，再注重菜品的名称美化，就是一张美妙的菜单。如江鲜宴、花卉宴、黑色宴、茶宴、水果宴等。

3. 以节日活动为主题

目前，全国每年公休假日已几乎占全年总天数的1/3。大力开发假日餐饮市场有着极好的环境氛围和有利条件。假日经济所产生的营业额比重也大，一般占全年营业额的50%以上。广阔的前景昭示着我们：开发假日餐饮主题，积极迎战休闲餐饮市场。

节假日是百姓休闲的好时光，适时推出各种民众主题宴、休闲宴。在保证质量的前提下，增加服务大众饮食项目，将大众化与个性化有机地结合。如围绕节日主题设计的情人套餐、合家欢宴、"三八"美容宴、重阳长寿宴、年夜饭，等等。

4. 以宴请活动内容为主题

根据宴请活动的具体内容而设计菜单，这是最近十多年较为流行的设计思路。实际上，我国自古以来就注重主题宴席的制作，如新婚喜宴、生日宴等。随着社会的发展，宴席已越来越成为许多主题活动的重要仪式和高潮，人们也更加希望宴席活动贯穿着一些内容和话题，体现一种风格、一种主题。往往一场主题鲜明的宴席活动，能给广大就餐者留下深刻的印象、带来美好的回忆，并使饭店或餐饮企业树立良好的形象。

5. 以食品功用为主题

当人类解决了温饱之后，就开始追求健美与长寿，希望能尽量地提高生命的质量，于是食疗事业也应运而生。人们到饭店用餐，都希望以最新的科学理论作指导，以食物代替药物来强身健体。在策划设计主题宴时，如果能突出保健、强身的功效，就可起到一举两得的效果。这是人们在饮食中都很向往的事情。

根据食品原料的自身特点，利用不同的烹饪制作方法，使其食物达到滋补的作用，这是今天饮食的普遍需求，其关键是如何搭配，使菜品在美味可口的同时达到滋补的作用，这必须根据原料及其科学配制的特点，使其产生最大的功效。这里介绍滋补养生席三例：

（1）枸杞扒海参、天麻烧牛尾、鸡头米拌羊脊、茭白炒鳝丝、清炖鲫鱼汤。

（2）人参扒驼掌、杜仲烧兔腿、五元神仙鸡、果仁蒸排骨、黄豆蹄爪汤。

（3）槟榔烧海蜇、陈皮扒鸭掌、龙马童子鸡、山楂焖肉干、虫草金龟汤。

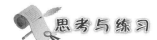

本章小结

中国筵宴从早期人类的祭祀活动开始，经历了不同的历史发展时期。周代筵宴菜单的出现，揭开了菜单文化的新篇章。不同历史时期的筵宴菜单反映了不同时期的筵宴文化。本章从筵宴菜品的设计、菜品的配制，到主题宴会菜单的开发都做了系统的概括和分析，并阐述了新时代筵宴菜单设计的总体要求。

思考与练习

一、选择题

1. 筵席萌芽的时代是（　　　）。

A. 虞舜时代　　　B. 夏商时代　　　C. 春秋时代　　　D. 战国时代

2. "筵席"的本意是（　　　）。

A. 聚餐　　　B. 礼仪需要　　　C. 坐具　　　D. 等级需要

3. 唐代最有影响的筵席是（　　　）。

A. 诈马宴　　　B. 烧尾宴　　　C. 千叟宴　　　D. 宫廷宴

4. 古代"裙幄宴"产生的时代是（　　　）。

A. 南北朝　　　B. 唐代　　　C. 宋代　　　D. 元代

5. 古代的历史名宴是（　　　）。

A. 宫廷宴　　　B. 官府宴　　　C. 千叟宴　　　D. 海参宴

6. 下列宴席名目中属于"原料宴"的是（　　　）。

A. 海鲜宴　　　B. 庆典宴　　　C. 长寿宴　　　D. 东坡宴

7. 下列宴席名目中属于"功用宴"的是（　　　　）。

A. 黑色宴　　　　　B. 运河宴　　　　　C. 美容宴　　　　　D. 红楼宴

8. 在重要的筵宴中最适宜的接待方式是（　　　　）。

A. 集餐式　　　　　B. 融合式　　　　　C. 分餐式　　　　　D. 自选式

9. 筵宴菜品的制作需要弱化的是（　　　　）。

A. 调味变化　　　　B. 色彩配合　　　　C. 质感差异　　　　D. 强化形态

10. 主题宴会菜单开发的关键是（　　　　）。

A. 文化内涵最重要　　　　　　　　B. 菜肴名字很重要

C. 就餐环境最重要　　　　　　　　D. 使用原料最重要

二、填空题

1. 在人类社会中，出于习俗或_____需要而举行的宴饮聚会称为筵宴。

2. 古代筵席的类别有宫廷宴、官府宴和_____。

3. 唐代最具代表性的筵席是韦巨源招待唐天子的"_____"，奇特的菜点就有 58 道。

4. 满汉全席是清代_____兴起的一种规模盛大、程序复杂，由满族和汉族饮食精粹组成的宴席。

5. 筵宴菜肴的改革，需要强化的是：其数量由铺张趋向_____，卫生习惯由集餐趋向_____。

6. 当前筵宴菜品的配置与上菜方式，主要有_____、_____和分餐式等形式。

7. 主题宴会要强调宴会主题的_____性和_____化。

8. 有关宴会主题的设计，东坡宴、乾隆宴属于_____类主题，运河宴、长江宴属于_____类主题。

三、问答题

1. 古代最具代表性的历史名筵有哪些？各有什么特色？

2. 21 世纪筵宴菜单的特点是什么？

3. 筵宴菜单的设计组合要把握哪几个方面？

4. 在配制筵宴菜品时要把握哪些技巧？

5. 我国筵宴菜单更新发展的方向是什么？

6. 主题宴会有哪些种类？

7. 为什么说主题宴会菜单的设计要强调它的文化性？

8. 请设计一张主题宴会菜单，并说明其风格特色。

第八章

中国当代餐饮市场与菜品发展

当代餐饮市场的飞速发展是社会经济发展所使然。餐饮企业的增多和生意兴隆也带来了不同风味的竞争态势，那一波又一波的餐饮潮流对人类社会生活也产生了广泛的影响。本章重点介绍当代餐饮发展潮流以及本土菜与外来菜的发展现状，多方位地阐述现代中国餐饮市场的变化和优势。

学习目标

通过本章学习，要实现以下目标：
· 了解中国餐饮市场的发展与变化
· 掌握餐饮发展潮流的变化模式
· 了解本土菜与外来菜的市场开拓

改革开放和国民经济的发展给餐饮业带来了前所未有的辉煌与变革。在众多饮食大潮的影响下，广大人民的传统饮食思维正在发生许多空前的变化。传统封闭式的餐饮模式被彻底打破，单一的饮食思路已在潜移默化地改变。在科学技术日新月异的现代社会，交通的便利，信息的快速传播，人们的饮食需求已趋向本土化与外来化的多样结合。

第一节　当代餐饮发展与流变潮

中国餐饮市场的迅猛发展已令世人刮目相看。十多年来，国内餐饮业零售总额每年以两位数的速度递增，这是令国人引以为豪的。国人饮食水平在大步地提高，人民群众的饮食生活水平已经走上了快车道。

一、餐饮市场的流变

流行潮是餐饮固有的文化属性。它是指饮食的品种、原料、配伍以及食饮风格在一个时期内的迅速传播和盛行一时，成为社会上人们饮食的主导潮流，从而形成特殊的饮食景观。

餐饮市场的潮流变化是纷繁复杂的，它几乎遍及人类社会生活的所有领域。它是在某一特定群体或社会的生活中形成的，并为大多数成员所共有的一种特殊的生活方式。餐饮变化往往与社会的发展、人们的饮食趋向心理以及时代审美等有密切的关系，把握市场行情，适应潮流的发展，餐饮活动才有生命力。

社会生产力发展水平的提高和社会生活内容的多样化，以及交通和大众传播的发展，餐饮市场的潮流现象便会自然地发生、涌现与变化。人们追赶着潮流去品尝那些新鲜的、新颖的、新潮的各样食品菜肴，那些国外的、国内的海鲜、干货、蔬果等食物都可以由飞机、火车输送到异地饭店、餐馆的餐桌上，丰富各地居民的生活。时尚海鲜、流行菜蔬已经走进了各地的菜市场，满足了人们求新、求鲜的需求。

餐饮市场的流变，首先在于它的新颖性和独特性，从时间的角度说，餐饮潮流的新颖性显示和以往不同，具有独特的风格和新颖的个性。如20世纪80年代的粤菜热、90年代的火锅热、21世纪初的生态土菜热等。①

1. "餐饮流变潮" 是经济发展和时代风尚的产物

餐饮潮流的变化，它不能不受到经济基础的制约，并被时代风气所左右。像当今的绿色、有机食品热的出现，则是现今人民生活改善、企盼健康长寿、渴求无污染的安全、优质、营养类食品的心态及时尚所致。而且在"热"的背后，都需要经济实力作支撑，也系当今时代变革、思想开放的产物。

"餐饮流变潮"给饮食市场增添了活力。每一次菜品潮的出现，对餐饮企业都是一个发展的机遇。谁抓住了它，谁就抓住了客源，抓住了效益，抓住了声誉。它要求餐饮业经营者顺应并迎合餐饮市场的走向，经营者通过调查研究，面向市场，以服务消费者的责任感，抓住潮流，吸引顾客，以适应这种流行及经济变化带来餐饮经营方式和经营风格的变化，而争得最佳的经济效益和社会效益。

餐饮流变潮尽管是社会生活、文化的现象，但对于一个地区、一个城镇来讲，它丰富了一个地区的餐饮文化生活，给地区的餐饮文化带来又一道亮丽的风景，同时也极大地丰富了广大民众的饮食文化生活，而且给整个餐饮市场注入了生机，满足了人们求变的需要，刺激了人们的消费欲望，促使更多的人去餐饮场所消费，提高了餐饮企业的效益和声誉。餐饮消费市场的发达，必将使各个相关行业发展起来。

2. "餐饮流变潮" 改变了现代人的饮食生活

餐饮潮流，尤其是现代社会里的饮食潮流是反传统的、逆传统的。其一，传统带有守旧性，餐饮潮流或流行是以"标新"为基本特征，追求"新"和"奇"，好像与以往不同才算新，并且越新、越奇、越有特色就越好、越是流行。其二，传统是长时间不变的，潮流或流行则重在"入时"，过了时候就不再时兴。随着社会经济和文化的发展，潮流的周期有相对缩短的趋势，而且这一趋势将越来越明显。其三，餐饮潮流具有大众性，它不在于多么高档，只在于合口味、价格比较适中。如20世纪90年代流行的上海香辣蟹、新疆大盘鸡、重庆烧鸡公等，由于吃法新鲜、口味独特、价格公道，得到各地消费者的欢迎，

---

① 邵万宽. 餐饮市场流变与饮食潮流探析［J］. 江苏商论，2012（3）：32-34.

一时间成为饮食的时尚潮流。

二、菜品的流行潮

饭店菜肴的流行与变革也和服装潮流一样。开放以后的餐饮业，方便食品、冷冻食品、减肥食品、黑色食品、昆虫食品、纤维食品等的出现，给饭店餐饮工作者提出了新的要求。在不同时期兴盛、走红、风行，甚至火爆的一系列菜点品种，通过"人为的炒作""社会的舆论""新闻媒体的宣传"等方式，不断推陈出新，掀起股股新潮，这是社会发展、餐饮繁荣、行业兴旺的一个重要标志。20世纪80年代以来，我国餐饮业出现了一波又一波饮食潮流，它推动了菜点的蓬勃发展，也锻炼了一大批的厨房技术骨干。

1. 仿古菜热

仿古菜，兴盛于20世纪80年代中后期，80年代初期主要是酝酿研究阶段。全国各地仿古菜的研制，主要是一些院校学者、烹饪研究史家与饭店厨师联手，从研究到生产、炮制、再认证，在全国兴起一股热潮，如山东的仿孔府菜、西安的仿唐菜、杭州的仿宋菜、扬州的仿红楼菜、南京的仿随园菜、徐州的仿金瓶梅菜，等等。在这股热潮中，许多地区都相继开发新的仿古宴，如镇江的三国宴、乾隆御宴，无锡的西施宴、乾隆宴，南京的仿明宴等纷纷登场。扬州的红楼宴还打到香港、新加坡及国内许多大饭店，一时引起轰动效应。日本饮食界人士曾三番五次专程到南京点吃随园菜，其影响深远。

2. 生猛海鲜热

生猛海鲜，是广东菜饮食的风格特色，它兴起于20世纪80年代中后期，其起因与广东沿海的深圳、珠海等城市辟为经济特区直接相关，加之全国交通发达，许多的海鲜生猛原料可以通过空运输送到全国主要城市。生猛海鲜，原料鲜活，其口感嫩爽、鲜美，风味盎然，其他原料难以媲美，所以受到全国各地广大宾客的一致赞誉，加之粤菜的功力深厚、注重质量、时代气息浓、宴会品位高，一时间社会反响比较好，至21世纪初期一直盛传不衰。

3. 火锅热

火锅热，最早以重庆、四川火锅在全国走红，它的流行大约与生猛海鲜热同步。川味火锅热主要是其在全国各地的深远影响：调味多变、麻辣香浓、气氛浓烈、贴近民生、食客随意，博得了千家万户、企业机关人员的一致喜爱。特别是适应不同需要的"双味火锅"和各客小火锅，以及各式底料的不同风味火锅，更是如此。火锅，对于饭店来说，只要个别的专业人员（或者四川的民间厨师）即可，其他只需一般的厨工准备原料就行。餐厅不需要高档次的装潢，餐台也比较简易，比较适合一般工薪阶层，一些爱吃辣味的人都愿意加入这个行列。

4. 小吃热

小吃热，从20世纪80年代到现在，随着休闲市场的活跃而日渐火爆。10多年来，全国各地许多城市都陆续兴建"小吃街"或"小吃城"。小吃是中华民族饮食文化的精髓，发掘、恢复、整理传统的民族文化是各族各地人民都十分关注和踊跃的。小吃与人民群众的生活联系比较紧密，也特别受到男女老少的共鸣，许多小吃不加修饰、朴实无华，广大群众对众多小吃有种亲切感，其群众基础深厚，特别是旅游、观光的宾客对众多小吃也表示出了浓厚兴趣。人们习惯将旅游、品味、尝吃联系在一起，小吃街本身也是一种旅游资源，像上海城隍庙、南京夫子庙，以及西安、成都、武汉、北京等地的小吃街，不但吸引了本地的市民，而且吸引了一大批旅游的客人。

5. 乡土菜点热

乡土菜点热，是 20 世纪 90 年代初期兴起的返璞归真的饮食潮流。乡土菜即是土生土长的民间菜。20 世纪七八十年代，人们追逐饭店大菜、花色菜，追求华丽、款式，而视乡土菜土里土气，习以为常、不予重视。进入 90 年代，人们又开始留恋起带有民族纯情的、别有一番风味的、实实在在的乡土菜，而且在餐厅的布置上注重营造特定的环境气氛，努力回到"历史的真实"中去。如将大红的辣椒一串串挂起来，玉米棒、斗笠、蓑衣、犁耙等都置入餐厅，使就餐者走进餐厅便进入"角色"，给人以物似味浓的氛围，调动人们的饮食情趣。

乡土菜热从原来的农家餐桌，经过厨师的加工、配器走上了大饭店、大宾馆的宴会，许多饭店专设乡土菜餐厅、乡土菜食品节。这些乡土风味的菜品，客人欣赏它的主要是朴实、无华、味醇、实惠和价廉。

餐饮业的发展潮流不断地向前推进，这是市场发展之必然，也是人们用餐品位的需求。进入 21 世纪，火锅热、乡土菜热一直在社会上流行，而家常菜热、绿色食品热、天然食品热、药膳热以及各地方菜系的流行等，菜系"风水轮流转"已成为一种常态，但功能菜品、健身菜品、保健菜品等将成为未来菜品的主旋律。

小贴士

餐饮消费需求分析

满足餐饮消费者的心理需求，是现代餐饮营销活动的主要内容。只有了解餐饮消费需求的心理特点，真正把握餐饮消费者的活动规律，才有利于实现企业的经济和社会双重效益。根据人们对餐饮消费者的需求倾向分析，人们总结出这样的一些规律：上班一族吃快捷，家庭消费吃休闲，白领消费吃环境，儿童消费吃高兴，学生消费吃新颖，老板消费吃体面，情侣消费吃浪漫，这就是蕴藏无限商机的现代餐饮消费需求。

三、饮食潮流变化与原因

现代餐饮的发展，其趋势是多元化和崇尚流行效应。餐饮发展的动力，是时代的更进和人类求新心理的向往。人们在某一时期崇尚某一种餐饮风格，既是一个心理学的问题，也与社会观念密切相关。纵观古今，餐饮流行潮的形成是一个十分复杂的现象，受到许多因素的制约。

1. 社会经济的发展推动饮食潮的滚动

餐饮活动必须具备一定的经济条件，而决定饮食演进的，主要是社会生产力的发达水平。要吃得好，首先要发展生产。要追逐潮流，更要有一定的经济基础。20 世纪 90 年代，餐饮业进入逐渐完善阶段，交通发达，开始打破地域性的封锁，中高档次的饭店迅速增多，餐饮市场注重吸收外来的东西，中外结合的成分不断增加，并遵循市场规律，改良菜、迷宗菜成为企业叫卖的时尚；新世纪初，餐饮企业争创优质产品、名牌产品，连锁、快餐、中心厨房、标准化生产等展现新的风貌，并重视保健、方便的饮食方式，生态食品、药膳食品、功能食品成为人们追求的潮流等。这些都是循着社会发展、国民素质提高、观念更新而发展的。

2. 人们的从众和求异心理推动饮食潮流的循环更进

从社会心理学层面说，人们往往有一种从众的心理或遵从的现象，即"从众行为"和"模仿"。在日常生活中，被大多数人接受的事物往往自己一般也乐于接受。这是因为人们总是倾向于相信多数，他们认为多数人正确的可能性大，遵从群体、与群体保持一致，不仅可以避免决定的失误，而且能避免被群体排斥和视为"保守的人"。"从众行为是跟着别人去做，纵使是遵守某种规范，也是看别人遵守，自己随从。"[①]就一般情形而论，对潮流的东西十分注意或极不注意的人是很少的，大多数人是随着潮流的发展而转移注意力的。另外，求异心理也是引发餐饮菜品流行的一个原因。人的认识总是在不断提高的，饮食审美情趣也在不断发展和变化，寻求新的刺激、变换新的花样，可以说是人们始终追求的目标。这种心态的存在，使人们在满足了一时的心理之后，随之而来又感到不满足，并产生新的渴望和要求，以达到新的目标。因此，社会的从众心理和求异心理，是饮食流行潮的重要条件和连续发展的源泉。

餐饮潮流从饮食菜品的创新变化开始。对传统固有的菜品进行改革，创造出新的形式，使社会大众接受并流行，达到趋同并形成新的传统定式，又成为固有的菜式。然后，新的变异又开始了。如此循环往复，形成不间断的周期。

3. 饮食潮的形成同人们的生活质量和心理需求密切相关

人的饮食水平的高低与自身的劳动工资报酬是连在一起的，生活富裕，有所积余，花在饮食消耗上的支出就较宽裕；手头拮据，入不敷出，就很难在饮食上讲究，也无法追寻潮流。当今社会的发展，人民生活水平的提高，生活节奏的加快，人们在外就餐的机会增多，要求节省时间，由此产生了快餐业。快餐业的市场兴旺发达加速了快餐的不断发展。一定人群的生活质量提高，高档酒店、会所的发展，许多家庭的婚宴、寿宴等都进入高档餐厅消费。鲍参翅热、大酒店的喜寿宴热的浪潮生生不息。随着各个层次对饮食的要求不同，在进餐方式上也产生了新的欲求，就是一种强烈的求新心理和猎奇心理，时时企求得到进食的满足，以获得精神上的快慰，引起人们对生活的美好联想和感情上的共鸣。

4. 时代的审美和外界的接触交往也造成饮食潮流的变换

在不同时期，人们喜爱的菜点、食品是不同的，这种喜爱往往体现不同时代的精神向往，成为人们在不同时期审美心理的产物。当某一类菜点、食品、烹饪方法迎合人们的爱好、理想和希冀时，它就是具有感染力的，就会在社会上流行开来。如 20 世纪 80 年代，在饮食发展阶段，人们到处寻觅新的餐饮制作方式，在创新艰难的时候，许多餐饮企业与学者联手，到历史的陈迹中寻找"新品"。餐饮经营者们为了迎合许多人的思古情趣，全国各地纷纷推出了"仿古菜"，如北京的仿膳菜、山东的孔府菜、西安的仿唐菜、杭州的仿宋菜、扬州的红楼菜等。于是，古色古香、文化底蕴浑厚的仿古菜也就一度流行起来。

---

① 沙莲香.社会心理学［J］.中国人民大学出版社，1987：295.

90 年代中期，人们物质丰富了，食物多样化了，对许多菜又感到腻味了，当人们进餐厅欢宴时，心中最希望吃到一顿多年没吃上的地道的"乡土菜""家常菜"，享受一番儿时的随意与温馨，值此，"回归自然"的食风，正好与人们的消费要求吻合，营养丰富，风味浓郁，口感朴实，人们易于接受。所以，乡土菜、家常菜曾风行全国各大中城市。

"让我们的生活更美好"，许多食客对饮食的追求是执着的。他们不囿于传统，时时刻刻和方方面面都在要求饮食菜肴的变革，要求产品制作以美味可口、形式多样、不断推陈出新的和谐美，装点着生活，美化着生活，升华人们美的心绪。餐饮潮流正是随着饮食品种的不断演变而变化的。

第二节　饮食需求与餐饮变化模式

餐饮市场的流变是社会发展的产物。现代人都十分重视餐饮的流行潮。餐饮经营者与广大顾客都有一个共同的趋向特点，即喜欢体验新奇并制作和品尝新的菜点食品，这是人的求新心理使然。而今，那一波接一波的餐饮潮流，不仅把国人的生活装扮得多姿多彩，而且对人类的社会生活也会产生广泛的影响。

一、饮食需求的变化模式

餐饮市场流变往往表现出这样的模式：从某个别餐饮企业兴起，然后模仿者效仿，产生一定市场后，跟风者逐渐增多，成为一定的餐饮潮流，市场能量增大，然后发展到顶峰，再往后就是势头逐渐衰落，直至彻底消失。纵观几千年来人类饮食的发展史，可以发现人类饮食需求与潮流变化，呈现出这样几方面的模式。[①]

1. 由简到繁

人类最初的饮食，仅仅是为了填饱肚皮，不讲究饮食的精细和烹调，而是相当简陋和粗糙，随着人类的物质生活和精神需求的不断提高，人类的饮食逐渐向可口化、复杂化、美观化方向发展，从早期的煮鸭、烧鸭、烤鸭，到后来的八宝鸭、香酥鸭、烤鸭两吃、全鸭席等。这是由简到繁、由实用到美味的饮食变迁模式。

2. 由繁到简

随着社会的高度发展，由于人类方便生产、方便生活的需要，一些过于讲究制作、过于复杂而又颇为不实用的饮食菜点，如一个菜要十几道工序，制作时间长达几个小时，费时费工，营养损失也大，这些菜肴逐渐而自然地沿着实用化方向演变，变为简朴、保健的食品，最终成为现代的实用菜品。这是另一种模式，即由繁至简的风格演变模式。

3. 价值位移

价值位移模式，意指饮食原料在价值上由下位升格到上位的趋势。尤其是在现代，随着饮食的简朴化、方便化、保健化，以前那些不能作为人们一般饮食使用的粗粮、野菜、土菜，不知不觉中被升格为具有吸引力的食物而被人们广泛使用，即出现了价值位移。例如，过去少有人问津的玉米、小米、山芋、南瓜以及马兰头、蒌蒿、菊花脑等野生蔬菜，目前已

① 邵万宽.餐饮市场流变与饮食潮流探析［J］.江苏商论，2012（3）：33.

被普遍认同并成为高档宴会中的常备之品。

4. 保守与革新同存

自古以来，人就有着两种饮食心理。一种是固定吃惯了的饮食方式和菜点口味的保守心理，另一种是在新样式、新事物的吸引下改变旧有的饮食模式与菜点求异的革新心理。这两种心理并存，影响着饮食的发展与变化。前一种心理阻碍着饮食变化；而后一种心理则促进着饮食发展。只有当革新心理达到一定程度且占据主导地位时，餐饮潮流才能发生。

一般地说，注重实用性的餐饮品种变化周期长，注重装饰性的餐饮品种变化周期短，这是由于保守与革新这两种饮食心理在不同餐饮品种上反映出来的不同程度造成的。

5. 模仿从众

从众心理驱使大多数人去努力适应周围环境，寻求认同感和安全感。从众心理在饮食上的表现是人们在追求新潮流时，往往"看变化"、赶时髦，互相影响，互相模仿，最后导致新风格的饮食菜点的广泛传播和普遍使用。从众促使了模仿，并形成了潮流。如20世纪30年代广州"星期美点"的互相影响、协作和模仿，使广东点心出现了新的风格特色；当今餐饮界效仿西方饮食制作的中西结合的餐饮风格成为时髦。模仿从众心理作用所引起的饮食变迁，一旦成为社会饮食的潮流，即形成"流行"。

6. 名人效应

饮食和推广在一定程度上，因名人的推崇、喜爱而普遍流传开来。古之汉代以"胡食"为尚、苏东坡制作"红烧肉"（东坡肉）、乾隆皇帝品尝"红嘴绿鹦哥"、朱元璋讨吃"瓢豆腐"、戚继光平倭得"光饼"，以及邓小平同志在江苏食用"砂锅鱼头"之后，这些菜点便在大江南北广为流传。党中央强调饮食节俭，提倡"四菜一汤"的饮食模式，由此，在全国各地广泛盛行。名人效应和权威倡导的饮食模式也是饮食风行的一种趋势。

7. 猎奇心理导向

人有特别的好奇心理，喜欢去探索、去实验、去尝试。在饮食活动中，许多人不囿于原来的食物和口味，就像第一个吃螃蟹的人一样。如岭南人最早吃蛇肉、鼠肉、蚕蛹等，北方人最先吃蝎子、蚂蚱、螳螂等，江浙人开发的蚂蚁食品等，这种猎奇心理，也会导致一种新的饮食风格。如今全国流行吃昆虫食品等，正是受猎奇心理导向模式的影响，而成为饮食潮流的。

8. 内因为主

餐饮的发展与演变受外界的制约和人类本身内在要求的影响，但无论外界制约的程度如何，人的主观意愿这个内因始终占据着支配地位，是推动饮食演变的最积极因素。人们的心理变动，是促发餐饮变革的根本原因。因此，研究因环境等因素的变化而给人们心理所带来的变化，是掌握餐饮变迁的重要环节。

 **知识链接**

餐厅"旺菜"释义

"旺菜"，顾名思义，就是餐厅销售很火爆的菜品。它可能是传统菜，亦可能是流行菜、创新菜。总之一句话，是广大顾客十分感兴趣的菜品。"旺菜"的形成不拘一格，地方菜、民族菜、家常菜、中西结合菜、改良创新菜等，都可以成为"旺菜"，高档的鲍、参、肚可成为"旺菜"，中低档的菜品及其乡土菜、风味小吃等都能成为"旺菜"。

"旺菜"是销售量大、顾客较能接受和喜欢的菜品，能够给企业带来良好的经济效益。根据"旺菜"的特色，它可以分为两大类：其一为流行的"旺菜"；其二为恒远的"旺菜"。流行的"旺菜"，它受时间、地域、风格等多方面的影响，随潮流而变动，来得快，消逝得也较快，如香辣蟹、桑拿虾、烧鸡公等；恒远的"旺菜"，具有较长的时间性，饮食潮流对它干扰不大，由于其质量和特定的风格，在人们心目中已形成一定的品牌，如烤鸭、烤乳猪、炒软兜、剁椒鱼头、佛跳墙及鲍、参类菜品等。需要说明的是，费工费时、华而不实、味同嚼蜡的菜品是绝不会成为"旺菜"的。

大凡"旺菜"的形成，是不以人们的意志为转移的，它一般是捉摸不定的。菜品的旺不旺，不是餐饮企业能够左右得了的，企业自身难以把握和想象。能够流行和兴旺，是因为大家都喜欢它。正如一首流行歌曲所唱"不是我不明白，这世界变化快"。但不管怎么说，推出的菜品，其质量和风味至关重要。它需要有一定的"群众"基础，能够被大家所接受和喜爱；能够在社会上产生很大反响并形成良好的口碑。做到这些，自然就会趋之若鹜，吸引来者，并产生效益。

[资料来源：邵万宽.做出你的旺菜 [J].中外饭店，2004（4）.]

二、餐饮潮流的社会影响

进入 21 世纪，人们的饮食发生了很大的变化，展现在人们面前的"保健""方便"菜点影响着全国各地。人们趋向回归大自然，"纯天然""无公害""无污染"食品等成为餐饮消费的又一潮流。那些药膳菜品、减肥菜品、粗粮菜品、野菜食品等，成为餐饮生产最关注的方面。

1. 餐饮潮流的基本特征

一般来说，餐饮潮流通常与人的经济地位、文化生活相适应。在饮食方面，有守旧者，更有猎奇者；有从俗者，更有开拓者。其实，餐饮潮流有其自身的特征。而新颖性、民众性、周期性，是形成餐饮潮流的最基本的元素。

（1）新颖性的吸引。餐饮潮流的推广与流行，正是由于它具有新颖性的东西在拨动着人们心灵感受的琴弦。当今时代，我们面临着太多的新的思潮和时尚流变。正是这些听上去就会令人热血沸腾、一尝为快的时髦花样，奠定了今天迷人的餐饮潮流。各种餐饮名词术语不绝于耳，各种风味体竟相争荣，各种菜品风格你追我赶，餐饮经营者们也乐此不疲，天天都在传播着如此这般的声音："开发创新菜，迎接新顾客，调动老主顾。"餐饮经营的新颖性，是吸引顾客前来用餐的最主要原因。那生猛海鲜热、药膳热、乡土菜热、洋快餐热、绿色食品热等，这些新颖的饮食潮流，调动和诱惑了一代又一代的人向往，广大顾客纷纷追逐餐饮潮流。

（2）民众性的参与。餐饮潮流离不开民众的参与。餐饮之所以能形成潮流，首先必须具有民众性。所谓民众性，就是要得到广大老百姓的喜爱，要考虑消费者的消费需求和消费能力，以及消费习惯、民族风俗等。这是成为餐饮潮流的主要因素。潮流是民用的，也是民定的，潮流的民众性越强，它的社会影响力就越大、持久性就越明显。因此，一种潮流的诞生，就看它对民众具有多大的吸引力。20世纪90年代流行的火锅潮，在全国引起了各地餐饮企业的关注，由于广大民众百姓的踊跃参与，使各火锅商家盆满钵满，并产生了许多知名品牌企业，如小肥羊、小尾羊、小天鹅、海底捞、谭鱼头、德庄、彤德莱、川江号子……这就是民众参与的结果，带来了火锅的一片春天。

（3）周期性的更进。社会的进步，追逐餐饮时尚潮流已成为人们普遍的社会现象。随着餐饮潮流的不断更进，餐饮潮流的流行周期也越来越明显，而周期也在相对地缩短。据国内餐饮发展资料的探究，在19世纪以前，从餐饮市场的基本形式和内容来看，餐饮菜品循环的周期大都在百年以上，进入20世纪后，特别是80年代后，餐饮菜品的流行周期已经大大缩短至10年左右。随着创新、变革的求新、求异心理需求的提高，这一周期还有缩短的趋势，就近十多年的餐饮潮流来看，多风格的流行菜式同时出现，而菜品的固定模式制作周期在相对缩短。

2. 餐饮潮流为企业的经营开辟了宽广之路

（1）餐饮潮流隐藏着潜力可产生巨大的效益。餐饮企业推广或经营各种流行菜品，常常会使一个企业生意火爆、门庭若市。新潮菜品之所以能够成为时尚流行，说明从众者、品尝者你追我往。许多餐饮企业在保持自身特色的前提下，紧跟时代步伐，人有我优，视顾客的需要为自己的经营方向。在追随潮流的同时，企业的创新力、生产率和员工的忠诚度都得到了显著的提高。

（2）每一波餐饮潮流都有极大的感染力。每一波餐饮潮流的出现，都使绝大部分顾客产生极大的兴趣，如海鲜菜、火锅、自助餐、乡土菜、创新菜等，消费者在餐饮潮流中体味着别样的新奇、丰富着多味的生活，只要是货真价实、味美可口，企业引进和学习新潮流菜品，便可一次又一次地振奋人心。餐饮潮流，它是冲破封闭、呆板、陈旧工作环境的吹鼓手，也是重焕餐饮热情、提高员工士气的催化剂。

（3）餐饮潮流可以帮助企业寻求新的对策和带来竞争优势。引进新潮菜品、新的观念，多少都能给企业增添优势和活力，或至少可以解决一些问题，调动人们工作的积极性和增强顾客的新鲜感。面对新的机遇和风险不断显现的时代，经营者都在争先恐后地寻找即时解决的方案，以增强企业的竞争力。

（4）经营潮流中的流行菜品可以保证企业不致落伍。如果企业的管理者还不知道那些前卫企业都在谈论什么或做些什么，他肯定会感觉到自己过于封闭保守、不合潮流。经营环境在急速变化，谁愿意被抛在后头呢？只有追逐时尚潮流，以适应当今顾客，才能使自己的企业处于时代的前沿，永不落后。

第三节　本土菜与外来菜的共同发展

中国餐饮多元化的格局，使四面八方的外来餐饮随着人员的流动而迅猛涌动，整个世界仿佛成了一个充了气的大蒸笼，人们拥挤在腾腾的热气中，在追赶着一个接一个的饮食潮流，你认同也罢，拒绝也罢，无论何时何地，人们无不感受到扑面而来的外帮饮食风格的诱惑与刺激。

一、开明开放的当代餐饮市场

1. 从人员的流动到城市多风味并举

随着城镇化的进程加快，城镇之间人员的互动与对流也逐渐加快。乡村与城市、城市与城市间人员的相互迁徙，造成外来人员的大量流动。一城之中，东西南北中五方杂处，各地、各民族的饮食风味在一地、一城都显露了出来。

21世纪，各地人员的流动已是一种常态。从人的居住层面讲，都市是一个地区的集中体，它不仅是一个地区的政治、军事、经济和文化中心，而且有可能吸引、汇聚四乡的物质和精神文化成果。城市菜品是周边本土文化的结合体。在古代，它是宫廷菜、官府菜孕育的场所，为商贾菜提供了肥沃的土壤，为民族菜提供了有利的市场。而现在，交通发达，它为各地外来菜的进入提供了有利的条件。

在开放革新的年代，一些非本土的餐饮店、外国的大酒店随着资金的积累纷纷冲出自己的领地向外扩张，在全国各地的餐饮市场，一家又一家的饭店、餐馆拔地而起、迎面而来，进入人们熟悉的视线，你认可也罢、拒绝也罢，他们驻地扎根后，通过自己的经营手段带来了兴旺的市场，并接二连三地发展下去。一城之中各种不同风格的酒店、餐馆相互共存，谱写了多彩缤纷的欢乐之歌。

城市由于人口集中，分工复杂，人际交往频繁，文化传播、文化积累的信息量也比较大。政治、军事、经济和文化机构荟萃四面八方能人志士，加之外事交往和庞大的流动人群，这一切，使得城市餐饮荟萃东西南北地区的风味（包括外国风味），去满足四面八方人群的口味需要。由于城市所处的特殊地位，由此而涌现了不同地区风味的特色菜品和外国餐饮菜品。这是社会经济发展的需要，也是城市不同地缘人群的饮食需求。

2. 从本土菜突围到品牌餐饮的开拓

社会经济的发展，交通的便利，使大批人员的快速流动成为可能。在餐饮经营发展到一定的地步时，向外拓展是必然的。改革开放的春风吹来了餐饮空前的繁荣，也吹来了本土菜与外来菜之间的市场之争。从粤菜的风行到川厨走天下，从浙菜的拓展到湘菜的扩张，从南方菜北上到北方菜南下，菜系发展与振兴此起彼伏，各地本土菜借本地文化之力奋起抗争、力争振兴，而外来菜调动自身特色抢占商机、争得地盘。餐饮市场轰轰烈烈的大战从20世纪80年代后期拉开了帷幕。每当一种外来风味、外来菜品在市场上流行，都会在餐饮市场上形成"强有力的冲击波"，它使许多商家获得高额利润，也会使一些商家关门转让。在这种外来菜系、外来风味的攻势面前，各个城市的表现也不尽相同，有的是调兵遣将、合力抵抗；有的是整合资源、走出重围；有的是开发创新、迎头面对；有的是岿然不动、彰显特色；有的是招兵买马、抢得失地；有的是忍着伤痛、坚守阵地；也有的是一触即溃、解甲投降。餐饮经营的竞争是残酷的，谁抓住了它，谁就抓住了客源，抓住了效益，抓住了声誉。餐饮市场是适者生存，但只要有特色、有个性、菜品质量好，不管是什么风味，都应有自己的市场。反之，只能是自我消亡。[①]

3. 从洋快餐的入侵到本土菜的融合

外国洋品牌餐饮进入中国市场，给中国餐饮投下了一颗"定时炸弹"。从1987年"肯

① 邵万宽.餐饮市场的攻略、突围、坚守与发展［J］.江苏商论，2011（6）：36-38.

德基"进入中国起，接二连三的洋品牌一起跟进。中国餐饮人望"洋"兴叹、悲愤交加。洋餐不断扩大势力范围，一步一步抢占中国市场，甚至渗透到二三线城市，扩张的速度十分惊人，他们不但有强有力的食品安全卫生和良好的配送管理体系，更有高明的产销手段。更让人惊吓的是他们对中国本土化运营不断成熟。"肯德基"从叫卖"榨菜肉丝汤"的家常风味，到"老北京鸡肉卷"的北京特色、"嫩牛五方"的川辣口味等新菜品的推出，表明了"肯德基"在中国本土化程度的进一步升级。这再一次使我们警醒：它那纸杯、纸盒里装的已不再是奶油蘑菇汤、苹果派和土司饼，而是一道道再普通不过的中国本土菜和改良中国菜。为了研究中国人的胃口，洋餐饮在本土化之路上不断进行积极的尝试，这也将进一步加剧"中外餐饮"之间的竞争，中国餐饮业竞争格局日趋激烈。

当然，我们也不要过多的喟叹，加入世贸组织，我们的机会均等，利益共享，外面的可以进来，我们也可以出去。几百年前，我们的中餐就已经漂洋海外了，开放、入关以后，我们的企业也不断地向外挺进，现代餐饮企业如"全聚德""小肥羊""大娘水饺"等集团也在国外生根发芽、开花结果。

正如中国的发展速度一样，中国餐饮品牌企业的扩张正整装待发。虽然我们比别人晚了一步，沉睡的时间长了点，但我们的企业有信心，通过科学的管理，也一定能够在短时间内赶超。到那时，随着中式餐饮（快餐）企业的不断发展和壮大，特别是经营理念的不断更新，中国餐饮企业的排名位置也将会重新排序，淘汰生意冷落的洋餐也是预料中的事。

4.从菜品的交流更新到餐企的相生共荣

城市是大会聚、大融合之地，加之中外交往的机会多，因此，一个城市只有具备各种不同的餐饮风味特色，才能适应各种不同的人群。外来风味、本土风味在保持自身特色的情况下，已在城市不断繁衍、扩张，城市各饭店、餐馆的厨师们在保留了人们喜爱的菜品的同时，也在淘汰一些人们不喜欢的菜品，各地、各店都在实行一种扬弃。这种自觉的扬弃过程，最终形成城市之间、店与店之间的相互吸取、异中有同和个性张扬，城市食肆中的中、外菜式风味多样的结果，必将会出现一个个国际化的"食市"和"食都"。

多风味、多菜系的城市餐饮发展是社会发展的必由之路。适者生存、弱者淘汰已成为经营中的一种常态。作为餐饮人不要哀叹、不要牢骚、不要消极、不要怨恨，这是不以人的意志为转移的。我们应该多研究、多动脑筋，分析别人进攻的策略，多总结自己成功的经验，为本土菜的挺进与发展献计献策。

在大都市的北京、上海、广州和其他省会城市，餐饮风味的多姿多彩、风味林立，与本土风味一起同样得到不同客源市场的认可，不同的消费主题、消费事由选择不同风味的餐饮场所，这是十分正常的，本土菜和其他风味餐馆都一样得到人们的厚爱。当今香港地区的饮食业之所以繁荣发达，并被人们称为"世界美食天堂"，也是靠饮食业的百花齐放。香港拥有国内30多种地方风味和30多个国家的各种风味特色的餐厅。他们饮食网点众多，但各有分工，各种特色菜点应有尽有，而且各店都保持自己的风味特色，因而都营业兴旺。这种多风味的竞争态势，不仅加速了餐饮业的发展，而且能让广大消费者享受到各种风味的口福。

民众生活的富裕，促使当今的餐饮市场人群十分广阔，因为人们有条件去消费，只是高低档次不同而已。本土菜有自己的忠实客源；外来菜有外来菜的尝味来宾。人们消费的主题不同，消费的地点、风味就有不同的选择。正因为有"本土"和"外来"双方的竞相比拼，中国餐饮业才能以如此快的速度发展。

二、本土菜的发展与外来文化的吸收

现代餐饮市场是丰富多彩的，这是社会经济发展所决定的。如果北京、上海等地的餐饮市场没有那些外来的地方餐饮加入，很难想象它的繁华与多彩。实际上，餐饮经营的风格和各国、各地的餐饮风味的多少反映出这个地区的经济发展、市场繁荣和对外开放的程度。

1.本土菜的生命力与餐饮文化的交流

在各地餐饮的发展中，本土菜发挥了主导作用，为地方餐饮做大做强做出了贡献，这在全国各地已经显现出来。中国各地菜点发展、创新的思路尽管很多，但绝不能离开本土本民族特色这个基础。社会的发展，现代化与民族化、本土化是丝毫没有矛盾的，相反应越是现代化，就越离不开本土化。对于中国人来说，中华民族的地方菜点及其技艺始终是其灵魂。而对于中国各地的本土菜而言，它始终应该是各地民众的饮食最爱。这不仅包含民族、地区的情愫在内，还渗透着广大民众的饮食心理意识，这是任何人也难以抹掉的。

"越是地方性和民族性的东西就越有世界性。"这个科学论断是牢不可破的。本土菜的发展是区别于其他地区的个性的东西。只有以本土的、民族的饮食文化发展态势为基础，才有无限的生命力。如果全国东西南北中的饭店，都搞毫无特色的千菜一味，那就更倒人胃口。不管是哪儿的客人，倒是透着浓郁乡土气息和民族传统的本土风味饮食，如北京的涮羊肉、南京的盐水鸭、新疆的羊肉串、西安的羊肉泡馍、兰州的牛肉拉面等，还更能激起人们的食欲和兴趣，留下美好的回忆，还能领悟和感受到各地饮食文化底蕴的魅力。

北京全聚德烤鸭和天津狗不理包子是北方的两大本土品牌，每天吸引着成百上千的人来用餐。它不会因北京、天津的众多外来风味而受到影响，不仅如此，它还会在保持本土特色的基础上不断地向外拓展，这正是这两大本土品牌拥有本土特色的精髓，跻身于全国乃至世界的餐饮业强者之林的根本原因。

本土菜品的个性是地区饮食文化的精髓。浓郁的本土个性交织在烹饪制作各个层面中，并不断得到突出和强化。烹饪生产从选料、加工到烹调、口味等，都要注意发掘本土地方的个性特长，烹饪制作者要熟悉了解本土菜点制作的风味特点。在制作生产中不必盲目照搬别的地区的，而要突出本土特色，从而用本土烹饪文化的独特性，来尽可能地吸引中外宾客对本土烹饪文化殊异性的追求。

河北保定会馆多年来一直在收集、整理、培植"本土菜"，研究并推出系列的"直隶官府菜"，打出河北本土菜的王牌。他们反复踏访故地，了解本地的风土人情，查阅各种文献资料，收集本土民间文化传说，整理出本土系列菜品——数十道本土的"直隶官府菜"出炉，在保定餐饮业刮起了一阵猛烈的旋风，让众多食客从骨子里勾起了对本土传统味觉的追忆。

不同地区间的相互吸引、交流互补，是本土文化最具魅力、令人心仪神往的方面之一。文化学理论认为，文化涵化既是一种过程，又是一种结果。这是两种或两种以上文化接触后互相采借、影响所致。作为广大宾客可以惊讶而又陌生地感知体验外来菜点风味，产生令人新奇超脱的审美愉悦，这种外帮、异域烹饪风味的采借，不同的人会产生不同的效果，关键在于怎么拿来所用？作为所在民族和国家地区，也会因外族宾客拥入而承纳文化新质，越是经济发达的地区，借鉴外来的成分就越多。

不同的人群、年龄、职业、素质对外来烹饪风味接受的程度不同。一般来说，传统的、保守的人对外来风味的掺入欢迎的程度低，而年轻的、开放的人群喜欢接受外来的风味来寻找独特和刺激。总之，本土菜品与外来菜点的互相采借，会刺激和促进某一特定地区饮食文化的繁荣与发展，在不同饮食文化模式的撞击整合中推动本土饮食文化的进步。各地区、各民族之间交流越频繁、越广泛、越长期，则本土菜品的发展提高就越快。[①]

2. 本土菜品个性与优势文化的彰显

本土文化的特色、成就以及发展，绝非是一个表象的形式，而是有其深刻的地域文化必然性。这个形成过程累积了大量的历史发明与创造，蕴含了本土文化特定的人文风俗和情结，由此构成了本土饮食文化、菜品特色的重要条件。只有那些本土菜品之根深深植在当地文化土壤，又善于吸收其他地域文化营养的精华，才是本土文化菜品创新的希望所在。

应该说，外地的餐饮进入，对当地的餐饮市场有一定的影响和冲击，带走了本属于本地企业的原有客源。但在今天这样一个大社会背景下，外地人不进来，本地企业也难以发展，本地的餐饮企业也很难红火。而本土企业做强了，也可以拓展到外地的市场，这些都是相互的。

树立一个地区菜品的品牌，可以形成一种品牌效应，增强当地餐饮业和餐饮企业的吸引力与竞争力。而一个餐饮企业要通过连锁实现规模的扩张，也必须立足于本土菜的特色，并吸收外来菜品文化，做精做深。像杭州、重庆、成都、武汉、广州那些大型连锁公司，哪个不是在本土菜的基础上带着苏菜、川菜、粤菜等外地菜的精髓而走向四方的。本土菜品要突出自己的品牌特色，一旦失去了传统的品牌特色，本地餐饮自然就失去了发展的"核心"竞争力，也就限制了本土企业的发展。

在国内，各地政府和行业协会精心打造的本土品牌文化、特色菜品不断得到丰富与发展。如河南长垣"中国厨师之乡"的打造与地方菜品的开发；无锡"乾隆江南宴"的研制；淮安政府一年一度全力打造的"淮扬菜美食节"；甘肃敦煌宴、菜的挖掘；海南系列椰子美食的发掘与创新等，这些本土美食都具有无限的魅力，吸引着四面八方的来客。

本土风味菜品是构成中华美食文化的根基，也是推动我国饮食文化不断演变的动力，它具有更天然、更贴切民族生态的特征，更接近中国各地老百姓的口味，因此也更长久，更深入人心。[②] 本土饮食文化也要用哲学的观点，掌握好"扬"与"弃"的辩证法，汲取其精华，扬弃其糟粕，从国情、地情出发，"土""洋""雅""俗"并举，保持住丰厚的本土饮食文化底蕴，形成我国独特的民族饮食文化的优势，这才是发展中华民族饮食文化系列成果的必然趋势。

---

① 邵万宽.本土菜生命力解析［J］.中国烹饪，2007（6）：12-14.
② 邵万宽.地方性民族性是菜点发展的基础［J］.美食，1999（2）：12-13.

事实上，最受外地客人欢迎的、真正能走出去的，也还是各地的"本土菜"。如重庆的火锅、四川的麻辣、广东的海鲜，假如它们放弃了这些还能有立足之地吗？这实际上就是本土文化特色带来的无穷魅力。就如南京来说，南京夫子庙的一家传统糕团店，一款甜品小吃，一天要卖6000多份，节假日一天要卖一万份。国内许多餐饮企业在众多外来企业的强势进攻下，越发显示出顽强的竞争力。因为，他们有本土菜品文化的支撑，这也是其他外来菜品难以替代的主要原因。这也就证明了一句老话："本土的，才是最具生命力的。"

三、中国餐饮步入多元发展市场

现代餐饮市场在20世纪80年代后良好发展的基础上出现了多姿多彩的喜人景象。关于餐饮的信息、广告、视频、网站更是异彩纷呈，这昭示着新世纪国民餐饮生活发展的水平和新的风貌。

1. 餐饮场所百花齐放，五彩缤纷

为了适应不同人群的饮食需要，不同档次、不同规格、不同特色的餐厅不断涌现，如酒店、餐馆、会所、自助餐厅、咖啡店、酒吧、面包坊、午餐室、熟食店、餐饮超市、大排档、美食广场、甜品店、粥面店、糕团店、早点店、夜宵铺等五花八门。餐饮的经营业态日益丰富，不仅在街头和宾馆饭店，大商场、购物中心、居民社区乃至洗浴、度假等一些新型的休闲场所中，都能见到它的身影。

民族餐饮将随着市场大潮的发展越发突飞猛进，各具特色的民族风味菜品将不断走进都市，服务于广大市民，傣族菜、苗族菜、土家族菜、布依族菜、维吾尔族菜、蒙古族菜、朝鲜族菜、彝族菜、壮族菜等，会越来越受到人们的青睐，步入繁荣期。

饮食业放开经营后，国有、集体、私营、外资一齐上马，开办了独具特色的餐厅，形成了一个竞争的势态。随着旅游事业的快速发展，外国客人的增多，世界各地的餐饮在国内都市的市场上应运而生，以满足中外客人的饮食需求。

中国烹饪工业化生产势在必行，特别是中低档的餐饮活动和易于机械化生产的菜点。随着商品经济和现代科技的发展，社会需求提供更大量营养、卫生、方便、可口、价廉的食品，在生产和管理上应用现代科技的连锁规模经营的现代餐厅已异军突起。新世纪的餐饮业迎来了一个百花齐放、百舸争流的餐饮局面。

2. 快餐市场遍布城镇，不断壮大

我国现代快餐经过20余年的发展，取得了丰硕的成果。快餐业作为直接为大众日常基本生活需求服务的一个行业，得到社会的广泛关注与大力支持，消费需求日趋增强，行业迅速发展。快餐业的大发展，为餐饮业增加了一个新的经济增长点。全国各大中城市都涌现出一批快餐企业，以快餐店、送餐、外卖和快餐食品等多种经营形式发展，直接进入家庭厨房、单位食堂、学校餐桌等，成为家庭与单位后勤服务社会化的重要途径，成为开拓服务消费市场的重要渠道。

我国快餐业的营业额正在以每年大约20%的速度增长。2015年以后，是我国快餐业发展最辉煌时期的开始。一些新闻媒体将快餐业列为21世纪的头20年最有发展前途的十个产业之一。在我国，快餐业是一个朝阳产业，蕴藏着无限商机。中餐在国际上享有盛誉，深受世界各国人民喜爱，中式快餐也将凭借中餐的这些优势走向世界。

3. 连锁经营奋起直追，发展迅猛

自 20 世纪 90 年代开始，以我国传统商业的转制为背景，连锁经营方式逐渐深入了食品店、快餐店、超市、便民店、百货店、名特商店、老字号、专卖店、服务店等众多的行业。从 1990 年底创办第一家食品连锁店起，30 多年来，连锁经营已在全国大中小城市不断扩展开来，形成一股强大的市场优势。

餐饮连锁经营范围广泛，有特色餐厅、速食店、便餐店，也包括酒吧、咖啡屋、冰激凌店等种类。餐饮业的连锁经营与独立的经营活动相比，餐饮连锁经营通过经营模式的统一性，经营产品的大众化及独特性，管理方式的规范性及管理手段的科学性，进行规模经营，实现了规模效益。

目前，我国的连锁经营拥有几十家、上百家和数百家连锁店的餐饮企业逐步涌现，规模经营和规模效益的优势日趋显现，连锁经营显示出强大的市场潜力，成为企业发展与壮大的重要途径。规模经营实行对客服务标准化，操作程序规范化，烹饪技艺专业化，商品购销（购进原料、销售食品）廉价化，资源配置优良化，资金周转快速化，可加速资金周转，提高效益。

4. 健康饮食的观念不断深入人心

饮食健康问题已成为现代人们饮食的头等重要的事情。20 世纪 80 年代以前，由于大部分中国居民脂肪、蛋白质摄入不足，造成儿童发育不良、抵抗力下降，成人体质虚弱。然而，经过几十年的发展，人们的消费观念却发生了变化。因为，在人们面前，不仅出现了污染问题，而且由于营养不良、营养过度引起的疾病越来越多，其中最具代表性的就是所谓"富贵病"——诸如肥胖症、糖尿病、冠心病等。营养不足是个问题，营养过足也是个问题。如今，餐饮业和广大顾客更注重"三养哲学"——营养、保养、修养。餐饮业在大力推广健康食品，聪明的消费者希望选择一个维护其身心健康的餐厅，吃到有别于往日常规新的食品。

我国人民的饮食消费经由初级阶段的饱腹消费、中级阶段的口福消费，已发展到高级阶段的保健消费。如今，人们对于食品的色、香、味、形十分讲究，但动物性食品的比重超过了植物性食品，导致了营养过剩和失衡，诱发了富贵病的流行。其美中不足的是，食品消费日益陷入营养第一、精细第一、方便第一的误区。

随着口福消费弊端的显现，科学技术水平的提高以及营养科学的进展和普及，人们开始进入保健消费阶段。人们的消费观念也将发生一系列根本的转变，即不再把口感作为对食品好恶取舍的唯一标准，而是采取口福与健身、美食与养生兼容并包的态度；不再对营养素摄入采取多多益善的方针，而是根据人体生理需要和劳动消耗的具体情况，对各种营养素予以适量的调配和安排等。总之，当今人的食品消费行为，被进一步纳入科学规范，实现饮食为健康服务，美食与养生统一。

5. 文化经营与国际交流更加突出

随着市场经济的发展，文化正在更多地占据餐饮领域。餐饮文化，已成为人们寻求餐饮发展方略的一个巨大宝藏。在新世纪，餐饮市场与文化将紧紧地"拥抱"在一起，成为中国市场上一道美丽的风景线。

人们生活水平的提高，餐饮活动已不单纯是为了满足生活的基本需求，而且还需要获得精神上的享受，这表现在消费者对食品的需要已不仅停留在图实惠、味感丰富，更讲究消费的环境、档次和品位，要求食品能给人以美感和享受，即"文化味"要浓，集食用、欣赏、情感于一身，食品能满足人们的多种需求（物质方面和精神方面的），这就注定菜品中应有精神内涵和文化底蕴。

用文化创意开发产品，发挥自己独特的地方文化优势，增加餐饮和菜品的文化味，已成为当今餐饮经营者的经营思路。在市场竞争激烈的情况下，以文化创名牌已成为一些餐饮企业的经营策略。餐饮竞争也由低层次的价格竞争逐步走向高层次的质量竞争和企业文化竞争。现代餐饮美食文化展销活动，将美食与文化紧密结合，有时还增加和穿插一些特殊的文化、娱乐、游艺活动，以渲染美食文化的气氛。如外国餐饮美食文化食品节；地方菜美食文化展销月；民族菜美食文化大促销；节假日美食文化宣传周；仿古宴美食文化大行动；创新菜美食文化让利月，等等。

文化主题餐厅的发展，为餐厅经营又增添了浓浓的文化味。环境布置增强了文化氛围，满足了顾客的多种需求。如"红楼菜美食餐厅"，把我国古典名著《红楼梦》中的饮食重现在人们面前，每道菜都有一个典故，一段佳话，这也是一种美的享受，餐厅也由此具备了文化功能。

"名牌的一半是文化"已成为人们的一种共识。没有文化便没有餐饮市场；没有高品位的文化渗透，也就不会有高水平的餐饮营销谋略。可以预见，随着餐饮业竞争的日趋激烈，将会有越来越多的经营者把眼光聚集于文化促销。可以肯定，今后的餐饮商战，必将是一场文化大战。

对外开放的深入和加入世贸组织，使中国餐饮市场出现了异彩纷呈的繁荣景象，来自国外的投资合作必将继续增多，中外厨师的技术交流也将更为频繁，这种中西交融、中西共处的餐饮局面，展现了国际化食都的喜人景象。

 本章小结

本章通过对中国当代餐饮市场发展的现状进行多方位探讨，分别从餐饮市场潮流变化与原因、餐饮变化模式和特征、外来菜攻略与本土菜开拓等加以阐述，揭示出当代餐饮的风云变幻和旺盛的生命力，让学生切身感受到市场的博大与变化。

思考与练习

一、选择题

1. 饮食潮流的形成是因为人的（　　　　）。

A. 不理智心理　　　B. 规范心理　　　　C. 从众心理　　　　D. 试验心理

2. 20 世纪 80 年代流行的仿古菜是（　　　）。

A. 仿荤菜　　　　　B. 仿素菜　　　　　C. 仿膳菜　　　　　D. 仿形菜

3. 饮食需求中的变化模式，归根到底是因为（　　　　）。

A. 别人影响　　　　B. 盲目跟从　　　　C. 创新趋势　　　　D. 内因为主

4. 流行菜之所以流行，其主要原因是（　　　　）。

A. 民众性参与　　　B. 高档客人多　　　C. 客人爱吃　　　　D. 不愿落后

5. 本土菜生命力关键靠的是（　　　　）。

A. 菜品的质量　　　B. 品牌效应　　　　C. 拥有客源　　　　D. 好的市场

6. 未来菜品制作的最终方向是（　　　　）。

A. 走向快捷　　　　B. 走向连锁　　　　C. 走向健康　　　　D. 走向文化

二、填空题

1. 餐饮流行潮是餐饮固有的＿＿＿＿＿＿＿＿。

2. 餐饮市场流变首先在于它的＿＿＿＿＿＿＿性和＿＿＿＿＿＿＿性。

3. 越是＿＿＿＿＿＿＿、＿＿＿＿＿＿＿的菜品就越有世界性。

4. 餐饮市场是风云变幻的，但只要有特色、有个性、＿＿＿＿＿＿＿，不管是什么风味，都可有自己的市场。

5. 本土菜只有深植在当地＿＿＿＿＿＿＿，又善于吸收＿＿＿＿＿＿＿的精华，才是本土文化菜品创新的希望所在。

6. 当代中国餐饮市场呈现的是＿＿＿＿＿＿＿的餐饮局面，展现了国际化食都的喜人景象。

三、问答题

1. 试分析饮食潮流发展变化的主要原因。

2. 阐述饮食需求中的变化模式。

3. 餐饮潮流的基本特征是什么？

4. 面对外来菜的进入，本土菜应如何去做？

5. 如何去保持本土菜的生命力？

6. 简述未来中国餐饮市场的发展。

第九章　中国烹饪走向未来

课前导读

进入 21 世纪的中国烹饪，在世界经济全球化和区域一体化的潮流推动下，如何以独特的民族文化个性，发挥自身的优势，创造更加辉煌的业绩，这是每个烹饪行业人员都应该思考的问题。本章重点阐述了科学技术的进步需要发扬传统优势，迎合时尚潮流，不断地发展烹饪技术；一方面需要对外不断地拓展；另一方面还需要不断地自我完善，以饱满的姿态走向美好的未来。

学习目标

通过对本章的学习，要实现以下目标：
· 了解烹饪生产方式的突破与发展
· 了解烹饪生产标准化的实现思路
· 了解烹饪发展的未来方向

自 20 世纪 80 年代中期以来，经济全球化在世界经济的各个领域得以迅速发展，世界各国经济的相互渗透和相互依赖已成为当今时代的重要特征。贸易自由化使得餐饮业面临的竞争环境从以前单一的国内市场演变至今天的国际市场及国际市场国内化，而不再仅仅是单纯的国内竞争。

在激烈竞争的态势下，中国烹饪怎样更好地走向国际大舞台，发挥自身的优势，成为每个烹饪工作者必须关心和关注的问题。我们应该认识到全球市场的开拓对烹饪技术和企业可持续发展的重要性。

第一节　中国烹饪技术的发展

当今时代，世界各国的经济文化交流比以往任何时代都来得广泛、密切和深刻。处在这样一个时代，中国传统的烹饪文化无疑也会发生很大变化。在继承传统的基础上不断变革和创新，已成为中国烹饪界研究的新课题。

一、烹饪生产方式的演进

随着开放的不断深入，中国的烹调师不断地走出国门，外国的饮食方式也不断地涌进中国市场。中国传统的烹调技术在外来饮食之风和烹饪技法的影响下，潜移默化地发生着变化。[①]

（一）烹饪生产制作的演化

1. 中心厨房集中生产保证了菜品的制作质量

随着科学技术和生产力的发展，食品机械大量地走进了现代化的厨房，半机械、机械和自动化机械生产成为当今厨房生产、加工的主要特色。受西方快餐公司中心厨房生产的影响，饭店利用中心厨房的生产加工使烹饪操作规模化、规范化、标准化，既减轻了手工烹饪繁重的体力劳动，又使大批量的食品品质更加稳定。如今，国内的大型旅游饭店、社会连锁餐饮，都已陆续地采用中心厨房操作的方式。许多大饭店以及一些连锁餐饮企业，已在厨房里或另辟一个"原料加工中心"，将本企业大大小小的厨房原料加工的工作全部承担下来，每天统一备货生产、统一领料、统一配发，这样既节省了各厨房的生产时间、减少了各岗位加工人员、统一了规格、保证了质量、降低了损耗，又方便了厨房的内部管理。

从肯德基的成功之道可以看到，烹饪的工业化程度决定着餐饮业发展的规模。肯德基采用了电控技术和压力锅技术，保证所有的产品都有同样的口感。其工业化设备对产品所需的温度、火候等因素把握得毫厘不差。餐饮烹饪标准化生产，已成为各地餐饮企业的生产发展方向。

2. 筵宴菜点的数目随着宴会层次的提高而逐渐减少

在全国各地的饭店、餐馆的经营中，往往价位低的普通筵席，菜品的数量偏多，如婚宴、寿宴和一般请客，人们希望餐桌上堆满菜品，以显示气派、富足。相对于高档次的宴请活动，由于就餐者素质相对较高，菜肴价位较高，高档原材料比较多，食用者往往以交际、享乐为主，因此并不注重菜品的数量，而且实行分餐制，每人一份，吃一盘清理一盘，高档原料1~2道，再配上几道粗粮杂粮、营养价值丰富的菜品即可。

高档的宴请活动，菜品的数量不在其多，而在其精、在其雅。在接待过程中，经营者应考虑和注重宾客食量的需要，从营养平衡、分餐进食的方向去设计布局。在酒水运用上，鲜果汁、葡萄酒、矿泉水等越来越受到顾客青睐，而传统的烈性酒在许多高档的餐饮场所销售量正逐渐减少。

3. 对餐具的要求更注重品位和特色

佳肴与美器的合理搭配，可使整盘菜肴锦上添花，熠熠生辉，给人留下难忘的印象。美器伴随着美食的发展、科学文化艺术的进步而日臻多姿多彩。

而今的餐具从其质料来看，有华贵的镀金、镀银餐具，有特色的大理石盛装器，有现代风格的镜面和不锈钢食器，有取材简易、造型别致、经过艺术处理的竹、木、漆器，有传统的陶器、瓷器。就其风格来说，有古典的、现代的、传统的、乡村的、西洋的等多种。

---

① 邵万宽. 烹饪方式的 10 大演进与变化 [J]. 餐饮世界，2006（7）：9.

各种异形餐具不断发展，如吊锅、石锅的运用。炖盅的演变更加丰富多彩，在造型上有无盖的盅和有盖的盅，有南瓜形汤盅、花生形汤盅、橘子形汤盅等，在材质上有汽锅形汤盅、竹筒汤盅、椰壳汤盅、瓷质汤盅、沙陶汤盅等，以及"烛光炖盅"，上面是炖盅菜品，下面点燃蜡烛，既起保温作用，又起点缀作用，增加了就餐情趣。

4. 菜品的盘饰以卫生、简易为前提

进入 21 世纪，菜品的装饰又进入了一个新的天地。过于繁复、画蛇添足的"盘饰"以及"巨型菜"已渐渐被人们所摒弃，特别是不讲卫生的、渗入菜肴内部的装饰物；一种优雅得体、富含艺术性的、与菜肴相隔离的装饰方法已进入菜品盘饰之中。

货真价实、口味鲜美的菜肴，配上雅致得体、清洁卫生、简易可行的盘边装饰，可使菜肴富有生机，就像美丽的鲜花与映衬的绿叶一样。菜盘装饰的目的，主要是增加宾客的食趣、雅趣和乐趣，得到物质与精神的双重享受。有时在一些特殊场合，根据菜肴的特定位置，适当地添加一定量的既可食用又可供欣赏的艺术装饰品，不但形美、意美，增加感染力，还可刺激食者的食欲。

适当地装饰可以给普通甚至呆板的菜肴带来一定的生机；和谐的装饰可以使整盘菜肴变得鲜艳、活泼而诱人食欲。在装饰物卫生的前提下，可使盘中菜肴活泼、生动，没有单调感，并且色彩美观。合理、优雅的盘饰包装，不仅可提高菜肴的出品质量和餐厅的整体形象，使菜品形美、意美，增加感染力，还可更好地刺激就餐者的食欲。

（二）兼容善变的制作风格

我们正处在一个社会变革与包容创新的时代，中国烹饪技术也在不断地融合和吸收，继承传统并与时代同步，中国烹饪技术才有无限的生命力。

1. 改良创新菜的风行

随着餐饮业的竞争白热化，许多经营者把注意力放到菜品的质量和品种翻新上。一些新、奇、特、怪的消费趋势给餐饮业生产提出了更高的要求，迫使厨师的创新意识开始增强。20 世纪 80 年代以后，一股"国菜交融、外菜引用"的菜品制作之风席卷国内大地，交融、改良、创新使得各地厨师沿袭下来的传统保守的"守宗"意识逐渐开始淡化。全国各地方风味菜系之间相互学习、取经、借鉴、改良的风气兴盛。这期间全国各地涌现出一大批创新改良菜，许多烹饪报纸、杂志也专辟"创新菜"栏目，改良的创新菜成为餐饮界十分关注的焦点。

改良菜不是从无到有的完全创新菜，也不是照搬、仿效别人的仿制菜，而是取各家之长，在汲取传统精华的基础上，又大胆引用外系外派的菜品。它就是广东菜系几十年前的制作风格，即"集技术于南北，贯通于中西，共冶一炉"。也就是人们提出的"迷宗菜"。改良菜的兴盛，是社会发展、科技进步、交通发达、信息流通和改革开放政策推动的结果。

多年来，在全国各地兴起的"新潮粤菜""新派川菜""新创苏菜""新款鲁菜"等，实际上也就是传统菜的改良，这种改良是厨师烹调技术综合性的表现，是时代的需求，是博采众家之长的结果，是以创新的思想和制作方法适应消费者需求的体现。

2. 复合调味汁的应用

中国的调味技术比较固守传统，过去，一个厨师一辈子只做一种风味菜系的菜肴，这

种局面已满足不了当今经营的需要。近些年来，各地除保持传统特色风味以外，烹调技艺上的互相汇串和菜肴风味上的互相渗透，使粤、川、京、苏、鲁、闽、浙、沪等诸种风味流派兼容并蓄，并在西方饮食的影响下，演变化解为一种全面而独特的风格，这种风味，正是众艺结合、中外并举的调味技艺。

在烹调制作中，许多厨师还吸收西餐烹调之长，特别是广东厨师，在菜肴调味中大胆借鉴西餐复合调味汁制菜的特点，并根据中国菜肴制作的特点加以发挥，调制成新的味型和沙司。这些复合调味汁的运用既方便快捷，统一了口味，又保证了菜肴风味和质量，为餐饮业带来了较好的经济效益。

广大厨师使用和推崇的"复合调味汁"，有许多是根据中餐菜肴传统的固定味型加工调制成的，还有一些是各地厨师根据本地方特色，吸收外来调味的优长配制的，这些由几种不同的调味品按一定比例调配在一起，制成的不同用途、不同风味的复合味型，使中餐菜肴产生了新的风味。这些复合型味不仅用于菜肴烹汁入味，而且可以使菜肴浇汁出味和蘸汁补味。

目前，各地厨师使用的西式调料也很多，如辣酱油、番茄沙司、辣油沙司、辣根沙司、芥末沙司、酸辣汁、熏烤汁、咖喱酱、炸烤汁以及黑胡椒粉、桂皮粉、大蒜粉、香叶等，这些调料使用起来亦十分方便。适当使用了这些西式调料的中式菜肴也就形成了中西合璧的风格特色。

3. "脱骨菜"与分餐制的涌现

传统中国菜的许多菜肴往往是带骨一起烹调的，这些菜品的共同特色是骨香肉美、酥烂脱骨、造型完整。如油淋仔鸡、清炖鸡、烹子鸽、香酥鸭、京葱扒鸭、丁香排骨、腐乳排骨、糖醋鲤鱼、清蒸鳜鱼、荷包鲫鱼等，都是连骨一起上桌的。而今，在一些高档宴会和外事接待中，其菜肴制作都进行了适当的改良，尽量不用带骨的菜肴；对于一些传统特色菜肴，在加工制作中先将其去骨，走西餐菜肴加工制作的路子。在四五星级的高档饭店，在重要的宴会场合，饭店厨师已有意识地将一些原料的骨头提前去掉，并保持形态的完整，以方便参加宴会的人员食用，避免人们无法食用所造成的浪费。

随着社会的发展与文明的进步，宴会中的集餐现象已逐步地减少，"各客菜"分餐制，已在较多的宴会接待中使用。在西方饮食文明的影响和我国政府饮食改革制度的号召下，目前许多饭店已注意到饮食方式的改良，提倡"单上式""分食式"和"自选式"，利用公筷、公勺，杜绝了相互污染和疾病传播的可能。高档宴会实行"各客菜"和分餐制，不仅使宴会的服务档次提高，也使我国的餐饮活动步入了文明、健康的发展轨道。

 知识链接

菜品造势

菜品的造势，可利用美观而独特的餐具，也可利用设计华丽的装饰；可以是气氛环境对菜品的烘托，还可以以饰物小品的寓意与表达，等等。这些都能体现菜品的文化特色。菜品的造势不是所指的"目食"或华而不实的菜品，而是以美味可口为主体的营造餐桌气氛的带有某种"噱头"的富有特色风格的菜品。发掘传统菜品的文化内涵，创造新的菜品

气氛，可以有利于提高顾客的就餐情趣，吸引更多的回头客。

造势菜，即是营造餐桌气氛的菜肴。它是利用独特的烹饪技艺或借助一些奇特的效果来渲染菜品的气势，以迎合顾客的好感、好奇，达到调动客人就餐情趣的目的。造势菜的气势越大、越恰到好处，就越使顾客欢喜，也越能使企业赢得竞争的优势。由于它风格独特，因而十分吸引人。

我国传统菜品有许多独特的造势菜肴，其制作设计巧妙，工艺精良，特色分明，匠心独运，给人们留下的印象也是非常深刻的。如：

·松鼠鳜鱼。鳜鱼去骨取肉、剞花刀，制成松鼠形，其形、声的特色，成为中国菜品中的"精品"。此菜的精华在于以"声"夺人，利用其声响之气势，吸引众多的品尝者，参赛时评委们常以声响的气势评判运用火候的程度。

·拔丝苹果。一道流传海内外的甜菜，也是闻名全国的特色甜品。用糖熬制拔丝，金丝缠绕，香甜可口，外焦里嫩，特色鲜明，并富有趣味，食用时你拉我扯的金丝，丝丝分明。这种造势效果，颇得到食用者的青睐。

·灯笼鸡片。这是一款喧闹气氛的菜品，用大方块玻璃纸包入与胡萝卜、香菜炒制的鸡片，用红绸带扎紧收口，放入较高油温的锅中炸至玻璃纸鼓起成灯笼状，放入盘中，快速上桌，气氛热烈、和融，激发了顾客的就餐热情。

·春蚕吐丝。这是近年来开发的创新菜。其引人之处，主要在于"蚕丝"上。将虾缔包馅后制熟成蚕茧，用糯米纸切成细丝，入油锅中炸脆即起，裹入蚕茧装入盘中；或将熬糖用竹筷拉丝裹入蚕茧。蚕丝缕缕，惟妙惟肖。

（资料来源：邵万宽.改良菜与造势菜［J］.中国烹饪，2000（11）.)

二、烹饪文化遗产的保护

烹饪作为我国重要的文化遗产，已得到社会各界的高度重视。"非物质文化遗产"一词，近几年来更多地进入人们的视野，在电视、广播、网络各种媒体中频频出现，并与人们的生活越来越接近，人们对其认识和了解逐渐增多，国家也有专门机构（文化和旅游部非遗司）对其进行宣传、保护、申报和管理等。

1. 烹饪技艺与非物质文化遗产

烹饪是技艺，是文化，也是遗产。烹饪传统技艺，是我国非物质文化遗产的一个重要类别。非物质文化遗产又称无形遗产，简称"非遗"。2003 年，联合国教科文组织通过了《非物质文化遗产保护公约》（简称《公约》），该《公约》对非物质文化遗产作了明确的界定和定义。我国参照联合国教科文组织的《非物质文化遗产保护公约》，由国务院颁布的、代表了中国政府意见的、具有权威性的《国务院办公厅关于加强我国非物质文化遗产保护工作的意见》的附件《国家级非物质文化遗产代表作申报评定暂行办法》（简称《暂行办法》），对非物质文化遗产作了具体的界定：非物质文化遗产是"指各族人民世代相承的、与群众生活密切相关的各种传统文化表现形式（如民俗活动、表演艺术、传统知识和技能，以及与之相关的器具、实物、手工制品等）和文化空间"①。2011年2月我国颁布了《中华人民共和国非物质文化遗产法》，对非物质文化遗产的界定和分类和上述《暂行办法》中的分类方法大致相同。定义为：各族人民世代相传并视为其文化遗产组成部分的各种传统文化表现形式，以及与传统文化表现形式相关的实物和场所。包括：①传统口头文学以及作为其载体的语言；②传统美术、书法、音乐、舞蹈、戏剧、曲艺和杂技；③传统技艺、医药和历法；④传统礼仪、节庆等民俗；⑤传统体育和游艺；⑥其他非物质文化遗产。

中国烹饪技艺是非物质文化遗产认定中的重要部分，它归类于"传统技艺"类。2006年5月20日国务院发出通知，批准文化部确定并公布《第一批国家级非物质文化遗产名录》，并于2008年、2011年、2014年、2021年分别确定公布了第二批、第三批、第四批、第五批名录。国家级非物质文化遗产名录中，如第二批次的有：传统面食制作技艺（龙须拉面和刀削面制作技艺、抿尖面和猫耳朵制作技艺）、茶点制作技艺（富春茶点制作技艺）、素食制作技艺（功德林素食制作技艺）、火腿制作技艺（金华火腿腌制技艺、宣威火腿制作技艺）、烤鸭技艺（全聚德挂炉烤鸭技艺、便宜坊焖炉烤鸭技艺）等；如第四批次的有：豆腐制作技艺、德州扒鸡制作技艺、蒙自过桥米线制作技艺等、传统面食制作技艺（桂发祥十八街麻花制作技艺、南翔小笼馒头制作技艺）等。

2. 非物质文化遗产与饮食文脉

非物质文化遗产的传承保护和发展利用，有助于促进文化繁荣、保持人类文化的多样性，有助于增强民族凝聚力和国际软实力，有助于丰富群众精神生活、促进文化资源的利用、发展文化产业。近10多年来，我国对非物质文化遗产传承和保护工作十分重视，研究的机构和人员也不断增多。根据2005年国务院下发的《国务院关于加强文化遗产保护的通知》中对非物质文化遗产的定义，可以将其归纳出这些关键点：①主要以非物质形态存在；②与群众生活密切相关；③世代相传；④活态流变；⑤传统文化烙印较深；⑥地域色彩鲜明。

中国传统烹饪技艺都符合这些关键要点。人类非物质文化遗产保护本质上就是保存具有永恒人类价值的族群记忆。换句话说："物质性就是文象，非物质性就是文脉……对于一切形式的非物质文化遗产而言，文脉的传承才是实质。"②

从前五批申报的以饮食为主题的非物质文化遗产类型来看，各地申报的内容花样众多，申报单位大多缺乏认知的研究和规范的整理，许多申报项目只是为了装点门面、扩大影响，或者是满足地方职能部门的政绩需要而入选的。这种"重申报，轻研究、少保护"的行为，是各省市区的一个普遍现象，导致这种现象产生的根源，主要是大家对《非物质文化遗产保护公约》缺少严肃认真的学习态度，在一知半解中蠢蠢欲动，在以讹传讹中快速上位，更有甚者在几十年的"中国烹饪热"的狂躁与浮躁中，催动了"积极向上"的热情。

在饮食类非遗的认识上，我们确实走过一些弯路，大家的认识和研究还不足，没有深

---

① 参见《国务院办公厅关于加强我国非物质文化遗产保护工作的意见》（国办发〔2005〕18号），国务院办公厅2005年3月26日发布。

② 陇菲.文脉：非物质文化遗产的实质所在［N］.光明日报，2010-11-5（9）.

刻理解其中之要义。国内烹饪协会或一些代表性的餐饮行业协会一贯主张将中国八大菜系中的名菜名点、名厨刀工技艺认定为饮食文化遗产代表作。这些是误读国际上饮食文化遗产的定义，是很难引导国内科学地开展饮食文化遗产的传承保护工作的。

过于偏重烹饪技艺的思路，偏离了非遗申报的方向。饮食类非遗不应是这种高、大、上的刀工技法、名厨绝技，也不是某个特色菜品、烹饪技术，它不仅仅属于烹饪队伍的群体，而应该是围绕着饮食的各种文化实践，必须要包含享受饮食的群体，即全民共享性，是属于民众日常生活的内容。这种技艺首先应该回归日常生活，然后才能走向全国、走向世界。技艺类非遗也可以这样理解：它是与日常生活密切相关的、具有传统特性的文化。非遗的本质不在"技艺"本身，而在民众群体文脉的传承。

在中国烹饪的制作与研究中，烹饪与文化遗产的问题也越来越得到人们的重视和关注。烹饪生产制作是属于手工技艺范畴，而个性十足的手工技艺如果失去了它的技艺传承链条，就会失传，特别是那些带有许多制作特色和秘诀的菜点产品。如传统的"龙须面"制作，在20世纪的国际烹饪大赛中，中国的面点大师现场拉抻"细如发丝"的面条就让现场观摩的世界烹饪名厨翘楚惊艳。在拉抻制作时，先将已打好条的面坯对折，抓住两端均匀用力上下抖动向外拉抻，将条逐渐拉长，一般拉约160厘米长，由此不断对折、拉抻，根据所需的粗细，反复对折拉抻。龙须面需要拉抻13扣，就会使面团形成粗细一致的银丝面线，凸显出中华面点的独特技艺。抻面的技术性较强，要求很高，其用途也很广，不仅用于制作一般的拉面、龙须面，其他品种如金丝卷、银丝卷、一窝丝酥、盘丝饼等都需要将面团拉抻成条或丝后再制作成形。

自古以来的中国烹饪技艺，有的已经失传了，有的被保留了下来，有的虽保留了但产品的特色已走了样。在国务院已经公布的国家级非物质文化遗产名录中，2008年发布的第二批510项①，其中饮食烹饪方面的有30项，菜肴面点方面占其中的14项。从各省区来看，入选省一级的非遗项目就更加丰富了。加强对烹饪非物质文化遗产传承人的保护至关重要，否则就会出现"人在艺在，人亡艺绝"的现象。在这方面，不少地区进行了许多有益的探索。如遴选烹饪制作技艺传承人；成立"非物质文化遗产传习所"，给传承人授牌、带徒、传习，使传统技艺得以延续。

三、时尚美食的推广与更新

随着不断的更新和开发，食品越来越多种多样和五花八门。一些"未来食品"和"新潮吃法"已悄然出现。

（一）食素之风

当今素食的盛行，是由于很多研究证实，素食者都远比肉食者健康。素菜不仅营养丰富，含有大量的维生素、矿物质、有机酸、蛋白质、糖、钙等，能调节人体器官的功能，增强体质，而且还具有一定的医疗价值。目前，欧美各地，素食几乎成为大众饮食风尚。

近年来，随着中国以素食为主的饮食养生观优势逐渐显露，西方国家也先后刮起了中

---

① 参见《国务院关于公布第二批国家级非物质文化遗产名录和第一批国家级非物质文化遗产扩展项目的通知》（国发〔2008〕19号），国务院办公厅2008年6月14日发布。

国饮食之风。欧美一些国家的专家们提出：多吃谷物和蔬菜，少吃脂肪和油腻奶制品，向中国人的膳食结构看齐。在 20 世纪 80 年代，欧美专家对中国 130 个农村地区的营养、健康与环境进行研究后得出结论：传统的中国农村膳食结构优于美国。

中国营养学家认为，凡是以五谷杂粮和蔬菜为食，可使人的血液保持在正常偏碱性的状态，从而保证了人体健康。

目前，国内外时兴的森林蔬菜、海洋蔬菜，已成为人们餐桌上的佳肴。这些生长在山区、森林、田野、海洋中的蔬菜，无环境污染，营养丰富，并且具有较高的医疗保健价值，现已成为海内外风行的素菜珍品。

（二）花卉美馔

长期以来，人们通常用鲜花来布置和美化环境。然而，近年来，越来越多的鲜花被人们加工成鲜花食品，登上了宴席、餐桌。

我国先民将花卉入馔的历史可追溯到先秦时期。屈原在《离骚》中记有："朝饮木兰之坠露兮，夕餐秋菊之落英。"《楚辞·九章》中记载："我栽种川芎，又培养菊花，想捣成香料，以裹干粮。"我国地大物博，蕴藏着丰富的花卉资源。先民在观赏、采集和栽培花卉的过程中，逐渐认识了各种花卉的性状和食用、医疗价值。

宋代林洪《山家清供》所收录的金饭、莲糕等花馔，就有数十种之多。之后，古人用花卉做的肴馔愈加丰富多彩了。明代高濂的《饮馔服食笺》以及清代顾仲的《养小录》等著作中，均收录了大量用花卉做肴馔佳点的方法。

我国花馔盛行于唐宋，延续于明清，至今在我国的各大地方菜系中，花卉入馔仍有迹可循。比如鲁菜的桂花丸子、白兰炒鸡；苏菜的桂花糖藕、玫瑰方糕；粤菜的菊花鲈鱼、芋花茄子。另外，鲜嫩的莲花和肉爆炒，名叫莲花肉，是盛夏一道美味的时令菜。笋汤中加入茉莉花，即成醇香醉人的茉莉汤。就连南瓜花，也能做成外形美观的"油炸金鱼"。福建一带则常将木槿花拌入面粉、葱油，美名曰"面花"，煎后松脆可口。其他如杜鹃花、栀子花、迎春花、藤萝花、杏花、文宫花等也可食用，味道甘甜，清香爽口。

在菜品中配上各色花卉，不仅为菜品增加了不少的香气，而且为菜品增添了新的功效，不少鲜花食品是很好的健康食品。一些专家认为，未来的鲜花食品市场还将进一步扩大。

（三）茶叶美食

茶，起源于中国，我国古时就用茶来宴请宾客，称茶宴、茶肴。在唐代，茶菜是作为宫廷膳肴而专供达官贵人享用的。

茶之所以受欢迎，是因为它不仅含有丰富的营养成分，而且有着重要的医疗保健价值。近年来，研究人员还确认，茶叶中的茶多酚与多糖均具有抗辐射的效应，称为"原子时代的高级饮料"。

21 世纪以来，国内餐饮界的一些高厨名师利用茶叶的特有风味挖掘和创制出许多美味茶肴。在上海，许多烹饪大师有意识地到各地采集走访茶农，翻阅茶谱，创制茶肴。如今，茶菜在上海餐饮界遍地开花，有 80 多家食府先后隆重推出一百多个茶菜和各式茶宴。

茶菜、茶宴的"异军突起"，是中国饮食文化与茶文化交融汇合的一大成功，是传统与创新的完美结合。在上海的茶宴上，首先，茶艺小姐从煮茶水开始，向来宾讲解泡茶知识。随后，便是贝酥茶松、双色茶糕、乌龙顺风、观音（茶）豆腐、碧螺（茶）腰片、茶叶鹌鹑蛋、旗枪（茶）琼脂、红茶牛肉等色、香、味、形俱佳的茶菜冷盘。热炒菜则有太极碧螺春羹、紫霞映石榴、茶香鸽松、乌龙烩春白、红茶焖河鳗等。最后助兴的工夫茶则有消积食、去油腻的作用。

苏州人也把茶、食两类文化有机结合，创制了茶肴宴。客人入席先品碧螺春。开宴后，服务员递上一杯茶酒。继而，芙蓉银毫、铁观音炖鸭、鱼香鳗球、龙井筋页汤、银针蛤蜊汤等茶肴相继摆出。各式菜肴四周点缀着鲜红的樱桃、青翠的甜椒、淡黄的橙片，不仅造型新奇，而且色泽美观。以茶叶、茶叶条为配料的玉兰茶糕、茶元宝，亦风味颇佳。在中国大饭店夏宫餐厅，推出的茶肴有龙井浸鸭胸、普洱茶香鸡、贡菊水晶卷、碧螺春晓、毛峰菜苗浸鱼腐等，都博得了顾客的青睐。

（四）昆虫食品

昆虫食品，资源丰富，味道鲜美，富有营养。据研究，昆虫的肌肉与血液含有丰富的蛋白质和脂肪，许多昆虫的蛋白质含量超过畜禽肉的蛋白质含量。例如蟋蟀和水虿的蛋白质含量达 75%，蝴蝶达 71%，干蚂蚁达 60%，蜜蜂达 43%。此外，昆虫肉纤维很少，味道鲜美，其营养成分容易被人体吸收。世界上有 500 种昆虫可以食用，昆虫食品在许多国家里十分流行。

以昆虫为食，我国古已有之。北魏《齐民要术》中就有"蝉脯菹"的记载，即以"知了"的脯肉做菜。宋陆游在他的《老学庵笔记》中也有"蚁子酱"（用蚂蚁的卵做肉酱）的记述，往前追溯，甚至早在两千年前成书的《周礼》中就有人食蚂蚁的记录。当时，在祭祀食品中有叫作"蚳"的菜，即是蚂蚁制的食品。

而今，天津人喜欢吃油炸蚂蚱；浙江一带人爱吃火烧或油炸的蚕蛹；江苏人爱吃豆丹；广东人则喜欢吃"龙虱"；闽广地区居民常用蚯蚓做馅、做汤；近年来，郑州等一些高档饭店又推出一道"炸全蝎"的名菜，色香味俱全；云南大理地区，时兴油炸蝗虫。许多昆虫通过精心烹制都可以成为餐桌上的美味佳肴。

昆虫不仅营养价值高，而且药用价值亦高。我国把昆虫作药用，早有文字记载。李时珍的《本草纲目》中就记述了 106 种之多，而且十分详尽。如仅"蜗牛"一项，就记载了 18 种蜗牛的不同药用功能，可治红白痢疾、脱肛、痔疮、皮炎、痱子、无名种毒、小儿遗尿、腮腺炎及暑热病等。

昆虫具有繁殖快、饲养成本低、适合工厂化生产等特点，因而昆虫食品有着广阔的发展前景。据科学家预测：它们将很快成为人们最喜欢的食物之一，出现在人们的餐桌上。然而，昆虫毕竟模样丑陋，令人难以下咽。为此，科学家们正在想方设法，从昆虫中提取蛋白质或脂肪，摒弃其中不良部分，然后加进各类食品之中去，让更多的人吃到风味佳美、营养丰富、模样喜人的昆虫食品。

（五）药膳佳肴

药膳是用药物与食物相配合，通过烹调加工，成为既是药物、又是食物的美味佳肴。它具有保健强身、防病治病、延年益寿的作用。药膳是中国医药与烹饪两学科相结合的一枝奇葩。而今，一场全球性药膳食品浪潮正在形成。全球用药膳食品防病治病、营养健身的人已有 5 亿多人，健康与饮食的关系越来越受到关注。男人壮阳、女人补血、小孩健脑、老人安神的养生食品，成为新的消费热点。

"药食同源"，是我国古代医学界一句名言。从中药学与烹饪学的历史可以看到，最早的药物都是食物。中国医学很早便与饮食结下了不解之缘，最早的医疗方法，正是饮食疗法。

我国药膳具有悠久的历史。我国第一部药物学术专著《神农本草经》，记载了既是药物又是食物的许多品种，如薏苡仁、大枣、芝麻、葡萄、蜂蜜、山药、莲米、核桃、龙眼、百合、菌类、橘柚等，并记录了这些药物有"轻身延年"的功效。元代编写的《饮膳正要》是一部药膳专著，书中介绍了药膳菜肴 94 种，汤类 35 种，抗衰老药膳处方 29 个，以及各种肉、果、菜、香料的性味和功能。明清时代在药膳的烹调和制作方面，有很多发明创造，如《本草纲目》《遵生八笺》《食物本草》《食鉴本草》等中均有记载。

现如今，药膳菜品、药膳罐头、药膳糖果、药膳糕点、药膳饮料等各种"抗癌""健胃""补肾""生精"的食品备受人们欢迎，一些餐馆推出药补食品高价走俏。中国药膳不仅在中国内地和港澳地区及东南亚身价见涨，而且在海湾地区和许多西方国家也颇受青睐，日本、德国等都欲与中国联合开发，使中国药膳更好地为人类健康长寿造福。

第二节 推介新的中华饮食观

中国传统饮食"养助益充"的膳食结构在 2000 多年前就已经出现并定型了，它的养生作用，也得到了西方许多国家的赞许和认同。中国传统的膳食是一个整体的符合养生要求的"食物结构"。国务院办公厅关于印发《中国食物与营养发展纲要（2014—2020年）》（国办发〔2014〕3 号）的通知，指出："我国农产品综合生产能力稳步提高，食物供需基本平衡，食品安全状况总体稳定向好，居民营养健康状况明显改善，食物与营养发展成效显著。"但是，也指出了："我国食物生产还不能适应营养需求，居民营养不足与过剩并存，营养与健康知识缺乏，必须引起高度重视。"食物结构在今后的发展，首先在于食物观念的转变，要由传统的食物观念向现代食物观念转变，要由不合理的消费习惯转向科学、文明的膳食消费。

一、发扬传统烹饪文化优势

在当代烹饪发展过程中，烹饪工作者有责任和义务通过自身的努力，在营养、卫生、科学、合理原则指导下，创制出更多更好的菜肴、点心和各类营养、保健、益智、延衰的食品，满足人们多样化的食物消费需要和时代的需要。

（一）体现民族烹饪文化特色

中国烹饪在漫长的历史进程中创制并积累了大量的菜、点制作的工艺技术，形成了严密的工艺流程。中国烹调善用火候，从而产生了众多的烹调法。以烹饪发展的几大阶段为依据，可归纳为"烤、煮、炸、炒、拌"五原法，在此基础上又细分出 100 多种的基本烹调法。烹调法的实质，主要在于对热能的运用。火力的大小、强弱，用火时间的长短、间歇，以及不同的操纵火的方法，产生不同的加热效果，从而构成若干加热的烹调法。特别是发明于 2000 年前的"炒"法，更是为中国所独有，它能达到烤、煮、炸等烹调法难以产生的滋养效果。现在"炒"法已引起不少国家烹饪界的兴趣，连同中国特有的"蒸"法，正在逐步被外国烹调师加以运用。

中国烹调法的效果在于赋色、定型、增香，还反映在滋感、风味和养生三方面。加之运用火候时，常常配合使用挂糊、上浆、拍粉、勾芡、淋汁等技法，可使菜品形成酥、脆、柔、嫩、软、烂、滑、糯、挺、韧等不同的质地，令人产生口齿舒适的触觉感受。滋味感受的多种多样，是中国烹饪有别于其他国家烹饪的又一独特之处。

（二）以养生保健为特色显现中餐风格

中国烹饪的养生保健特色是闻名世界的，早在《黄帝内经》中，我们的先人就指出了"五谷为养，五畜为益，五果为助，五菜为充"的膳食结构；中医学也提出"阴阳平衡，肺腑协调，性味和谐，四因施膳"等理论，可见中餐历来讲究营养均衡。《寿亲养老新书》曰："人若能知其食性，调而用之，则倍胜于药也。"在中医和膳食的研究中，我们的祖先发明了神奇的食疗和药膳。在这方面，中餐有着无可比拟的优势。开发传统养生菜品，继续谱写中国饮食文明的辉煌，中餐在 21 世纪极有可能成为"智能饮食"的主流。

二、设备更新走向厨房现代化

进入 21 世纪，中国烹饪显示出蓬勃发展的势头，传统菜点推陈出新，餐饮市场呈现出五彩斑斓的景象。厨房设备和用品在现有的基础上，正朝着高技术化、多功能化、综合化、节能化、智能化、实用化、小型化、装饰化等方面发展。

（一）采用现代设备摆脱手工劳动

现代厨房与过去相比，由于广泛采用了新设备、新材料、新能源和新技术，在环境卫生、劳动强度、能源灶具、饮食用具等方面都发生了巨大的变化。

传统的厨房工作，基本上依赖于厨师的手工操作，而现代厨房把繁重的手工劳动交给机械设备来完成。机械设备彻底把厨师从单调的手工劳动中解放出来，使他们有精力在加工技术上积极探索，创造出不同凡响的品牌风味来。

厨房设备的科学化，方便了厨房生产，减轻了烹调人员的劳动强度，改善了厨房的卫生环境，又提高了菜点食品质量、劳动生产率和经济效益。代表性的厨房机具如：蔬菜清洗机、切菜机、剁菜机、切片机、绞肉机、鱼鳞清洗机、和面机、馒头机、饺子机、搅拌机、电炒锅、电煎锅、多功能蒸烤箱、调温式油炸锅以及自动抽油烟机、旋转式炒菜锅、自动化碗橱、激光厨刀等。

（二）高新技术为厨房锦上添花

厨房现代化的重要标志便是大量地运用高新技术和新技术产品。目前，我国厨房主要应用的现代新技术有防腐剂、人工香精等生物技术；微波加热、超声波乳化等物理技术；用于自动化操作设备的数控电控技术；电脑 CAD 技术等多媒体技术手段。此外，现代厨房中的新技术产品也很多，如在厨房设计中应用的集成化电路 CAD 厨房设计软件，这种软件被誉为厨房工程设计专家，它将 CAD 技术应用到厨房设计中，完成设计绘图、效果图制作、设备管理及预算等一系列设计过程。再如滤污防燃的远水烟罩，它除了具有一般排烟罩的排抽油烟作用以外，还可以对所抽油烟进行过滤吸收，既避免了厨房中的油烟废气污染环境，又消除了油烟在排烟管道上黏附造成的火灾隐患。随着科学技术的日新月异，应用到厨房中的新技术产品会更加丰富多彩。

三、烹饪生产与标准化的实现

中国烹饪辉煌的历史是在长期的农业社会中创造的，是中国古代高度发达的农业文明的产物。20世纪末，我们也感觉到中国烹饪的发展，必须突破传统手工作坊的生产。在10多年的转换变化中，国内许多大型企业和连锁经营企业针对传统菜点制作随意性强、成品质量不稳定的不足，在烹饪生产中利用标准化生产方式，并利用食品机械实现工业化、规模化生产，中国烹饪生产制作已进入了全新的发展轨道：传统的生产方式与现代产业化生产方式并驾齐驱。

要实现保证一个产品长期稳定的质量，就必须有一套严格的标准。从烹饪技术生产来讲，西方烹饪尤其是西式快餐广泛利用机械实现工业化、规模化生产，菜点制作标准化，产品质量稳定，是值得我们学习和推广的。

实现产品的标准化，有许多工作是我们要完成的，如原料标准、烹饪技术与工艺标准、加工工具与设备标准、计量标准、成品质量标准与评价标准等的制定，都是我们应完成的基础工作。

（一）原料标准的制定

原料是食品加工制作的基础，从原料的采购、运输、储存，到原料的选择、粗细加工、烹调的每一个环节，都会影响食品的质量。食品原料质量标准的内容包括品种、产地、产时、规格、部位、品牌、厂家、包装、分割要求、营养指标、卫生指标等方面。这些方面的不同都直接影响着成品的质量，因此必须首先制定原料的标准。

根据原料的使用情况，其标准应该具体分为原料的规格标准、清洗标准、搭配标准等。制定标准，必须在进行较大规模的统计调查基础上，得出原料在品种、质量、等级、比例、营养成分等方面的准确指标，然后再根据菜点的风味、营养等要求认真制定相应的原料搭配标准。这是保证产品质量稳定的前提条件。

（二）烹饪工艺标准的制定

烹饪工艺的标准要根据某一菜品的生产工序，分别做好分阶段的工艺指标。需要烹饪经验丰富的专业技术人员对菜品的烹调方法、口味特点等多方面进行定量分析，进一步明确和制定菜品制作的工艺流程，并经反复实践后，制定卫生指标、微生物和理化指标等各个方面的产品质量标准手册。

在制定过程中，根据其流程可分为半成品加工和成品加工两部分。半成品加工的标准是指对烹饪制作中的切割、涨发、腌渍、上浆、挂糊等工艺进行必要的参数额定，以制定相应的标准。成品加工标准则包括熟制处理、感官效果等，如油温的控制、加热时间的长短、火力的大小、质地口感要求等，都应有一个稳定的标准指标，以保证产品质量的稳定性。

（三）用具与设备标准的制定

品牌菜品的生产，如果没有定型的标准化生产设备，只使用传统的手工操作，就不可能形成生产的规模化和标准化。对于一些传统名菜来说，若只单纯地机械化操作，也可能失去名菜的风味特点，因此在实践中，应通过摸索、尝试，寻找一条传统手工操作与工业机械化操作相结合的路子。

加工工具与设备包括炊具、刀具、器械、设备和盛器等。这个标准相对比较容易制定。因为我国目前在食品机械、食品保藏、包装机械和工艺、厨房设备和用具上都取得了很大成就。现代化的机械设备为标准化的产品制造提供了良好的条件。

（四）成品质量标准的制定

制定质量标准是保持菜点质量的稳定和风味特色的前提。因此，应对成品的质量要求做出具体规定，如口感的松脆度、口味的轻重等。菜品的质量标准主要包括可食用性、安全性和感官质量标准，也包括用量、价格等标准。感官质量标准要充分反映出菜品自身的特色，并进一步细分为质地、质感、色泽、形状、滋味等方面的标准。在制定菜品的这些标准时，首先应对菜品进行系统的整理和研究，找出最佳的方案作为尺度，以确保成品质量达到最优效果。

知识链接

绿色食品

20 世纪 80 年代以来，一个人与自然相协调、营造良好的生态环境、走可持续发展之路的崭新概念被提了出来，从此以卫生、安全的绿色食品为特点的"绿色浪潮"在全球兴起。

这种观念全新的、无污染和无公害的"绿色食品"，近年来已风靡全世界。在日本，许多百货公司和超市都开辟了专售绿色食品的"生态柜"和"生态角"；在英国，已约有 2/5 的消费者在购买食品时关心和询问是否是绿色食品；在德国，许多企业都在积极生产绿色食品。在国际上已实行绿色食品的绿色标志制度。德国称"蓝色天使"；日本称"生态标准"；法国称"法国标准——环境"；加拿大称"环境的选择"。

所谓绿色食品，并非指食品的表面颜色和是否含有叶绿素，而主要是指食品的品质特征、属性，即无公害、无污染、安全、营养、优质，可绝对放心地食用，它包括绿色蔬菜、肉类和其他绿色食品。比如，达到绿色食品要求的蔬菜，不允许使用任何化学农药、化肥和激素；同时在生态环境生产操作、储运、包装等方面都必须符合标准。绿色食品的生产过程是从农田到餐桌，从产前、产中到产后（包括生态环境、生产资料、加工运销等环节）全程监控的过程。目的在于既要严格控制生产过程的一次污染，又要防止采后、加工、运销过程的二次污染。由此可见，绿色食品是针对食品安全性的概念（不是针对食品营养性的概念），它不是指卫生达标的一般食品，而是属于在安全性方面高要求的卫生食品。此外，绿色食品的含义还包含严格遵守国家有关野生动物保护法，不食用珍稀野生动物及益鸟、益兽，不选择国家禁止的禽畜来开发餐饮特色。

根据中国绿色食品发展中心的规定，绿色食品分为 AA 级和 A 级两种。

第三节　走向世界的中国烹饪

加入世贸组织对中国的餐饮业来说，不仅意味着外国投资者走进中国的餐饮市场，争夺我们的客源，也意味着更多的市场机会，为中国的饭店、餐饮企业扩大业务量和经营规模提供了发展的契机。

一、将餐馆开到外国去

美国《国际先驱论坛报》1997年9月发表文章说，经济全球化将给世界经济带来深刻变化。文章认为，今天在世界经济中有一些力量在起作用，它们将打破各国市场之间的壁垒，最终导致各行业按照真正的全球方针彻底改组。这些力量分别是：数十万亿美元的国际流动资本在全世界寻找有利可图的投资市场；各国取消管制条例，可供各国企业竞争的市场舞台有了很大的扩展；计算机和通信方面的技术革命压缩了时间和空间对信息的阻隔，从而给竞争增添了新的经济因素。文章最后下结论说：世纪之交正是一场为期50年的不可逆转的世界经济变革的开端，站着不动意味着落后。如果没有全球思维，就有被淘汰的危险。

（一）进入外国的中餐风格

中国餐饮进入国外市场，其主要的接待对象是外国当地人和海外华人，"迎合当地顾客"是其经营的宗旨，由此，保持中国餐饮菜品的制作特色，又兼顾当地人的饮食习惯，这是国外中餐经营的最主要的方向。因此，国外中餐在保持传统特色精华的基础上，还需要进行必要的改良，最好能体现"中外合璧"之特色。特别是外国人不喜欢的东西要坚决剔除，而不能一味地把持着"正宗"，我们选择的是在"正宗"的基础上外国人能接受的东西。

餐饮服务中的上菜程序也应符合外国当地人的习惯。如西方人要求菜肴的上菜顺序为"头盆（前菜）、汤、热菜、雪糕、水果"，与西餐格调一致。头盆一般为干性的菜点，习惯是点心或冷菜，如烧卖、春卷、虾饺、蟹钳、扒大虾、炸虾球、麻辣鸡丝等。

为了迎合西方人使用刀、叉的习惯，在原料加工中，一般将各种荤素原料的片、丝、条等形状加工得较厚、较粗，主要是方便人们进餐，便于灵活取食。菜肴制作一般需要脱去大小骨刺，这与传统中餐带骨烹调、讲究骨香肉美、酥烂脱骨、造型完美的特色是相悖的。带骨的菜，外国人不喜欢，还不便于刀叉进食，食用时嘴里还会发出声响，显得不够雅观，故应一概剔除骨头。

去海外经营中餐，菜肴口味除选用传统中餐调味品以外需增加外国人爱食用的调味料和调味味型，如奶油、柠檬汁、咖喱、黑椒、葡萄酒、色拉酱等西式调料。为了投其所好，许多菜口味应作适当的调整。中国菜的甜酸味、咸甜味、咸鲜味、麻辣味、鱼香味、荔枝味、甜辣味等，外国人喜欢的应保留，并迎合各地的情况，对味型的用料做适当的调整，使其更能够满足当地人的口味。

（二）入乡随俗，显现特色

外国人很喜欢中国菜，但是到海外去经营中餐一般还须注意以下几个方面：[①]

1.菜品烹调讲究清淡

西方人比较重视去餐馆就餐这一活动，十分讲究餐厅的气氛和情调。他们不喜欢过于浓腻，讲究清淡，注重营养的配置，对色调雅淡、偏重本色的菜点特别喜爱。所以，注意

---

① 邵万宽.风靡欧洲的中国菜［M］.南京：江苏科学技术出版社，1998：193.

不用不必要的装饰，忌大红大绿，菜肴要追求一种高雅的格调，摒弃有损于色、香、味、营养的辅助原料，否则很难招徕回头客。

2. 菜肴制作需略施汤汁

西方人要求菜肴带有汤汁（沙司），就是人们通常所说的汤汤水水。西方人爱吃烩菜，中国的炒菜到西方需要多加些汤汁，即使是烧烤油炸之品，也要配上一个沙司碟，或是甜汁，或是葱汁，或是甜辣汁，或是甜咸汁等。因为西方人在吃菜前先喝汤润口，而到最后吃饭时就依靠菜肴中剩下来的汤汁泡饭吃。这是西方人干稀搭配的一种饮食习惯，也是人们经常所说的最后用面包蘸汤汁吃完的情况。

3. 口味以甜酸、微辣为主体

西方人的口味除了要求菜肴清淡爽口之外，在风味上最喜爱吃的是甜酸类菜肴，不少西方国家还爱吃微辣菜肴。番茄酱、番茄沙司是西方餐饮业用量较大的调味料，许多菜肴的汤汁都要用番茄酱调配，口味较好的番茄沙司可以直接做菜和蘸着吃。另外白糖、白醋用量也较大，像中餐的咕咾肉、甜酸鱼片、荔枝肉、柠檬鸡、茄汁大虾、菊花鱼、麻婆豆腐、鱼香肉丝、宫保鸡丁等，甜酸或略带辣味，西方人十分爱吃。

4. 酥香菜品备受欢迎

在制作菜肴的烹调方法中，欧、美、澳等地的人很喜爱烧烤、煎炸、铁扒、焗烩类。他们对北京烤鸭、香酥鸭、叉烧、扒大虾、松鼠鱼、脆皮虾、煎牛柳等很喜欢，而对煮、蒸、炖、焐类菜肴感觉比较一般。烧烤、铁扒、油炸之法是西餐制作中的主要方法，他们主要是爱它独特的酥香风味，像中国的小吃春卷，几乎是每个尝过的外国人都称赞不已。

二、走科学化、营养化发展之路

客观事物总是不断地运动、变化、发展的，面对世界烹饪发展的速度和潮流，以及我国人民文化生活水平的不断提高，我们应该看到，中国烹饪和中国菜品虽有悠久的历史，但也有许多亟待解决的问题。最突出的是：中国烹饪科学理论尚待研究整理，中国菜品的饮食配膳与营养价值的分析研究还不够深入，行业人员的食品卫生安全意识还有局限，等等。进一步提高中国烹饪的水平，维护中国烹饪在世界烹饪中的崇高地位，这就需要将中国烹饪的传统技艺与现代科学相结合。中国菜品的制作，在重视色、香、味、形的同时，更要特别重视食品的安全卫生和食品所含的营养素，要从实际与可能出发，根据不同人群的各种营养需要和最佳吸收量，合理配膳，对宴席菜品的烹制也应该科学配餐、合理引导，实行科学膳食，以增强全体国民体质。

我们所提倡的注重食品的营养价值，并不是要选择富含营养的精良原料，而是强调在现有的基础上，注重食品营养素搭配协调合理、加工工艺合理，这样就可以提高现有原料的营养价值和现有原料中营养素的利用率，使营养学从单纯研究食物养分的狭窄天地中解脱出来。另外，讲究营养不是片面地要人们吃得"好"，而是要人们吃得科学合理。

中国烹饪，要在继承传统的烹饪技艺的基础上，吸收国外先进的烹饪经验，与现代科学结合起来，以科学饮食和合理营养为前提，保证菜品的安全、卫生、营养、质地、温度与色彩、香气、口味、形状、器具的完美统一，保障和提高我国人民的体质。

饮食科学化，是人类社会文明发展的必然趋势。中国烹饪的发展，必须走科学化、营养化的道路，才能永葆中国烹饪的光彩。

 **本章小结**

　　本章从社会发展的角度阐述了烹饪技术的发展带来的变化以及如何面对未来，发扬传统烹饪文化优势，走科学化、营养化之路，将是未来烹饪发展的必由之路。

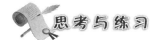 **思考与练习**

一、选择题

1. 菜品的盘饰要求是（　　　　）。

A. 以审美为主　　　　B. 卫生、简易　　　　C. 突出装饰　　　　D. 不需要盘饰

2. 所谓改良菜实际就是（　　　　）。

A. 把传统菜稍作改动　　　　　　　　B. 从无到有的菜

C. 仿效别人的菜　　　　　　　　　　D. 取人之长的创新菜

3. 分餐制最好的形式是（　　　　）。

A. 在厨房分　　　　B. 在餐台分　　　　C. 在餐桌分　　　　D. 在备餐间分

4. 下列蔬菜中品质最好的是（　　　　）。

A. 大棚蔬菜　　　　B. 种植蔬菜　　　　C. 森林蔬菜　　　　D. 田野蔬菜

5. 生长或繁殖最快的食品原料是（　　　　）。

A. 花卉原料　　　　B. 蔬菜原料　　　　C. 茶叶原料　　　　D. 昆虫原料

6. 中国所独有的烹调方法是（　　　　）。

A. 炒　　　　B. 烧　　　　C. 煎　　　　D. 拌

7. 烹饪标准化的实现不需要做到的是（　　　　）。

A. 原料标准统一　　　　　　　　　　B. 场地标准统一

C. 工艺标准统一　　　　　　　　　　D. 成品质量统一

8. 到国外经营中餐，其要求是（　　　　）。

A. 全盘外化　　　　B. 恪守传统　　　　C. 按部就班　　　　D. 入乡随俗

二、填空题

1. 中国菜品的发展之路是＿＿＿＿＿＿＿＿化、＿＿＿＿＿＿＿＿化。

2. ＿＿＿＿＿＿＿＿＿集中生产保证了菜品制作的质量。

3. 菜品的盘饰以卫生、＿＿＿＿＿＿＿＿为前提。

4. 复合味型不仅用于菜肴烹汁入味，而且可以使菜肴＿＿＿＿＿＿＿＿和＿＿＿＿＿＿＿＿。

5. 宴会菜肴采用＿＿＿＿＿＿＿＿，其目的就是方便人们食用，避免人们无法食用所造成的浪费。

6. "药食＿＿＿＿＿＿＿＿"，是我国古代医学界一句名言。从中药学与烹饪学的历史可以看到，最早的药物都是＿＿＿＿＿＿＿＿。

三、问答题

1. 现代烹饪生产的特点表现在哪些方面？

2. 根据现代市场的特点，谈谈烹饪生产方式发生了哪些变化？

3. 中国传统烹饪文化有哪些优势？

4. 为什么烹饪生产要力求标准化？它有哪些好处？

5. 在烹饪发展的今天，如何兴利除弊、完善自我？

6. 西方国家喜欢我国菜品的什么特色？请分析之。

主要参考文献

［1］黄帝内经·素问［M］.北京：人民卫生出版社，1963.

［2］楚辞［M］.北京：中华书局，2010.

［3］吕不韦.吕氏春秋［M］.上海：上海古籍出版社，1996.

［4］郑玄注，孔颖达正义.礼记正义［M］.上海：上海古籍出版社，1990.

［5］郑玄注，贾公彦疏.周礼注疏［M］.上海：上海古籍出版社，2010.

［6］刘安.淮南子［M］.南京：江苏古籍出版社，2009.

［7］贾思勰.齐民要术［M］.北京：中华书局，2009.

［8］孟元老.东京梦华录［M］.北京：中华书局，1982.

［9］吴自牧.梦粱录［M］.杭州：浙江人民出版社：1980.

［10］陶谷.清异录［M］.上海：上海古籍出版社，2012.

［11］林洪.山家清供［M］.北京：中华书局，2013.

［12］忽思慧.饮膳正要［M］.上海：上海书店，1989.

［13］袁枚.随园食单［M］.北京：中华书局，2010.

［14］中国烹饪古籍丛刊［M］.北京：中国商业出版社，1984—1989.

［15］姜习.中国烹饪百科全书［M］.北京：中国大百科全书出版社，1992.

［16］萧帆.中国烹饪辞典［M］.北京：中国商业出版社，1992.

［17］邱庞同.中国烹饪古籍概述［M］.北京：中国商业出版社，1989.

［18］陶文台.中国烹饪史略［M］.南京：江苏科学技术出版社，1983.

［19］周光武.中国烹饪史简编［M］.广州：科学普及出版社广州分社，1984.

［20］施继章，邵万宽.中国烹饪纵横［M］.北京：中国食品出版社，1989.

［21］陈光新.烹饪概论［M］.北京：高等教育出版社，1998.

［22］熊四智，唐文.中国烹饪概论［M］.北京：中国商业出版社，1998.

［23］邵万宽.中国面点文化［M］.南京：东南大学出版社，2014.

［24］季鸿崑.烹饪技术科学原理［M］.北京：中国商业出版社，1993.

［25］赵荣光.中国饮食文化史［M］.上海：上海人民出版社，2006.

［26］李炳泽.多味的餐桌——中国少数民族饮食文化［M］.北京：北京出版社，2000.

［27］王仁兴.中国饮食谈古［M］.北京：中国轻工业出版社，1985.

［28］杜莉.川菜文化概论［M］.成都：四川大学出版社，2003.

［29］邵万宽.菜点开发与创新［M］.沈阳：辽宁科学技术出版社，1999.

［30］邵万宽.餐饮时尚与流行菜式［M］.沈阳：辽宁科学技术出版社，2001.

［31］邵万宽.现代烹饪与厨艺秘笈［M］.北京：中国轻工业出版社，2006.

［32］邵万宽.食之道：中国人吃的真谛［M］.北京：中国轻工业出版社，2018.

［33］邵万宽.中国美食设计与创新［M］.北京：中国轻工业出版社，2020.

［34］邵万宽.中国传统调味技艺十大基础理论［J］.中国调味品，2014（2）.

［35］邵万宽.中国境内各民族饮食交流的发展和现实［J］.饮食文化研究，2008（1）.

［36］邵万宽.餐饮市场流变与饮食潮流探析［J］.江苏商论，2012（3）.

［37］邵万宽.餐饮市场的攻略、突围、坚守与发展［J］.江苏商论，2011（6）.